室内环境艺术创意设计研究

王 杨 著

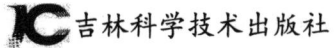
吉林科学技术出版社

图书在版编目（CIP）数据

室内环境艺术创意设计研究 / 王杨著. -- 长春：吉林科学技术出版社, 2023.12
ISBN 978-7-5744-0987-3

I. ①室… II. ①王… III. ①室内装饰设计－研究 IV. ①TU238.2

中国国家版本馆 CIP 数据核字(2024)第 015086 号

室内环境艺术创意设计研究
SHINEI HUANJING YISHU CHUANGYI SHEJI YANJIU

作　　者	王　杨
出 版 人	宛　霞
责任编辑	杨超然
封面设计	树人教育
制　　版	树人教育
幅面尺寸	185mm×260mm
开　　本	16
字　　数	300 千字
印　　张	15
印　　数	1-1500 册
版　　次	2023 年 12 月第 1 版
印　　次	2023 年 12 月第 1 次印刷
出　　版	吉林科学技术出版社
发　　行	吉林科学技术出版社
地　　址	长春市南关区福祉大路 5788 号出版大厦 A 座
邮　　编	130118

发行部电话/传真　0431—81629529　81629530　81629531
　　　　　　　　　81629532　81629533　81629534

储运部电话　0431-86059116
编辑部电话　0431-81629510

印　　刷	廊坊市印艺阁数字科技有限公司
书　　号	ISBN 978-7-5744-0987-3
定　　价	84.00 元

版权所有　翻印必究　举报电话：0431—81629508

前　言

伴随着经济科技的发展，新的建筑装饰材料、新技术、新工艺不断出现，带动了建筑装饰业的繁荣，也使室内设计得到了快速发展。室内空间作为建筑中与人关系最直接的部分，正是"凝固的音乐，无字的史书"。因此，现代室内设计，或称室内环境设计，相对来说是环境设计中最为重要的环节。从宏观来看，室内设计往往能从一个侧面反映相应时期社会物质和精神生活的特征，是与当时的施工工艺、装饰材料和内部设施等物质生产水平联系在一起的。随着社会的发展，历代的室内设计总是具有时代的印记，反映了当时的哲学思想、美学观点、社会经济、民俗民风等文化特征。室内设计是一门新型的学科，它依托于建筑设计和艺术设计，利用技术与艺术的手段，对建筑空间进行再创造，其本质是功能与审美的结合。随着我国经济的迅速发展，人们对室内设计的要求已不仅仅满足于对使用功能的需求，而是更体现在对文化内涵、艺术、审美的追求上。这就要求现代室内设计成为既有科学性，又有艺术性，同时又具有文化内涵的新型学科。

室内环境艺术创意设计与我们的生活居住环境息息相关，恰当的室内环境艺术创意设计可以提高我们的生活品位和生活档次。本书从设计思维方式入手，通过对材料、表现技法等方面进行系统整理，呈现艺术设计中创造性思维的关键点，并着重在创造性思维的特点和对象，以及如何依靠创意思维的方法与手段进行创造力的充分发挥，从而达到创新设计之目的。艺术设计思维不仅仅是单纯的形象思维，更是实现设计成果制作流程与设计成果美学价值提升的艺术思维定向，科学设计方法与创造性思维辩证统一、相辅相成的有机结合。科学的设计思路将有利于创造性思维的发挥，从而提升创造能力，同时又可促进更多方法的形成与逐渐成熟，进而形成创造思维主要、基本和典型的形式。

随着现代科学技术的迅猛发展以及人们对居住环境、工作环境的追求提高，人们的生活方式和价值观念发生巨大的变化，消费观念改变，审美水平更是提高了一个层次，简单的室内设计已经不能满足人们的要求，这时室内环境艺术创意设计应运而生。经济发展水平的提高，使物质生活更加丰富多彩，生活质量不断优化。在这种时代背景下，我们更需要将室内设计与艺术创意设计做一个有效的融合。

室内设计与纯粹的外观设计不同，它在设计之后，很难在进行大幅度的改变，只有重头再来一次，这样的话就会造成很大程度的人力物力的浪费。所以在进行设计的时候，一定要注意坚持可持续发展的理念。在进行室内设计的时候，要注意协调时间观和空间观之间的关系。这对于设计师来说是一个比较大的考验。一个好的室内设计不仅可以让人们感受到它的舒适程度，最重要的是可以让人们感觉到有关时间设计的精妙之处，这样不仅满足了人们在消费时代对于时间的要求，而且满足了室内设计在消费时代的发展和创新的要求。另外，在进行室内设计的时候，一定要正视消费观念与室内设计的关系，保证室内设计朝着积极向上的方向发展。

本书力求体现：

　　创新性：吸收今年以来教学改革成果，基础理论的教学以应用为目的，以必须够用为度，专业教学加强针对性和实用性，力求编出新意。

　　普遍适用性：本教程适用于普通高等学校，也适用于函授大学及专科教育。同时对于从事室内设计教育与工程人员也有较好的参考价值。

　　实用性：加强针对性，考虑到今年以来我国室内设计的蓬勃发展，室内设计与艺术创意设计的融合也上升到一个更高的层次，本教材增加了相应的内容。

　　在编写本书的过程中，我们查阅和引用了网络、书籍以及期刊等相关资料，因涉及内容较多，在这里不一注明引用出处。谨向本书所引用资料的作者表示诚挚的感谢。此外，本书在编写的过程中，得到了相关专家和同行的支持与帮助，在此一并致谢。由于水平有限，书中难免出现纰漏，恳请广大读者指正！

编委会

王 杨　刘紫薇

目 录

第一章 室内环境艺术设计 ……………………………………………………(1)
    第一节 室内设计概述 ………………………………………………………(1)
    第二节 室内设计的基本观点 ………………………………………………(3)
    第三节 室内设计的主要类型 ………………………………………………(5)
    第四节 室内设计的风格和流派 ……………………………………………(9)
    第五节 室内环境设计中的美学特征分析 …………………………………(13)

第二章 室内设计与文化艺术 …………………………………………………(21)
    第一节 当代室内设计风格与文化 …………………………………………(21)
    第二节 文化元素在室内设计中的体现 ……………………………………(23)
    第三节 室内设计中多元文化的表现 ………………………………………(26)

第三章 室内的空间设计 ………………………………………………………(29)
    第一节 室内空间设计概述 …………………………………………………(29)
    第二节 室内空间的类型及特征 ……………………………………………(31)
    第三节 室内空间的处理 ……………………………………………………(36)

第四章 室内的界面设计 ………………………………………………………(40)
    第一节 室内空间界面的要求和功能特点 …………………………………(40)
    第二节 室内界面的构成方式 ………………………………………………(41)
    第三节 空间界面的处理手法 ………………………………………………(45)

第五章 室内家具陈设与绿化 …………………………………………………(47)
    第一节 室内家具陈设 ………………………………………………………(47)
    第二节 室内绿化装饰 ………………………………………………………(78)

第六章 大众文化对室内设计风格的影响 ……………………………………(119)
    第一节 大众文化概述 ………………………………………………………(119)
    第二节 大众文化背景下室内设计风格发展状况 …………………………(121)
    第三节 大众文化对室内设计风格的影响 …………………………………(129)

第七章 传统视觉符号于室内设计之应用方法 (135)
- 第一节 中国传统文化概述 (135)
- 第二节 中国传统建筑室内艺术 (140)
- 第三节 传统视觉符号在室内空间设计的应用方法 (144)
- 第四节 传统视觉符号在室内界面设计的应用方法 (147)
- 第五节 传统视觉符号在室内陈设设计的应用方法 (158)
- 第六节 传统视觉符号在室内物理光学环境设计的应用方法 (168)

第八章 人文语境下室内设计中的个性化设计 (171)
- 第一节 室内设计的人文语境 (171)
- 第二节 人文精神在室内设计中的重要性 (185)
- 第三节 个性化的室内设计 (194)
- 第四节 绿色设计理念在室内设计中的应用 (196)
- 第五节 室内设计智能化 (198)
- 第六节 室内设计中的私密性设计探究 (200)

第九章 消费文化对室内设计的影响 (205)
- 第一节 消费文化时代社会观念变化对室内设计的影响 (205)
- 第二节 消费文化的相关概念 (208)
- 第三节 消费文化时代日常生活转变对室内设计的影响 (224)
- 第四节 消费文化时代大众传播发展对室内设计的影响 (226)

参考文献 (235)

第一章　室内环境艺术设计

室内环境设计不是一件一蹴而就的事情，往往需要经历长时间的构思、出图、修改、施工、后期等一系列的步骤，其间任何一个环节处理得不好都难以称得上是一个好的设计。

室内环境设计想达到好，不仅需要设计者具备一定的专业素质，还需要其有艺术创意。

第一节　室内设计概述

室内设计是为了满足人类对生存空间的需求，根据建筑物的使用性质、所处环境和相应标准，运用物质技术手段和建筑设计原理，对建筑内部的空间进行设计和创作。主要是处理一般的空间保护等安全作用，室内设计还包括心理情感的满足。室内设计同时也集中反映了地域文化、人文特性、历史文脉、建筑流派等方面的要素，不同的室内设计风格是人们文化修养、生活经历、审美情趣以及物质基础最直观的表现。

需要指出的是，室内设计并不等同于室内装饰，室内装饰只是室内设计的一部分，书面定义来说，只是指对空间表面进行的装点修饰。室内设计工作是一个多学科多专业的综合性工作，包括室内空间的组织、分割、室内装饰与陈设，称之为室内空间设计，是室内设计中最重要，也是最根本性的设计工作。另外，室内设计还需要考虑到物理环境设计和结构材料，甚至是技术、经济、社会等方面的影响。

一、室内设计的目的和内容

室内设计的要求和目的，从广义上讲，是满足人们的精神生活和物质生活要求,从而对人的工作环境、生活学习环境进行物质和精神上的改造,达到使用功能的必需条件和视觉环境的美好享受。从狭义上讲,由于空间条件的不同、业主要求的不同、室内设计的目的也随着客观条件的不同而不断变化,产生不同的设计风格,反映人们对功能和艺术的不同追求,以有限的物质条件创造出无限的精神价值。

室内空间设计涉及的是一个围合或者半围合空间,既要创造行为空间,又要创造心理感受和生理需要的知觉空间,主要内容有三个方面:

(1) 创造合理的内部空间关系,对现有的室内空间进行规划、调整和再创造;

(2) 创造舒适的空间环境,对室内的设备、陈设、家具、照明、音质效果进行设计,对室内的空间界面、门窗和建筑构件进行装修设计;

(3) 创造室内空间的艺术气氛,对室内造型、室内色彩环境、室内家具、室内陈设等生理、心理环境进行有创意的设计,以求创造出高品位、艺术性和有强烈个性的室内空间环境。

二、室内设计的学科性分类

室内设计是一门多种专业兼容的综合性学科,可分为四部分:

(一) 空间形象设计

就是对建筑所提供的内部空间进行处理,在建筑设计的基础上进一步调整空间的尺度和比例,解决好空间与空间之间的衔接、对比、统一等问题。当设计师看完建筑图纸时,首先要对室内空间进行调整,在不影响结构的情况下,根据业主要求和设计思想更加合理的运用空间,协调好空间之间的转换关系,利用有利条件,排除不利因素,使室内设计更加舒适化、科学化和艺术化[①]。

(二) 室内装修设计

主要是按照空间处理的要求把空间围护体的几个界面,即对墙面、地面、天花等进行处理,包括了对分割空间的实体、半实体的处理,即对建筑构造体有关部分进行设计处理:

(三) 室内物理环境的设计

对室内体感气候、采暖、通风、温湿调节等方面的设计处理,是现代室内设计中极为重要的方面,随着科技的不断发展与应用,它已成为衡量环境质量的重要内容。

---

① 王丽娜,汤瑾主编.室内设计[M].哈尔滨:哈尔滨工程大学出版社,2020.01.

（四）室内陈设艺术设计

主要是对室内家具、设备、装饰织物、陈设艺术品、照明灯具、绿化等方面的设计处理。

三、室内设计根据人的流动特点分类

第一类是人居环境设计。

在较长时间内有固定人员的居住空间。它包括：合式住宅、公寓式住宅、别墅式住宅、院落式住宅以及集体宿舍。

第二类是限定性公共空间设计。

在较长时间内有相对固定人员的公共空间。它包括：学校、幼儿园、办公楼、教堂等。

第三类是非限定性公共空间设计。

没有相对固定人员的公共空间它包括：旅馆饭店、影剧院、娱乐场所、展览馆、图书馆、体育馆、火车站、机场、商场等综合设施。

我国的室内设计已经进入了创新阶段。中国的现代室内设计在中国改革开放的大好形势下，适应城乡公共建筑和住宅建筑大规模兴建的需要，近几年迅速成长起来，取得了飞跃发展，度过了模仿东、西方传统室内设计和西方现代室内设计的时期，逐步走上了创新之路。

近几年建成的工程及各类展览、评奖的作品中可以看出。一方面，很多作品科技含量比较高，使用新材料，采用新工艺，创造了室内新的界面造型和空间形态，达到较佳的声、光、色、质的匹配和较佳的线、面空间组合和空间形态，给人耳目一新的感受和鲜明的时代感。另一方面，从一些作品可以看出设计师对传统文化和现代文化融合进行了较为深入的研究，通过艺术语言综合、重构，使简练的室内界面及空间形态蕴涵较深厚的文化神韵和意境。

第二节　室内设计的基本观点

室内设计是根据建筑物的使用性质、所处环境和相应标准，运用物质技术手段和建筑美学原理，创造功能合理、舒适优美、满足人们物质和精神生活需要的室内环境。这一空间环境既具有使用价值，满足相应的功能要求，同时也反映了历史文脉、建筑风格、环境气氛等精神因素。

设计构思时，需要运用物质技术手段，即各类装饰材料和设施设备等，这是容易理解的，还需要遵循建筑美学原理，这是因为室内设计的艺术性，除了有与绘画、雕塑等艺术之

间共同的美学法则之外，作为"建筑美学"，更需要综合考虑使用功能、结构施工、材料设备、造价标准等多种因素。室内建筑美学总是和实用、技术、经济等因素联结在一起，这是它有别于绘画、雕塑等纯艺术的差异所在。

现代室内设计，从创造出满足现代功能、符合时代精神的要求出发，强调要确立下述的一些基本观点。

一、满足人和人际活动的需要为核心

室内设计的目的是通过创造室内空间环境为人服务，设计者始终需要把人对室内环境的要求，包括物质使用和精神两方面，放在设计的首位。由于设计的过程中矛盾错综复杂，问题千头万绪，设计者需要清醒地认识到以人为本、为人服务、为确保人们的安全和身心健康、为满足人和人际活动的需要作为设计的核心为人服务这一平凡的真理，在设计时往往会有意无意地因从多项局部因素考虑而被忽视。

现代室内设计需要满足人们的生理、心理等要求，需要综合地处理人与环境、人际交往等多项关系，需要在为人服务的前提下，综合解决使用功能、经济效益、舒适美观、环境氛围等种种要求。设计及实施的过程中还会涉及材料、设备、定额法规以及与施工管理的协调等诸多问题。可以认为现代室内设计是一项综合性极强的系统工程，但是现代室内设计的出发点和归宿只能是为人和人际活动服务。从为人服务这一"功能的基石"出发，需要设计者细致入微、设身处地的为人们创造美好的室内环境。

现代室内设计的立意、构思，室内风格和环境氛围的创造，需要着眼于对环境整体的考虑。现代室内设计，从整体观念上来理解，应该看成是建筑环境设计系列中的"链中一环"。室内设计的"里"和室外环境的"外"可以说是一对相辅相成辩证统一的矛盾，正是为了更深入地做好室内设计，就愈加需要对环境整体有足够的了解和分析，着手于室内，但着眼室外当前室内设计的弊病之相互类同，很少有创新和个性，对环境整体缺乏必要的了解和研究，从而使设计的依据据于一般，设计构思局限封闭。

二、科学性与艺术性的结合

现代室内设计的又一个基本观点，是在创造室内环境中高度重视科学性，高度重视艺术性，及其相互的结合。从建筑和室内发展的历史来看，具有创新精神的新的风格兴起，总是和社会生产力的发展相适应。社会生活和科学技术的进步，人们价值观和审美观的改变，促使室内设计必须充分重视并积极运用当代科学技术的成果，包括新型的材料、结构构成和施工工艺，以及为创造良好声、光、热环境的设施设备。现代室内设计的科学性，除了在设计观念上需要进一步确立以外，在设计方法和表现手段等方面，也日益予以重视，设计者已开始认真的以科学的方法，分析和确定室内物理环境和心理环境的优劣，并熟练运用电子计算机技术辅助设计和绘图，来增加设计的精度和美感。

室内设计还有一个显著的特点，是它对由于时间的推移，从而引起室内功能相应的变化和改变，显得特别突出和敏感。当今社会生活节奏日益加快，建筑室内的功能复杂而又多变、

室内装饰材料、设施设备、甚至门窗等构配件的更新换代也日新月异。室内设计和建筑装修的"无形折旧"更趋突出，更新周期日益缩短，而且人们对室内环境艺术风格和气氛的欣赏和追求，也是随着时间的推移而改变。

第三节　室内设计的主要类型

设计风格是室内装修设计的灵魂，是设计的主旋律，风格是一个艺术作品在艺术语言、表现手段和表现形式等方面所表现出来的一种相对稳定的、持续性的外在特征—不同的风格之间相互搭配组成不同的室内设计的不同类型。

风格的主要种类分为：东方风格和西方风格.东方风格一般以有中国明清传统风格、日本明治时期风格、南亚伊斯兰国家的风格为主要风格。西方风格中主要以欧洲早期的罗马式、哥德式、中世纪以巴洛克式、洛可可式为代表以及19世纪的新古典主义、现代主义和后现代主义的风格流派。

因此，把不同的历史时期或不同民族作品中的艺术风格称之为历史风格（比如古希腊风格、巴洛克风格、古典风格、现代风格等）或民族风格（如俄罗斯民族风格、印度风格、中国民族风格等）。而同一民族风格类型中的不同的地区或分支又会表现出不同的风格特点，比如，中国民族风格的作品又可以分为北方地域风格、江南地区风格等。

同样，一个成熟的艺术家也会在艺术创作中表现出自己与众不同的风格特点，对此，我们一般称之为个人风格。室内设计大多表现现代主题和当代人的审美需要，装饰居室、丰富生活是其主要功能诉求，当代审美意识和现代风格必然会在室内设计中占据重要位置，但是，当代室内设计中对传统的继承和运用也越来越受到重视。室内设计中不断强调对继承与创新、传统与现代、本土化与国际化若干辩证关系的重视，各种文化元素、艺术风格的搭配和有机结合构成了我国当代室内设计中相映成趣的时代内涵。

一、设计风格的分类标准

在设计的发展史上，从古代到现代所谓的风格与流派不下于几百种，仅从19世纪中期到现在就有150多种。然而，并不是所有的设计形式都可以称之为风格或者流派，必须具备一定的突出特征，才能被称之为风格或流派。评判设计流派的标准通常有以下几个标准：

独特性：即容易辨认的明确特点，这是风格形成的前提和基础。任何一种设计风格的产生都必须具有区别于其他风格、形式的明确而显著的特征或词汇，能够让人一眼辨认出来，而非模棱两可。因此，一种设计风格的独特性在形态上应该是独一无二、在思想上独树一帜或者另辟蹊径的存在。

稳定性：即某一设计形态和设计思想在一个相当长的时间内保持不变，并且产生一批代表性的作品。设计作为一种探索活动的出现，往往会受到物质、技术条件的限制。有些设计思潮能与当时的物质、技术相结合，并与时代相呼应，顺应历史发展潮流，被时代接纳，从而具有了一种稳定性。有些则与社会发展规律相悖或思想理论不明确。

一贯性：即某一设计风格的特点贯穿于设计行为的每个动作，不会有停顿或者中途改变的情况发生，而且要有能够代表其风格的属于某一时代的标志性设计产品。

独特性、稳定性、一贯性的获得有赖于影响它们存在和发展的主要因素，如社会政治、地理环境、技术条件、风俗习惯、审美思潮等，离开这些因素存在的土壤，设计风格的独特性、稳定性、一贯性就会受到影响，无法持续性的存在。

二、我国现代室内设计风格的搭配类型

总体上看，我国当代室内设计的风格搭配主要可以分为四种类型：中式风格加现代风格的搭配、后现代风格加欧式风格的搭配、简约风格加地中海风格的搭配、多元化混合风格'

（一）中式风格加现代风格

人们常说艺术是没有国界的，这句话在更多情况下指的是艺术审美感受的共约性G而从艺术创作风格角度来看，不同国家、不同民族之间却有着明显的区别。不但如此，对一部现代题材和现代风格的艺术作品来讲，其真正的价值在很大程度上也离不开对深刻感人的民族艺术语言的深刻理解和精准把握。室内设计的实用性和现代性功能诉求并不说明室内设计可以抛弃民族风格和传统追求，相反，我们会发现，当代室内设计中民族文化元素正不断得到强化，作品中的中式风格

和中国传统元素越来越得到重视。

中国室内设计的传统风格比较讲究端庄的气质和丰富的文化内涵：在色彩方面，很多人都感觉中式的室内色彩略显呆板。其实，只要搭配得好都会很漂亮。中式家具或配饰一般颜色较深，而适当的金色则会让中式更有味道。因为在中国传统文化中，金色是权利和地位的象征。金色的小面积点缀和运用，可以与深色家具形成鲜明对比，使色彩变化更丰富。室内多采用对称式的布局方式，格调高雅，造型简朴优美，色彩浓重而成熟。

现代风格是当代占据主流地位的比较流行的室内设计风格。这种设计风格追求时尚和潮流，造型简洁新颖，以实用性为目的，注重室内空间的布局合理与使用功能的完美结合。没有过多的复杂造型和装饰，也不追求豪华、高档和绝对的个性，重视家俱的选用及色彩的搭配，以简洁明了、整齐划一为主要特点。现代设计派大师赖特提倡室内设计与建筑设计协调一致，不仅满足现代生活需求，而且强调艺术性，具有当今时代感的建筑形象和室内环境。如一间现代风格的居室，利用不规则墙面形成壁面家具，同时这一墙面也起到美化居室的作用J地面、天花板均朴素、淡雅，无一多余饰物，显得简洁、舒适、大方，令人赏心悦目。

总的来说，这两个设计风格的结合会碰撞出让人感动的设计。由于环境艺术设计要求对真实空间的考量与关注，其设计表达需要写实能力的培养J而造型基础正是训练对真实空间关系的表现能力。

（二）后现代风格加欧式风格

我国当代室内设计中风格搭配的第二种类型是后现代风格加欧式风格。这种风格在一些大型的公共场所和规模较大的商业中心设计中运用较多。特别是在现阶段，随着时间的推移，人们大多不会停留在表面上的吸纳，而是由表及里地探索隐藏在形式背后的更为深层的东西。这种需求为后现代风格和欧式风格的形成创造了条件。

后现代风格是由对现代主义纯理性的逆反而出现的一种设计风格。后现代主义是基于对工业文明和现代性思潮进行深刻反思而出现的一种具有较强烈反叛精神和颠覆诉求的文化思潮，是20世纪工业化、全球化发展到一定阶段的产物：后现代主义对当代人的精神冲击是全方位的，在思维理论层面上可以肯定后现代主义的批判否定精神和异质多样的文化意向，后现代主义室内设计只有在其"异样事物"中，才会获得自身的规定和理念。后现代主义思潮反对现代主义"整齐划一"的艺术态度，强调艺术创作的复杂性和多样性。在这种思潮的影响下，室内设计出现繁多复杂、个性突出的现象。室内设计中强调历史的延续性，崇尚个性，重视隐喻与象征手法，提倡多样化与多元化。多用夸张、变形、断裂、折叠、二元并列等装饰主义的设计手法，在表现上具有刺激性，使人有舞台美术的视觉感受，达到雅俗共赏。

欧式风格的底色大多采用白色、淡色为主，家具则是白色或深色都可以。但是要成系列，风格统一为上。在古典欧式风格中主要分为巴洛克式、洛可可式等类型。欧式设计风格的主要构成手法有三种：第一种是室内构件要素，如柱式和楼梯等；第二种是家具要素，如床、桌椅和几柜等，常以兽腿、花及螺钿雕刻来装饰；第三种是装饰要素，如墙纸、窗帘、地毯、灯具和壁画等。

对于这两种设计风格的结合，或许有人会认为这两者之间时代间隔较远，艺术语言风马牛不相及，因此认为这种复合风格有些不伦不类。但是，实践证明，这两种风格可以有机地结合，创造出独特的效果：欧式风格元素有力地烘托了后现代风格，是后现代风格走下神坛，做到雅俗共赏，后现代风格又可以更加生动地诠释欧式风格的高贵典雅，并为这种高贵典雅增添了许多活泼的、个性化的气质。

（三）简约风格加地中海风格

当代室内设计风格搭配的第三种常见类型是简约风格加地中海风格。时代的进步带来了精神和物质等诸方面都有了很大提高，在室内装修色彩的方面也同样如此。很多现代人把原来固定风格的装饰色彩给打破了，注入了新的血液。

简约风格是现代主义建筑和室内的主流风格之一。这种设计风格符合中国传统文化中的简约美思维，追求由复杂趋于简单的视觉效果。装饰要素有金属灯罩、玻璃灯，高纯度色彩，线条简洁的家具。它主张设计中突出功能，强调自然，形式简洁；在设计时奉行删繁就简的原则，减少不必要的装饰；色彩的凝练和造型的力度也是"少就是多"更高层的体现。简洁要克服现代主义的单调乏味，缺少人情味的缺点，追求丰富，多层次和多方位的表现；但丰富的表现并不是无意义的堆砌，而是经过提炼后符合时代精神的简洁形象。简洁与丰富是并存的，简洁的设计形式是现代社会的特点和发展趋向，具有丰富的包含性，丰富的词汇合在简洁之中。在简约室内设计中空间简约的色彩就要跳跃来e苹果绿、深蓝、大红、纯黄等高纯度色彩要大量运用，大胆灵活，不单是对简约风格的遵循，也是个性的展示。

地中海周边国家众多，民风也各有不同，但独特的气候特征还是让他们出现了一些相同的特点。他们的设计元素主要是白灰泥墙，连续的拱廊与拱门、陶砖、海蓝色的屋瓦和门窗。这种风格的灵魂目前比较一致的看法就是蔚蓝色的浪漫情怀、海天一色、艳阳高照的纯美自然。他的主要色彩搭配有蓝与白，这是比较典型的地中海颜色搭配，希腊的白色村庄与沙滩和碧海蓝天连成一片，甚至门框、窗户、椅面都是蓝与白的配色，加上混着贝壳、细沙的墙面，小鹅卵石的地面，拼贴的马赛克，将蓝与白不同程度的对比与组合发挥到极致。

虽然地理环境相差加大，文化环境大相径庭，但是中国传统文化的简约风格与诗意盎然的地中海风格仍然可以相映成趣。风格依托于文化背景。如果将风格背景抽去，孤立的形式因素将失去生命力。可能获得一时的效果，但失去了彼此的长处，生气勃发的新形式也难以产生。对设计师来说，将传统和现代结合起来要付出艰苦的努力。在面对现实的选择无所适从时，转而深入、扎实地学习传统会相得益彰——不论是中国的还是西方的，应当不失一种认真的文化选择"这也是这两种风格的独到处，也是可以相映成趣的魅力所在。

（四）多元化的混合风格

混合形式风格是指把不同时代、不同风格和不同民族，各不相同的东西糅合在一起，把同一民族和新旧各不相同的东西结合在一起。也就是说，把不同国家、不同风格元素结合在一个室内空间里，呈现多元化的风格特征。

用非传统的元素结合传统构件，会给人以现代传统室内装饰的种种联想。但并不是说可以将各种形式任意拼凑，互不协调，缺乏整体感。而是把传统文化脉络与现代设计观念和方法相结合，创造出丰富多样的设计语言。例如贝聿铭先生在北京香山饭店的设计中，以中国的影壁、牌楼、粉墙、灰砖、天井、方圆母题，民间磨砖对缝的工艺，以及云南的石头，东北和山东的卵石作为传统的设计元素，便创造出非常和谐完美的艺术作品。

在室内设计中，兼容并蓄，推陈出新，反映时代性、民族性与地方性。采用传统、民族、地域或自然等元素并加以简化、提炼，再用新的手法组织这些简练的形式，构成具有新意义的形式，就会既趋于现代实用、又吸收传统的象征，融古今、中西于一体。

室内设计的各种形式因素并不中立，形式依托于文化背景，相应的结合可以更好地把设计的元素加入生活之中，从而把自己本质的文化诠释在形式的中和之中；而如果将文化背景抽去，孤立的形式因素则将失去生命力；即使获得一时的效果，但失去了文化土壤和根基，生气勃发的新形式也难以产生。

第四节 室内设计的风格和流派

一、室内设计的风格

无论什么样的建筑或室内设计，都会带有鲜明的时代特色。对于过去的传统或多或少会进行取舍，对新生的事物有所吸纳。因此，历史性的室内设计在一定的时期都具有特定的风貌，可以从样式、结构、功能和装饰上识别出来，这些方面就形成了室内设计的风格。

风格是风度品格，体现在创作中的艺术特色和个性，是一种时代的特色，也是一个时期的标志。我们将通过历史中几种被认为具有代表意义的室内设计来简析室内设计的风格。

室内设计的风格主要可以分为：传统风格、现代风格、后现代风格、自然风格和多元化混合型风格。

（一）传统风格

室内设计的传统风格，是指具有历史文化特色的室内风格。一般相对现代主义而言，强调历史文化的传承、人文特色的延续。传统风格即一般常说的中式风格、新古典风格、美式风格、欧式风格、伊斯兰风格、地中海风格等。同一种传统风格在不同的时期、地区，其特点也不完全相同。如欧式风格也分为哥特式风格、巴洛克风格、古典主义风格、法国巴洛克、英国巴洛克等，中国有明清风格、隋唐风格、徽派风格、川西风格等。

（二）现代风格

现代风格，即现代主义风格。现代风格起源于1919年成立的包豪斯学派，强调突破旧传统，创造新建筑，重视功能和空间组织，注意发挥结构构成本身的形式美，造型简洁，反对多余装饰，崇尚合理的构成工艺，尊重材料的性能，讲究材料自身的质地和色彩的配置效果，发展了非传统的、以功能布局为依据的不对称的构图手法。重视实际的工艺制作，强调设计与工业生产的联系。

（三）后现代风格

在20世纪70年代后期，建筑界兴起"后现代"的设计新潮，以寻找适合"后工业化社会"的需要，逐步影响到室内设计界和众多设计领域。

"后现代主义"认为，现代主义为大工业的生产社会做出了贡献，在肯定现代主义成就的同时也指出了其不足，即设计的形式千篇一律，设计语言贫乏，过分的理性化，缺少人情味和个性化的标准。因此，"后现代"设计强调创新设计应包含更多的文化内涵，主张"双重译码"的新概念，既能为专家们理解其深奥含义，又能为平常百姓感觉其可爱之处。因此，在一定意义上，可以认为"后现代"是对"现代"的否定和发展。

（四）自然风格

自然风格倡导"回归自然"，推崇真实美、自然美。认为在高科技发展的今天，人们只有在温柔的自然当中，才会使人的生理及心理趋于平和、安定。如：院中有池，池中有喷泉，在墙上爬有一株常青藤，人们可在品茶之时，倾听流水的潺潺之音，感受宁静与安详的氛围。

（五）多元化混合型风格

多元化混合型风格也称为混搭风格，即传统与现代风格的组合搭配，也可以是不同传统风格的组合，如中西结合等。

二、室内设计的流派

流派是指艺术主张或观点，在社会中受到关注、激起共鸣、引起追随而形成的意识潮流。流派虽无国界的划分，但它具有多层次、多方面的表征，如文学、美术、建筑设计、园林设计等。流派将带动潮流的发展，它若能在历史的考验中积淀下来，就可能成为经典风格样式。

近现代室内设计流派作为近现代文化、意识的反映，以其表现形式、表现手法的丰富多彩为基础，现将主要流派归纳为高技派、光亮派、白色派、国际式风格派、解构主义派、超现实主义派等。

（一）高技派

高技派或称重技派，突出当代工业技术成就，并在建筑形体和室内环境设计中加以炫耀，崇尚"机械美"，在室内暴露梁板、网架等钢结构构件以及风管、线缆等各种设备和管道，强调工艺技术与时代感。高技派典型的实例为法国巴黎篷皮杜国家艺术与文化中心、香港中国银行等。

（二）光亮派

光亮派也称银色派，室内设计中夸耀新型材料及现代加工工艺的精密细致及光亮效果，往往在室内大量采用镜面及平曲面玻璃、不锈钢、磨光的花岗石和大理石等作为装饰面材，在室内环境的照明方面，常使用投射、折射等各类新型光源和灯具，在金属和镜面材料的烘托下，形成光彩照人、绚丽夺目的室内环境。

（三）白色派

白色派是指在室内设计中大量运用白色作为设计的基调色彩，故此得名。它以其造型简洁、色彩纯净、文雅的感觉，深受人们喜爱。在白色派的设计中，注重空间、光线的运用；强调白色在空间中的协调性以及精美陈设、现代艺术品的装饰组合；突出在白色空间中色彩的节奏变化和多样性的表现。白色不会限制人的思维，同时，又可调和、衬托或者对比鲜艳的色彩、装饰，使人增加乐观感或让人产生美的联想。

(四) 国际式风格派

国际式风格派是伴随着现代建筑中的功能主义及其机器美学理论应运而生的,这个流派反对虚伪的装饰,强调形式服务于功能,追求室内空间开敞、内外通透,设计自由,不受承重墙限制,被称为流动的空间。室内的墙面、地面、天花板、家具、陈设乃至灯具、器皿等,均以简洁的造型、光洁的质地、精细的工艺为主要特征。

(五) 极简主义派

极简主义派也译作简约主义或微模主义,是第二次世界大战之后所兴起的一个艺术派系,又可称为"minimalart",作为对抽象表现主义的反面而走向极至,以最原初物自身或形式展示于观者面前为表现方式,意图消弥作者借着作品对观者意识的压迫性,极少化作品作为文本或符号形式出现时的暴力感,开放作品自身在艺术概念上的意像空间,让观者自主参与对作品的建构,最终成为作品在不特定限制下的作者。

(六) 装饰艺术派

装饰艺术是一种重装饰的艺术风格,同时影响了建筑设计的风格,在1920年代初成为欧洲主要的艺术风格,快到现代主义流行的1930年代前才在美国流行。artdeco这个词创造于1925年的巴黎博览会,但直到20世纪60年代对其再评估时才被广泛使用,其实践者并没有像风格统一的设计群落那样合作。它被认为是折衷的,被各式各样的资源而影响。

(七) 解构主义派

一个从20世纪80年代晚期开始的后现代建筑思潮。它的特点是把整体破碎化(解构)。主要想法是对外观的处理,通过非线性或非欧几里得几何的设计,来形成建筑元素之间关系的变形与移位,譬如楼层和墙壁,或者结构和外廓。以刺激性的不可预测性和可控的混乱为特征,是后现代主义的表现之一。

(八) 超现实派

超现实派追求所谓超越现实的艺术效果,利用现代抽象绘画及雕塑,在室内布置中常采用异常的空间组织、曲面或具有流动弧形线型的界面,浓重的色彩,变幻莫测的光影,造型奇特的家具与设备,有时还以现代绘画或雕塑来烘托超现实的室内环境气氛。超现实派的室内环境较为适应具有视觉形象特殊要求的某些展示或娱乐的室内空间。

(九) 波普艺术主义流派

波普艺术主义流派是流行艺术(popular art)的简称,又称新写实主义,因为波普艺术（Pop Art）的POP通常被视为"流行的、时髦的"一词（popular）的缩写。它代表着一种流行文化。以奇怪的产品造型、特殊的表面装饰、特别的图案设计为特征。波普艺术的表现方式瓦解了现代主义的紧张感和严肃感，为享乐主义敞开了后门。

（十）其他派别

在历史发展中，伴随着文化、艺术及设计观念的不断深入，各种流派层出不穷。如：新地方主义派强调地方特色或民俗风格；新古典主义派注重运用传统美学法则来使现代材料与结构的建筑造型和室内空间产生规整、端庄、典雅、高贵气质的环境；孟菲斯派则以打破常规而风靡一时；在东方情调派中，"天人合一"、朴素、古雅的中国风、东方情也在设计中占有一席之地。因此，流派的表现形式众多，不再一一详述。

流派的丰富性给予近现代的室内设计以开阔的表现空间；为人类营造出更加舒适、轻松的生活、生产及活动空间；更赋予人类创造出新的生活理念。

第五节　室内环境设计中的美学特征分析

室内环境设计是一门综合的设计学科，它涉及的学科范围极广，它与建筑学、人体工程学、环境心理学、设计美学、史学、民俗学等学科关系极为密切，尤其与建筑学更是密不可分，在某种意义上说，建筑是整个室内环境设计的承载体，室内空间环境设计活动的发生都离不开建筑物。室内环境设计是在建筑设计完成原形空间的基础上，进行的设计再创造。目的是把这种原形内部空间，通过功能性与审美需求的设计创造，获得更高质量的人性化空间。

一、室内环境设计形式美原理

在现实生活中，人们的审美观念由于文化素质、思想风俗、生活理想、经济地位、价值观念等不同而存在着很大的差异。一般地，从形式上来评价某一事物的视觉形象时，在大多数人中间存在着一种基本相同的共识，这种共识就是从人们长期生产、生活实践中积累的，它的依据就是客观存在的美的形式法则，我们称之为形式美法则。室内环境设计中形式美法则的运用多种多样，它是人类从社会实践中总结出来的规律，是审美的积淀，反映着人类对事物的认识和情感理想。

（一）"对比与统一"的控制律

目前，在室内环境设计领域中，设计师常常感到一种困惑，就是当众多的设计元素和形式美法则摆在面前时，如何适度地运用各种法则来构成设计的整体美是一个重要的问题。万事皆有"度",实现"整体美"关键在于掌握"变化与统一"的"控制律",换言之,即"大统一、小变化"的设计原理。

变化与统一是对立统一规律在艺术设计中的应用,是整个艺术门类创作的指导性原则。室内设计中,在运用各种设计形态语言进行设计时,到底变化元素的成分占得多,还是统一的元素成分占得多,两者的比例达到何种控制比率,才能达到室内空间的和谐美观,才能达到审美适度与"恰到好处"?这是室内环境设计要掌握的设计美学原理的核心问题。

（二）室内环境设计的形式美表现

形式有两种属性：一种是内在内容,一种是事物的外显方式。室内环境设计中所运用的形式美法则就属于第二种属性的体现。

1. 适度美

室内设计中适度美有两个中心点：一是以审美主体的生理适度美感为研究中心,另一个是以审美主体的心理适度美感为研究中心。从人的生理方面来看,人类从远古时代缓慢地发展到文明时代,经验的积累使人们逐渐认识到人的直接需要便是度量的依据。室内环境中只有人的需要和具体活动范围及其方式得到满足,设计才有真正意义。正因如此,才出现了"人体工程学",该学科经过测量确定人与物体空间适度的科学数据法则,来实现审美主体的生理适度美感。从人的心理方面来看,室内环境设计主要研究心理感受对美的适度体验,比如,室内天棚设计的天窗开设,让阳光从天窗中照射进来,使跨度很深的建筑透过小的空间得到自然阳光的沐浴,使人们在心理上不仅不感到自己被限制在封闭的空间里,潜在的心理反应让人感到房间与室外的大自然同呼吸,心理上有了默契。这种微妙的心理感受,正是设计师要格外认真研究的适度美感问题。适度美在室内环境设计形式美法则的运用中居核心地位。

2. 均衡美

室内设计运用均衡形式表现在四个方面：形、色、力、量。设计师在室内设计中对均衡形式的不同层次的整合性挖掘是创造均衡美感的关键。

形的均衡反映在设计各元素构件的外观形态的对比处理上,如室内空间中家具陈设异形同量的均衡设计。色彩的均衡重点还表现在色彩设置的量感上,如室内环境色调大面积采用浅灰色,而在局部陈设上选用纯度较高的色彩,即达到了视觉心理上的均衡。力的均衡反映在室内装饰形式的重力性均衡上。如室内主体视感形象,其主倾向为竖向序列,一小部分倾向横向序列,那么整个视感形象立刻会让人感受到重力性均衡。量的均衡重点表现在视觉面积的大与小上。如内墙可看作面形,上面点缀一幅装饰小品可看作点形,这个点形在面形的衬托下成为审美者的视点，如果在同一内墙上再点缀上另外一个点形装饰物，这时两个点形由于人的视线不同会出现相互牵拉的视觉感受，暗示出一条神秘的隐线。这条隐线便是产生均衡美感的视觉元素。所以，设计师在室内环境设计中对均衡形式美的研究，将会使设计语言在室内各个界面组合表现中，呈现动态的设计审美效应。

3.节奏与韵律美

室内设计中的节奏与韵律美是指美感体验中生理与心理的高级需求。节奏就是有规律地重复，节奏的基础就是有规则地排列，室内设计中的各种形态元素，如门窗、楼梯、灯饰、柱体、天棚的图案分割等有规律地排列，即产生节奏美感。韵律的基础是节奏，是节奏形式的升华，是情调在节奏中的运用。韵侧重于变化，律侧重于统一，无变化不得其韵，无统一不得其律。节奏美通过室内设计语言形态的点、线、面的有规律的重复变化，在形的渐变、构图的意匠序列，色彩的由暖至冷、由明至暗、由纯至灰及不同材质肌理的层次对比等方面具体体现出来。这种体现直接地反馈到审美主体的心理和视觉感受中。如果说，节奏是单纯的、富于理性的话，那么，韵律则是丰富的、充满感情色彩的。

4.室内设计中的交叉美

（1）重复与渐变

重复，即是以不分主次关系的相同形象、颜色、位置距离做反复并置排列，称为二方连续式。以一种形象做左右或上下反复并置，称为四方连续式。重复并置的特点有单纯、连续、平和、清晰、无限之感。但有时因为过分的统一，也会产生枯燥乏味的感觉。在室内环境设计中，用重复的形式可使陈设品均等放置。如家具的陈设，可把不同样式的家具做连续重复放置，使人们的视点集中在所放置的家具上。渐变，含有渐层变化的阶梯状特点，或渐次递增，或逐次减少。如在室内橱窗设计中，可对物品采用某种渐变的陈设形式。

（2）对称与均衡

对称，即在画面中心画一条直线，以这条直线为轴线，使其上下或左右对称，称为对称或称均齐。对称具有一定的规律性，是统一的、正面的、偶数的和对生的。对称的形态在视觉上有整齐、自然、安定、均匀、协调、典雅庄重、完美的朴素美感，符合人们的视觉习惯。在空间环境设计中运用对称法则要避免由于过分的绝对对称而产生单调、呆板的感觉。有时候，在整体对称的格局中加入少量不对称的因素，能够避免单调和呆板，增加构图版面的生动性和美感。

均衡，又称为非对称式平衡，即在无形轴的左右或上下，其各方的形象不是完全相同，但从两者形体的质与量等来看确有雷同的感觉，均衡富有变化，具有一种活泼感，是侧面的、奇数的、互生的和不规则的。在美学中均衡是根据形象的大小、轻重、色彩及其他视觉要素的分布作用与视觉判断的平衡，主要是指空间构图中各要素之间的相对平衡关系。在空间环境设计中的均衡是指整个空间的构成效果，它和空间中物体设置的大小、形状、质地、色彩有关系；空间各种物体的重感是由其大小、形状、色彩、质地所决定的。大小相同的两物体，深色的物体比浅色的物体感觉上要重一些，表面粗糙的物体比表面光滑的物体显得重一些。

二、室内设计中的审美特质

当代室内设计美学最显著的特征之一，就是审美思维的变化，它在现代哲学与科学思想的双重影响和推动下发生了历史性的变革，因而完全摆脱了总体性的、线型的和理性的思维惯性，迈向了一种更富有当代性的新思维之路。美学理论为当代室内设计提供了指导性的作用。

室内设计是建筑设计的继续和深化，是完善空间、传播文化、创造美的艺术，是运用现代工艺、技术将美学理念、文化内涵和功能因素融入人性化室内空间环境的艺术。完美的室内设计产生于高度的现代文明，成功的室内设计同时创造着先进的文化。作为美学分支的艺术与技术美学是指导室内设计的重要学科之一，是研究设计领域审美问题的一门新兴学科。

就本质而言，室内设计是将多种视觉的物质元素组合构成具有三维空间形态特征的造物活动，属造型艺术的范畴。然而与其他纯粹欣赏艺术形式不同的是，室内设计同时具有实用的动能属性。从形态学的角度看，室内设计中的美学要素及内容任务主要分为以下几个方面：

（一）空间要素

空间合理化并给人们以美的感受是设计的基本任务，因此，设计者不能拘泥于过去形成的空间形象，要勇于探索发现时代技术与审美特点赋予空间的新形象。

（二）美学色彩要求

室内色彩除对视觉环境产生影响外，还直接影响人们的情绪、心理。科学地运用色彩有利于工作，有助于健康，应做到色彩处理得当，既能符合功能要求又能取得美的效果。室内色彩设计除了必须遵守一般的色彩规律外，还应随着时代审美观的变化而有所不同。

（三）美学装饰要素

室内整体空间中的柱子等建筑构件以及墙、顶等各界面，对其符合功能需要的装饰，是构成完美的室内环境不可或缺的重要组成部分。充分利用不同装饰材料的质地和丰富多变的装饰形式，可以获得千变万化和不同风格的室内艺术审美效果，同时亦能体现不同地域的历史文化特征。

在所有的与视觉有关的艺术设计中，形态学提供了基本的部件构成形式和把它们组合在一起的准则，当然其中也包括设计中依附于形式的各美学要素的组合法则。不仅如此，形态学理论还被应用在甄别艺术设计风格流派及研究艺术设计的特征等方面。具体到室内设计操作过程中，首先需要考虑的，就是如何把设计的个性从那种"压迫性的总体性"中解救出来，如何充分发展差异性和异质性。其实，这种把大叙述和小叙述对立起来，把总体性和差异性对立起来，就是室内设计中的对立元素。

三、室内设计中的功能性美学分析

功能性是设计之美的基础，功能本身就可以成为美，具有良好功能的产品在使用时本身就能带给使用者美的感受。功能美是在满足功能的基础上，体现一些审美因素的作用，而随着人们对室内设计审美的逐步提高，在设计时也需要将功能性与审美性进行结合，达到实用性和艺术性的统一。

功能美是设计中最本质的审美要素，是技术产品的内在美，没有功能性，设计之美就失去了存在的基础。功能美主要体现在它能满足人们日常生活的衣、食、住、行的功能需要，在此基础上引发人们复杂的审美感受，在满足人们物质生活的基础上充实人们的精神生活。目前城市化的进程越来越快，人们对房子的不断需求导致房地产行业快速发展，房价也在不断抬升，大部分人群在选择住房面积的时候不得不考虑小户型，很多人就要求在住房面积受限的同时，还要有高质量的生活环境及居住环境，这就使功能美在室内设计中的运用也越来越突出，室内空间布局及室内设施设计除了能保证满足功能性需求之外，还要充分考虑到人们的审美需求。

（一）功能美的内涵

设计中的功能美是展示物质生产领域中美与善的关系，产品的审美创造总是在一定功能性的基础上进行的，从而能体现产品的功能性和审美性。20世纪初期，现代设计对"形式追随功能"的倡导也反映出设计领域对功能美的追求。功能美是通过物的组合秩序，体现出合规律性与合目的性相统一的美，给人一种特有的场所感和对人类时空的独特记忆，使人在接触和使用时不会产生陌生感及恐惧心理。室内设计的功能美正是通过人与物的体验感来强化空间的场所精神和氛围，通过对空间合理规划，利用不同形式结构的组合，达到生活环境与人的生理、心理及社会的协调，成为人们审美心理的体现及生活方式的表现，为人们创造更加健康的生活方式。功能美作为设计的审美要素之一，其最显现的特征围绕三个方面展开：第一，功能美在于满足使用者的目的性原则；第二，功能美以设计作品为载体，传达着主体见之于客体的审美感应；第三，功能美在于设计者将意图巧妙地安排在作品中，引导用户进行审美体验。也就是说一个功能合理、舒适的空间必定是功能性和审美性的完美结合，通过二者的有机统一，创造出更加理想的居住、生活环境，激发人们对生活的热爱。室内设计作为人们生活环境的重要组成部分，空间的功能美是将其内在的功能性需求和外在的形式美结合，满足人们对空间基本功能的需求，在使用功能的同时拥有美的感受，给人们带来更多的愉悦感，减轻人们生活负担，提高生活质量。

（二）功能美在室内设计中的体现

设计的目的即是为人服务，室内设计则是依据不同建筑的使用功能，通过运用科学合理的技术手段和美学原理，将不同地域文化、生活方式、生活习惯等反映到设计中，为人们创造功能合理、环境优美的生活和工作环境。设计者始终需要将人们对室内环境的使用需求放在第一位，而这种需求就包括人们的物质需求和精神需求。因此，室内设计也从单纯的功能性演变为功能性与审美性相均衡，证明了空间的审美价值与使用价值占有同等重要的地位。可以说在室内设计中，功能是决定性因素，室内设计中的功能美也必须依靠特定的环境才能形成，它不仅影响着个体环境的美，还关系空间整体的美。室内设计中的功能美主要体现在以下两个方面：

1.从空间上谈功能美在室内设计中的体现

首先，功能是空间设计的基础，是室内设计最基本的设计要素，一个空间必然要有一定的功能性。如在居室空间设计中，必须考虑到客厅、餐厅、卧室、书房、厨房、卫生间等不同功能空间，用来满足使用者的不同功能需求。其次，空间的设计总是与一定的美学原理相适应。如在家居空间中，可以分为不同的空间类型，同一个空间又可以是多种空间类型的组合，比如客厅可以看作交流空间、礼仪空间和聚散空间。从交流空间来说，客厅要满足一定的人体工程学要求，具有相应的空间尺度和造型，而这些空间尺度及造型要适当考虑形式美法则的运用，避免形式单一、造型平淡；作为礼仪空间，这些家具和陈设就要具有一定的装饰性，能够让客人在客厅感受到与主人文化品位相等的待客氛围；作为聚散空间，要满足人们在这个区域的聚散功能，设有通往其他区域的通道及门。无论是哪种功能，均要围绕客厅作为功能中心进行设计，其空间形式和空间组合都要为功能进行服务，在家具造型、材料选择、色彩搭配、灯光配置上要考虑人们对美的需求，营造出与客厅相符的氛围，实现功能与审美的结合。

2.从造型上谈功能美对室内设计的影响

在设计美学的特征中，造型美主要体现在物品的外在方面，在室内设计中的形式、材料、技术、风格等方面均有体现。首先在形式方面，合理的功能布置即是美的形式，这意味着在注重空间功能和造型的同时可适当体现出形式美。其次在材料方面，材料对设计者而言，既是一种限制也是一种启发。限制是因为没有一种材料可以随心所欲地被设计者设计成想要的外形，启发则是指在设计师充分了解材料特性的前提下，可以充分而完整地表现出材料的特性，创造出独有的材料美。再次在技术方面，设计是技术和艺术的结合，不断发展的技术已经成为设计的强大后台和支撑工具，解放了设计中物质功能对形式的约束，给设计带来了无穷的动力。例如在室内设计中，设计师可以用一块完整无缝的大理石去装饰墙面，还可以利用各种照明手段达到特殊的效果。最后在风格方面，因为时代的变迁和社会的发展，风格和品位以及美学上的偏好都是因人而异的。不同风格创造不同的造型效果及美感，如在风格的选择上，年轻人喜欢现代感较强的风格，而中老年人则钟情于带有一定韵味和内涵的风格。所以说，无论是设计的形式、材料、技术还是风格，都是功能美对室内设计影响的体现。

（三）功能美对室内设计的启示

在室内设计中，功能的划分影响着室内装饰的造型，也可以说造型是功能结构的体现。形式追随功能是设计的基本要求，但并不是只考虑功能性，也不等同于功能主义。室内设计通过人—物—环境之间的关系，营造和谐的空间环境，达到空间的合理化和审美性，使人们能够感受整个空间环境的场所精神和氛围，反映出人们的审美追求。在现代设计中，功能美对室内设计也有一定的启示，主要表现在：

1.功能与审美的结合

满足人们对空间的基本功能需求是室内设计的基本原则和存在意义，因此功能与审美相结合的需求使得适用性成为室内设计的内在本质，也是功能美的重要内容。适用性体现在满足实用性的基础上，还考虑人与环境、人与空间的协调关系，是室内环境中的最基本形态和使用价值的表现。对室内设计而言，除了要求空间布局合理、家具设备完善，还要求室内造型的美感，以此达到功能与审美的结合。功能美的适用性反映出人们对空间环境更高的要求，包括环境的舒适性、安全性和审美性。室内设计就是设计者通过合理规划与设计，力求以功能结合为使用目的，利用美学原理，达到物质需求和精神需求的完美结合。室内空间环境是由各种构成要素组成，如墙、棚、地、门窗、家具、陈设等，这些构成要素具有一定的形状、大小、色彩和质感，这就表述了这些形式要素之间要有普遍的组合规律。良好的室内设计，在充分体现使用功能的同时，还结合人们的审美心理和趋向，将设计的功能和形式的美感进行统一。也就是说在室内设计中，如何使功能和审美进行完美统一,就要遵从形式美法则,就如尺度和比例这一原则,是设计中功能性和审美性必须考虑的基础。例如在进行居室空间设计时,首先要考虑空间本身的尺度条件,所有的家具陈设要在一定的空间尺寸内进行考虑,要充分考虑到空间的长度、宽度及高度,选择比例合适的家具陈设。此外也可以借鉴其他形式美法则进行设计,如对比与和谐、对称与均衡、节奏与韵律等。

2.科学性与艺术性的结合

随着科技进步和人们生活水平的提高,人们对室内设计的要求也越来越高,因此室内设计也产生了一个突出的特点:注重设计的科学性与艺术性的结合。科学性是指通过新材料、新技术等使整个空间更加舒适、合理、安全;艺术性是指通过空间的布置、家具、材料、结构工艺等创造出较强的艺术美感。科学性和艺术性的结合使得室内设计的物质功能更容易实现,能够在设计的艺术和技术之间寻找一种最佳的平衡,共同形成了室内设计的一个美学特征。为了更好地提高人们的生活质量,当代的室内设计不仅要有科学的设计方法,同时还应该充分考虑和利用相关的知识分析和确定室内物理和心理环境的优劣好坏,如在设计考虑到多种学科的交叉,包括风水学、生理学、心理学、美学、环境学等学科,例如室内设计中运用心理学,使不同的人都能够享受到具有视觉愉悦感和文化内涵的室内环境,这就在符合功能的同时注重了人们的心理感受,达到科学性与艺术性的统一。除此之外,也更加重视空间的合理利用,在装修中也选用了更为健康、环保、卫生的材料,从而满足生活主体的可持续发展要求和审美需要。人们价值观、审美观的不断变化,促使室内设计出现更多的风格和新技术应用,包括新材料、新构造、新工艺、新设备等,如现在越来越流行的家居智能化设计,就是利用各种智能设备,结合良好的声、光、热环境进行设计,创造更加宜人、舒适、智能的生活环境。

第二章　室内设计与文化艺术

第一节　当代室内设计风格与文化

一、室内设计风格与文化的联系

世界各地的建筑风格各异，建筑设计要基于地理环境、人文历史等条件。室内设计风格与建筑设计有相似之处，都是在时代特色和区域文化特色的背景下，通过巧妙的构思和细致的研究，形成一种能够反映人文条件的表现形式，因此，室内设计风格与文化之间有着紧密的联系。

（一）风格的表现形式

风格与文化背景、社会发展、地域特征有重要的关系，不仅是一种外在的表现形式，也是一种内在艺术形式的象征。装饰设计的风格往往是和建筑以至家具的风格流派紧密结合，有时也以相应时期的绘画、造型艺术、甚至文学、音乐等的风格和流派为渊源并相互影响。室内设计的风格和流派，属室内环境中的艺术造型和精神功能范畴。

（二）风格与文化的理解

随着经济的不断发展，人们生活品质的不断提高，对于建筑功能的要求越来越多，室内设计材料和设备的快速发展，加快了产品的更新换代，同时，也加快了室内装修设计的周期，很大程度上增加了文化因素和时代背景对室内设计风格的影响。人们对于建筑物不仅仅局限于居住或办公等使用功能，更加重视建筑物的文化底蕴、艺术内涵等精神层次的高品质追求。

二、室内设计文化的概念及特点

室内设计文化是人类在解决居住需求过程中，为了提高生活质量，通过装饰手法来诠释室内空间和室外空间的特点以及空间和人的关系，在装饰过程中，创造出来的物质财富和精神财富的总和。室内设计文化很大程度上能够反映出人们对于环境的理解和认识，能够体现人们对于艺术风格和文化内容的偏好，充分地体现了社会发展状态。室内设计文化还具有以下特点。

（一）具有丰富的历史

在远古时期，人类就开始了对于居住环境的装潢设计，山洞中的壁画、出土的装饰化石等都是早期人类室内设计的文化符号，说明室内设计文化具有悠久的历史。

（二）阶级特征明显

从古至今，从人类的室内设计风格发现，不同时期和不同阶层的人们对室内设计风格的要求截然不同。例如，在古代，色彩具有高度的政治性，金色、黄色、红色都是皇家的御用颜色，通过对色彩的把握，能够体现人的社会阶层和社会地位。

（三）限定性

体现室内设计文化的一个重要载体就是艺术品，从古至今，很多建筑内部通过摆放名人字画、花瓶等艺术品来提升室内设计风格的艺术品位和价值，体现了室内设计的限定性。

（四）多样性

装饰品对于室内设计具有重要的作用，装饰的多样性是体现设计风格的重要手段，同时也是文化元素的重要体现，因此，室内设计文化离不开装饰品的点缀。

三、影响当代室内设计风格的文化元素

（一）中西文化元素的交融

丝绸之路的开通，加快了东西方文化、思想的互相融合，使室内设计有了更丰富的元素。例如敦煌壁画、龙门石窟、云冈石窟等都受到了外来文化的影响，体现了中西方文化元素的交融。随着全球化进程日益加快，受西方文化的影响，近些年，我国在室内设计风格上多采用欧洲的建筑和设计风格，但设计的过程中，应注重提炼西方文化中的精华部分，结合当地特点、文化背景和时代特征，将这些元素巧妙地融合，不能简单地照搬照抄，从而更好地实现设计风格的个性化和创新性。

(二) 文化元素与建筑功能协调

室内设计师在进行室内风格设计时，必须认真了解建筑物的风格特点和设计理念，通过与建筑师设计风格的完美结合，体现室内设计的创新性和艺术性。不同建筑物具有不同的使用功能，设计师必须注意建筑物的不同功能用途，通过相应的文化元素来更好地展现建筑物的功能特点。例如，酒店的设计应该略显亲切、温馨，应采用一些较为欢快、跳跃的文化元素，加上偏暖的色调和图案等，营造出家的氛围，而不是像会场一样采用冷色调和较为庄重严肃的布置。如果文化元素与建筑功能不协调，就会造成室内设计的失败，使设计失去其意义。

(三) 地域文化元素对设计风格的影响

地域文化元素是影响室内设计风格的重要因素，室内设计师在设计时，必须充分考虑地域文化特征，通过鲜明的地域文化营造室内设计的独特性和创新性。

(四) 企业文化元素在室内设计中的应用

现代企业越来越重视品牌效应和企业文化的发展，因此，在企业内部设计中，必须注重企业文化元素的融入，这样，通过营造特定的企业文化氛围，实现对员工的有效管理，可以提高员工的归属感和企业的专业度，从而提高企业的经济效益。

(五) 业主对于文化风格的个人偏好

室内设计师在设计个人住宅或建筑时，应充分了解业主的个人宗教信仰和对文化风格的偏好，了解业主对室内装饰、陈设、风格等元素的要求，这样，可以更好地满足业主不同的审美需求，满足业主对住宅设计的艺术追求。现代人对住宅功能的要求较多，住宅已经不仅仅局限于居住，更多的是往休闲娱乐的方向发展，是人们在忙碌之余的心灵栖息地。所以，设计师必须充分满足人们的生理和心理需求，将文化元素与设计风格充分地融合，提高业主的满意度。

第二节 文化元素在室内设计中的体现

社会的不断发展和进步，使得人们刷新了自己的眼光和体验。人们不再仅仅满足于生存，而是要追求生活质量，也就对室内空间的精神功能有了新的追求。人们不再仅仅只追求室内空间的物质功能，反而更加看重室内空间的精神功能。人们追求室内空间的多样化和个性化，并且希望室内空间可以体现民族特色、地域特色，同时凸显自己的品味。因此，文化元素融入室内设计是志在必得的事。室内设计中融入文化元素即是对传统优秀文化的继承，同时也是推陈出新的一项有力举措。

一、文化元素与室内设计的关系

(一) 文化元素在室内设计中的应用形式

文化元素在室内设计中的应用在中国古代就已经得以发展。古代皇城、宫城、庙宇、庭院等的装饰设计都大量运用了文化元素。保留至今的故宫、颐和园、苏州各个名园等都可以说是中国文化元素的集中展现之地。在设计的过程中将优秀的文化元素完美融合，不仅达到美的艺术境界，同时也能让人体会到文化的多样性和丰富性，让人感受到文化的魅力。但传统的文化大部分是通过装饰家居、点缀室内景观等方式应用到室内设计中去的。今天，文化元素与室内设计的融合被赋予了新的含义，它是指建筑内部固定表面的装饰和可移动的、表面的、视觉的整体效果设计，例如室内铺砖、墙面美化、天花板艺术处理等，还包括门、窗、家具设计与陈设等。但是从整体上来说，我国目前的室内设计还受到社会经济因素、文化因素和科学发展阶段的制约，许多设计师在设计阶段对中国文化理解不深，发展的后劲不足，没有形成特色系统，没有发挥出其应有的作用。

(二) 文化元素对室内设计的影响

室内设计是社会文化的有机组合，能够反映人们的价值观和审美观，体现当时的文化风貌。文化元素对于室内设计最主要的影响是使其具有了中国特色，在长期的文化交流和沉淀过程中逐步形成了一系列完整的中国特色体系，并因地域的不同而形成各种不同的风格，如南方风格委婉清越，北方风格敦重浑厚。

西方设计界的设计师认为，中国文化元素应用到室内设计中能够体现室内设计的贵气。因此造就了时下最时髦的家具风格，即以西方的装饰为主，辅以中国元素的家具、摆设品或是花纹图式。我们如今还能再见到的中式家具是大浪淘沙后的经典，具备极高的兼容性，应用在现今的室内装饰中不会产生违和感。加之表现设计的手法和表现形式的多样化，设计师将中国文化通过多种表现形式应用到室内设计之中，体现了文化对室内设计的影响。只有融合了时代文化精神的室内设计才是不朽之作。

(三) 室内设计体现文化元素

中国人对于室内空间的要求已经不再仅仅满足于空间功能，而是追求精神享受，注重室内空间带给人的心理感受。因此，追求个性化的室内空间成为人们的生活理念，人们越来越重视室内空间的精神功能。室内设计除了常用的装饰艺术可以体现中国文化元素之外，陈设艺术可以作为一个独立的单元体现文化元素，成就室内装饰效果，通常采用形式和质感的改变来完成。说得具体点，室内陈设在满足居住的一般功能要求后,还能体现文化内涵。例如书法字画、具有古典意味的家具、室内摆设品等,既能体现文化元素,也能体现业主的品性爱好。另外,还能将自然之小景引入到室内环境中,增加自然气息,如种植盆栽植物、点缀花草和手工工艺制品等。例如,制作红色的辣椒、黄色的玉米串,可以体现浓浓的农业文化,同时也可以显现出业主对农作物的喜爱,拥有特定的文化意涵。传统的室内设计也在力求情感意境的表达,追求传情达意的境界。常见的室内工艺品摆设,如胡桃木、樟木制成的家居陈设,配以玻璃、石材等制成的桌台,并在周围种植体现业主思想的植物,如兰草、佛手爪等。

二、文化元素与室内设计的结合

(一) 文化符号的借鉴和引用

中国文化符号分为两个类别:①具有象征内涵和比喻意义的图案和纹样;②传统图腾纹饰和传统宗教纹饰。营造具有中国特色的室内空间,一种有效的方法就是将文化符号应用到设计之中。比如,具有中国特色的装饰图案等,(如图2-1所示)。运用文化符号来体现象征意义在远古时期早已有之,比如在原始部落中,人们就曾用太阳光斑来表示他们对群居生活的愿想和对同伴的祝福。在中国古代,将龙、凤、鱼、鹊等动物图案纹饰在墙上、地板上或者做成门窗,来表示他们对生活的美好愿景。传统文化符号的应用主要有以下几个风格:①抽象简约。抽象简约就是将传统的文化符号提炼出来,对其整体或局部加工,进行艺术化的处理,既保留传统的形态原则,也传递出精神蕴含。②符号拼贴。符号拼贴的特点就是将传统文化符号构件进行分裂重组,加以抽象或变形等艺术处理,使其成为一种能够体现某种特定意蕴的象征符号。③移植与嫁接。移植与嫁接就是将传统的文化符号进行合理搬运,成为新的艺术象征,符合现代人的审美和精神文化需求。

图2-1 富含大自然元素的室内休息区设计布局

（二）文化思想对设计风格的影响

"宜设而设、精在体宜"是明清时代室内设计的核心概念和价值标准，即根据地域文化的不同、人们兴趣的偏好等进行室内设计，国内专家对"宜"有三个方面的解释：①因地因人制宜；②宜简不宜繁；③宜自然不宜雕琢。

崇尚"宛自天成"的艺术境界。从中国室内设计来看，设计者和业主都倾向于自然朴实的风格。中国造园艺术所推崇的"虽由人作，宛自天开"的艺术境界，同样也体现在中国室内设计中。

（三）室内设计与文化元素的融合

将文化元素应用到室内设计中，以追求功能和形式的完美统一。室内设计往往会在地域特色、民族特色的文化内涵下，拥有不同的表现形式。因此，室内设计就会有一种强烈的地域性或民族性。尽管我国现在的室内设计思想和理念源自于西方，但在逐步发展的过程中，渐渐地被本民族的文化所取代。当代许多室内设计师都在传统的中国文化元素中寻找素材和创意，并在一定程度上借鉴传统文化，应用到室内设计的各种造型、装饰和陈设中，以体现具有中国特色的室内设计，打造具有中国文化之美的室内空间。中国的室内设计师要扎根于中国传统的优秀文化之中，才能获得更广阔的发展空间，成就室内设计的新高峰。

综合以上分析，在文化多元化发展的时代背景下，室内设计将何去何从是人们正在关注的一个重要话题，设计风格的发展趋势也成为设计师们的新挑战。设计师们要学会学习和审视传统文化，进行有选择的应用和借鉴，使得当下的室内设计作品既有传统文化的意蕴，又能符合现代人的精神文化需求，既能体现民族特色，又能紧跟潮流，屹立于世界室内设计之林。

第三节 室内设计中多元文化的表现

设计是将人们的精神文明进行物化的创造性行为过程，它能对人们的生活环境进行改善和再创造，也是人们智慧和文化的结晶。设计作为人类思想的直观表现形式，室内设计风格的不同反应出不同文化内容在其设计过程中的渗透，表现了不同的生活方式和文化活动对室内设计的影响。同时，空间形式的不同也会影响我们对生活感受及体验的不同，因此现代室内设计纷繁复杂，需要室内设计师去体会和掌握。

一、文化与室内设计

中国拥有五千年的文明史，是一个文化底蕴深厚的国家。现代设计作为文化形态的产物，产生于19世纪末20世纪初，同时涉及科学领域、艺术领域等。

"现代"指的是出现工业化以后的两个历史时期，第一次是两次世界大战时期，形成了以柏林为中心的科学艺术的繁荣。第二次是20世纪50年代到60年代后期的机器时代。西方国家信仰科学技术，追求物质和现代性。从狭义上说，现代设计与工业化密切相关，是为满足高速发展的机械化生产而产生。现代主义设计同现代设计是同一个领域中的两个方面，现代设计指的是设计的外在技术表现形式，现代主义设计是设计的主观意识形态，包含众多的意识形态范畴，涉及诸如艺术、美学、心理学、音乐和舞蹈等多个领域。在不同的领域，对现代主义设计都有不同观念；而设计中多元文化正在此时得以体现。不仅对21世纪的设计活动及艺术活动产生深远影响，也影响了后来的现代室内设计。

室内设计经历了漫长的发展过程。伴随着建筑的产生，人们开始意识到美化室内空间的重要性，从而出现了室内装饰。室内装饰逐渐发展壮大，从建筑领域中分离出来。包豪斯的出现将时间的概念引入到空间领域，提倡摆脱形式主义，摒弃浮夸装饰，强调空间设计应具备合理性和结构性，用简洁的思想将

"室内装饰"升华为更具计划性、理论性的"室内设计"。在这个漫长而复杂的演变过程中，无论是室内装饰还是室内设计，都离不开文化对其的渗透作用。

二、室内设计中多元文化产生的依据及特性

（一）融合性

社会的不断开放促进了不同的文化进行相互接触、沟通交流，进而相互吸收与渗透，逐渐对自身的文化进行借鉴和再创造，这种文化的交融过程在现代室内设计中也表现得十分突出，如中西结合式风格、少数民族特色与现代的融合等形成的装饰风格。

（二）时空性

文化的积淀主要来源于长时间的积累，而设计正是通过这种文化的积淀不断发展而来，通过在室内设计中引入时间概念，将三维空间拓展为多维空间，从而满足现代室内设计不断发展的要求。

（三）科技性

现代高科技技术为室内设计增添了诸多可能性，包括视觉环境和工程技术等方面，同时也包括文化内涵等内容。不仅能方便人们的生活，提供舒适便捷的环境，而且能提升整合室内空间的格调，如环幕电影、电动窗帘等。

三、室内设计中多元文化的具体表现

(一) 现代室内设计与艺术表现

英国伦敦泰特当代美术馆中陈列了一幅装饰艺术作品《口令》,打破了以往美术馆肃静、庄严的风格,同时也改变了以往美术馆单纯将作品放置陈列、直接展示作品给观众的秩序。作品中一条长达167米的"裂缝"撕裂了地板,将作品与空间融为一体,激发美术馆中的观众积极思考,将美术馆同时变为一个现代主义场所。

(二) 现代室内设计与文化外延

爱马仕之家,位于韩国首尔的时尚旗舰店,整个建筑的外观是立方体形态,室内空间由一个庭院贯穿各个空间,室内的垂直中心由一个具有艺术特色的螺旋楼梯组成,同时也起到连接其他空间的作用。在室内中还设有博物馆及画廊,使观众在享受时尚带来新鲜力量的同时,感受历史与文化的厚重,使得时尚文化得以保存和传播。

(三) 现代室内设计与自然环境

弗朗索瓦·罗切的作品"森林网络蜘蛛"房屋,用网格将人造空间同原始自然空间分离,又相互交融,产生出不同空间之间隔而不断的艺术效果。同时,将私密空间划分为不同的功能分区,如办公室、车库、卧室、厨房等。这种与自然环境的融合将人们对空间的感知形式由简单的视觉扩展到触觉和嗅觉,调动了人们的感官刺激,这种与自然环境相交流创造出的室内设计更加注重到了人类同大自然之间相互依存的需要。

现代室内设计是时代的产物,是不同文化相互融合的艺术,要求设计师对不同的文化都具有敏锐的感受力和创造力,不断推陈出新,依据不同的时代和文化特性,不断创作出更具文化特色的室内设计作品,完美地体现人们对生活品质的要求,展现不同的文化内涵,从而设计出更加优秀的作品。

第三章　室内的空间设计

第一节　室内空间设计概述

室内空间是建筑空间环境的主体，建筑依赖室内空间来表现它的使用性质。在大自然中，空间是无限的，但是空间可以通过运用物质手段来限定，以满足人们的各种需求。进入建筑物中您就会感受到空间的存在，这种感受来自于周围室内空间的天棚、地面与墙面所构成的三度空间。室内界面指围合成室内空间的基面、垂直面和顶面。围合室内空间的地面、墙面和顶面是室内空间设计的基础。它决定着室内空间的容量和形态，既能使室内空间丰富多彩，层次分明，又能赋予室内空间以特性，同时有助于加强室内空间的完整性。

一、室内空间的概念

抽象的空间要素点、线、面、体，在主要实体建筑中，表现为客观存在的限定要素。建筑就是由这些实在的限定要素：地面、顶棚、四壁围合成的空间，就像是一个个形状不同的空盒子，我们把这些限定空间的要素称为界面。界面有形状、比例、尺度和式样的变化，这些变化造就了建筑内外空间的功能与风格，使建筑内外的环境呈现出不同的氛围。

建筑中表现为实体的空间限定要素呈四种形态：地面、柱与梁、墙面、顶棚。

地面是建筑空间限定的基础要素。它以存在的周界限定出一个空间的场。

柱与梁是建筑空间虚拟的限定要素。它们之间存在的场构成了通透的平面，可以限定出立体的虚拟空间。

墙面是建筑空间存在的限定要素。它以物质实体形态存在的面，在地面上分隔出两个场。

顶棚是建筑空间终极的限定要素。它以向下放射的场构成了建筑完整的防护和隐蔽性能，使建筑空间成为真正意义上的室内空间。

二、人在室内空间环境中的感知规律

空间的大小首先必须满足功能的要求，在满足功能要求的前提下，来研究人在室内空间环境中的感知规律。感受是人对建筑艺术最初的审美层次，是通过环境气氛获得的。室内空间的效果影响着人们情感的控制与变化。

（一）空间尺度

室内空间尺度感应与房间的功能性质一样，直接影响到人对空间的感受。小空间易使人产生亲切感；大空间给人一种宏伟博大的气氛。在设计中必须根据具体情况来把握功能要求与精神感受两方面的关系。[1]当空间的尺度比人体尺度大很多倍时，就会给人带来超常的心理感受。

（二）空间高度

空间的高度对于精神感受的影响很大。一是绝对高度，即以人为对比物，过低会使人感到压抑，过高会使人感到空旷、不亲切。另一种是相对高度，即空间的高度与面积的比例关系。相对高度越小，顶与地面的引力感就越强。

（三）空间的形状与感受

不同形状的空间会使人产生不同的感受，因此，在设计空间形状时必须把功能使用要求与精神感受方面的要求统一起来考虑。

（1）细而长的空间会使人产生向前的感受，利用这种空间可以造成一种无限深远的气氛，如颐和园的长廊。

（2）低而宽的建筑空间会使人产生侧向广延的感觉。

（3）穹隆空间具有向心、内聚的感觉，弯曲、弧形或环形产生一种导向感，诱导人们沿着弧形方向前进。

（4）中央低四周高、圆形平面的空间具有离心扩散的感觉。

（5）当中高两旁低的空间具有沿纵轴内聚感。

（3）当中低两旁高的空间具有沿纵轴外向的感觉。

---

[1] 盖永成，魏威，盖文来编著.室内设计思维创意方法与表达［M］.北京：机械工业出版社，2017.07.

第二节 室内空间的类型及特征

一、固定空间和可变空间

(一) 固定空间

固定空间是由建筑部分的顶、墙、地面以及相应的结构围合而成,被称为空间(原始空间),是一种功能明确、位置固定的空间,所以可称为室内的主空间,如住宅中的厨房、卫生间。

(二) 可变空间

可变空间也叫二次空间,在固定空间内用墙、隔断、家具、绿化、水体等把空间再次划分成不同的空间,就是可变空间,即二次空间,如书房兼客房、客房兼储藏间等。

二、静态空间和动态空间

(一) 静态空间

静态空间比较封闭,功能比较明确,空间表现非常清晰明确,如卧室、会议室等,(如图3-1所示)。常采用对称式和垂直水平界面处理。空间比较封闭,构成比较单一,视觉常被引导在一个方位或落在一个点上。

图3-1 会议室装饰设计布局

静态空间的主要特征为:[1]

---

[1] 王东辉,李健华,邓琛编著.室内环境设计 [M].北京:中国轻工业出版社,2018.12.

(1) 空间的限定度较高，趋于封闭型。

(2) 多为对称空间，可左右对称，也可四面对称，除了向心，较少有其他的空间倾向，从而达到一种静态平衡。

(3) 多维尽端空间，空间私密性较强，空间系列到此结束

(4) 空间及陈设的比例、尺度协调，无大起大落之感。

(5) 色彩淡雅、协调，光线柔和，装饰简洁。

(6) 没有强制性的、过分刺激的视觉引导因素，人在空间视觉转移平和。

（二）动态空间

动态空间也称为流动空间，通过视觉和听觉的引导和空间内的人和部分设施形成丰富动感的空间形式。具有空间的导向性，界面组织具有连续性和节奏性，空间构成形式富有变化和多样性，使视线从一点转向另一点，引导人们从"动"的角度观察周围事物。

动态空间的主要特征为：

(1) 利用机械化、电气化、自动化的设施，再加上人的各种活动，形成丰富的动势。

(2) 在设计中采用具有动态韵律的线条，使人产生一种动感。

(3) 引进自然景物如流水、喷泉、瀑布、花木、阳光等动态要素，造成强烈的自然动态效果。

(4) 借助声、光的变幻给人以动态感。

(5) 利用楼梯、壁画、家具等使人的活动时停、时动、时静。

(6) 利用匾额、楹联等启发人们对动态的联想。

三、开敞空间和封闭空间

（一）开敞空间

开敞空间是与外部空间联系较大的空间。特点是实体墙面较少，向外开放得比较多。开敞空间是外向性的，限定度和私密性较小，强调与周围环境的交流、渗透，讲究对景与借景，与大自然和周围环境的融合。开敞空间可分为两类：一类是外开敞式空间，另一类是内开敞式空间。

(1) 外开敞式空间。特点是空间的一面或几面与外部空间渗透。

(2) 内开敞式空间。从空间的内部抽空形成内庭院，然后使内庭院的空间与四周的空间相互渗透。

（二）封闭空间

与外部空间联系较小的空间。用限定性较高的围护实体包围起来，在视觉、

听觉等方面具有很强的隔离性。其性格是内向性的、拒绝的，具有较强的领域感、安全感和私密性，与周围环境的流动性较差。

四、共享空间

共享空间容纳了多种空间形式。明亮通透的空间充分满足了人们的视觉要求。把大自然的景色引入其内，使整个空间充满生机。其空间特点是大中有小、小中有大，外中有内、内中有外，相互穿插交错，富有流动性。

五、肯定空间和模糊空间

（一）肯定空间

界面清晰、范围明确、具有领域感的空间称为肯定空间。一般私密性较强的封闭型空间常属于肯定空间。

（二）模糊空间

模糊空间也称为不定空间。由于人的意识与行为有时存在模棱两可的现象，"是"与"不是"很难确定，反映在空间中就出现一种超越绝对界限的、具有各种功能含义的、充满复杂与矛盾的中性空间。在空间性质上，模糊空间常介于两种不同类别的空间之间，如室外、室内、开敞、封闭等。在空间位置上常介于两部分空间之间而难予界定其所归属的空间，可此可彼，亦此亦彼。由此而形成空间的模糊性、不定性、多义性、灰色性……

六、结构空间

所谓结构空间，即人们通过对建筑结构外露部分的观赏来感悟建筑结构构思及营造技艺结合所形成的空间环境。若充分合理地利用借用结构，会使室内空间设计更具艺术表现力和感染力。

七、实体空间与虚拟空间

（一）实体空间

空间的范围明确，各个空间之间有明确的界限，空间的私密性较强，如图3-2所示。

图3-2 具有明确范围的空间设计

（二）虚拟空间

虚拟空间又称为心理空间，空间的范围不明确，各个空间之间没有明确的界限，空间的私密性较小，处在实体空间之内，是空间中的空间。其空间范围没有十分完整的隔离形态，亦缺乏较强的限定度，依靠联想来划分空间。虚拟空间可借助列柱、隔断、隔墙、家具、陈设、绿化、水体、构件等因素构成，通过各种围护面的凹凸、悬空楼梯及改变标高等手段同样可以构成虚拟空间效果，如图3-3所示。

图3-3 通过家具的陈设来展示心里空间的界线

八、迷幻空间

利用扭曲、断裂、倒置、错位等手法来体现人的千姿百态的复杂心理和人的自我意识。家具和陈设也奇形怪状，以追求形式为主，有时甚至把不同民族、不同时代的一些造型因素通过夸张变形等处理融入其间，造成一种时空错位、荒诞诙谐之感。在照明的处理上讲究五光十色、跳跃变幻，追求怪诞的光影效果。

九、母子空间

大空间中的小空间（母子空间），母子空间是对空间的二次限定，即在原有空间（母空间）中用实体象征手法再次限定出小空间（子空间）。

十、地台与下沉空间

在室内空间中，通过抬高或降低地面的标高来取得既联系又相对独立的空间。

（一）地台空间

将室内地面局部抬高，通过抬高面边缘划分出的空间称为地台空间，地台空间具有很强的展示性。

（二）下沉空间

为了限定出一个比较明确的空间范围，可将室内空间地面局部下沉，空间的地面下沉，边界清晰而层次丰富。

（三）悬浮空间

即在垂直方向划分空间，采用局部降低天花吊顶或者吊其他饰物时，其上层空间的底界面不是靠墙或柱支撑，而是依靠吊杆悬吊，因而使人有新奇的悬浮之感。

十一、凹入与外凸空间

（一）凹入空间

凹入空间是在室内某一墙面或角落局部凹入的空间，其特点是只一面或两面开敞，所受干扰较少，其领域感与私密性随着凹入的深度而加强，可用作休息、餐饮、睡眠。

（二）外凸空间

外凸空间是室内空间凸向室外的部分，并且凹入空间的垂直围护面是外墙，开较大的窗洞。这种空间是室内凸向室外的部分，可与室外空间有机地融合，视野非常开阔。

第三节 室内空间的处理

一、空间的尺度与形状的处理

在设计时要把握好功能与空间形状、尺度的关系，满足人们生理与心理两方面的需求。

处理空间尺度时，按照功能性质合理地确定空间的高度具有特别重要的意义。比例尺度不同的空间给人的感受也不同。室内空间的形状可直接影响到室内空间的造型。

二、空间围与透关系的处理

室内空间的围与透是相辅相成的，只围不透会使人感到闭塞，但只透不围的空间尽管开敞，人在这样的空间犹如置身室外，同样也失去了室内空间的意义。

凡是实的墙面都因遮挡视线而产生阻塞感，而透空的部分则具有很强的吸引力，在设计中可利用这一点把人的注意力吸引到某个特定的方向。

三、空间的分隔和联系

室内空间的组合是空间设计的基础，而空间各组成部分之间的关系，主要是通过分隔的方式来完成的。空间的分隔与联系是相对的、相辅相成的。

分隔的方式，应根据室内空间的特点和功能以及空间艺术的特点和人的心理要求进行选择。室内空间的分隔方式可分为四大类型。

（一）绝对分隔

即用限定度较高的实体界面（承重的墙、到顶的轻质隔墙等）分隔空间。

（二）局部分隔

利用片断的面（屏风、较高的家具或不到顶的轻质隔墙等）划分空间。

（三）象征性分隔

它是用片断、低矮的面、罩、栏杆、花格、构架、玻璃等通透的隔断，或者用家具、绿化、水体、色彩、气味等因素分隔空间。

（四）弹性分隔

利用拼装式、折叠式、升降式等活动隔断和帘幕、家具、陈设等分隔空间。

四、空间的衔接与过渡

过渡性空间本身并没有具体的功能要求，只是借它来衬托主要空间。过渡性空间形式多种多样，它可以是过厅，但是在现代建筑中，一般不处理成厅的形式，而是借压低某一部分空间的办法来起空间的过渡作用，如图3-4中的廊道，将客厅与餐厅分隔开。

图3-4 空间的衔接与过渡展示

五、空间的渗透与层次

在分隔空间的时候，有意识地使被分隔的空间保持某种程度上的连通，室内外墙面的延伸、地面天花的延伸使空间与空间之间彼此渗透，相互因借，从而可大大增加空间的层次感。在现代室内装饰设计中，利用透空的落地罩、博古架等来分隔空间，使被分隔的各空间保持一定的连通关系，以利于空间的连通与渗透。用夹层的设置处理使空间在水平和垂直两个方向上互相渗透，从而获得丰富的层次与变化。

六、空间的诱导与暗示

空间诱导与暗示是依照人的活动习惯和心理，对人流的引导和暗示，使人们可以循着一定的途径，沿着一定的方向或路线从一个空间依次地走进另一个空间。其常见的设计手法如下：

（一）弯曲墙面的诱导

以弯曲的墙面把人流引向某个确定的方向，从而暗示着另一个空间的存在。

（二）楼梯的诱导

利用特殊形式的楼梯或踏步，将人流引导至上一层空间。

（三）天花地面的诱导

强烈方向性或连续性的图案，会左右人的行进方向。

（四）空间分隔的诱导

利用灵活的空间分隔形式，暗示出另一些空间的存在，把人从一个空间引至另一个空间。

七、室内空间序列

人的每项活动都是在时空中体现出一系列的过程，这种活动过程都有一定规律性或称行为模式，如看电影先要了解电影广告，继而去买票，然后在电影开演前略加休息或做其他准备活动，看完后人员疏散。因此建筑物的空间设计一般也应该按照这样的序列来进行。

空间序列是指空间环境的先后活动的顺序关系，是设计师按建筑功能给予合理组织的空间组合。空间以人为中心，人在空间中处于运动状态，并在运动中感受、体验空间的存在，空间序列设计就是处理空间的动态关系。空间的连续性和时间性是空间序列的必要条件，人在空间内活动感受到的精神状态是空间序列考虑的基本因素，空间的艺术章法是空间序列设计研究的主要对象，也是对空间序列全过程构思的结果。

通过空间序列的组织能够使人感受到空间既协调一致，又充满变化，且具有时起时伏的节奏感，从而创造出完整的、动态的空间序列。当空间序列的组织特征与人流移动的路线相一致，方向性明确，诱导方向为带有一定强制性的单向，呈形式对称规整时，则会给人带来庄严、肃穆和率直的感觉。

（一）序列全过程

1. 起始阶段

该阶段是序列的开始，预示着将要展开的内容，应具有足够的吸引力和个性。

2. 过渡阶段

它是起始后的承接阶段，又是高潮阶段的前奏，在序列中起到承上启下的作用，是序列中的关键一环。它对最终高潮的出现具有引导、启示、酝酿、期待及引人入胜等作用。

3. 高潮阶段

高潮阶段是序列的中心，是序列的精华和目的所在，也是序列艺术的最高体现。在设计时应考虑期待后的心理满足和激发情绪推达高峰。

4.终结阶段

由高潮恢复平静，是终结阶段的主要任务。良好的结束有利于对高潮的追思和联想。

（二）空间序列的设计手法

空间序列的不同阶段和写文章一样，有起、承、转、合；和乐曲一样，有主题、有起伏、有高潮、有结束；和剧作一样，有主角和配角，有矛盾双方的对立面，也有中间人物。通过建筑空间的连续性和整体性给人以强烈的印象、深刻的记忆和美的享受。但是良好的序列章法还是要通过每个局部空间的装修、色彩、陈设、照明等一系列艺术手段的创造来实现。因此，空间序列的设计手法非常重要。

1.空间的导向性。

指导人们的行动方向的建筑处理称为空间的导向性。采用导向的手法是空间序列设计的基本手法，它以建筑处理手法引导人们行动的方向，使人们进入该空间，就会随着建筑空间布置随其行动，从而满足建筑物的物质功能和精神功能。

2.视觉中心

在一定范围内引起人们注意的目的物称为视觉中心。导向性只是将人们引向高潮的引子，最终的目的是导向视觉中心，使人领会到设计的诗情画意。如中国园林通过廊、桥、矮墙为导向，利用虚实对比、隔景、借景等手法，以寥寥数石、一池浅水、几株巴蕉构成一景，虚中有实。或通过建筑、家具、屏风、亭台楼榭等将空间处理成先抑后扬、先暗后明、先大后小、千回百转的效果。而视觉中心是指一定范围内引起人们注意的目的物，它可视为在这个范围内空间序列的高潮。

3.空间构成的对比与统一

空间序列的全过程就是一系列相互联系的空间过渡。对不同序列阶段，在空间处理上各有不同，造成不同的空间气氛，但又彼此联系、前后衔接，形成按照章法要求的统一体。空间序列的构思是通过若干相联系的空间，构成彼此有机联系，前后连续的空间环境，它的构成形式随功能要求而不同。如中国园林中"山穷水尽""柳暗花明""别有洞天""先抑后扬""迂回曲折""豁然开朗"等空间处理手法，都是采用过渡空间将若干相对独立的空间有机地联系起来，并将视线引向高潮。一般来说，在高潮阶段出现以前，一切空间过渡的形式可能也应该有所区别，但在本质上应基本一致，强调共性，应以统一的手法为主。但作为紧接高潮前准备的过渡空间往往采用对比的手法，先收后放、先抑后扬等用以强调和突出高潮的到来。

第四章 室内的界面设计

室内环境空间通常是由水平界面（地面、顶棚）和垂直界面（墙面）界定的。室内设计主要是对室内界面（天棚、地面、墙面）进行改造和美化，既有功能技术要求，也有造型和美观要求。室内各界面是一个有机的整体，应该与建筑相协调一致。室内界面设计要符合室内总体效果，具有美学规律，与室内设施相配合。

第一节 室内空间界面的要求和功能特点

室内空间是由各个界面按照一定的形式组合而成，由于各个界面的用途不同，在使用功能上各有不同的个性和要求。

一、室内空间界面的要求

(1) 耐久性。具有较长的使用期限。
(2) 防火性。材料不易燃烧或燃烧时不释放有毒气味。
(3) 环保性。材料散发的有害气体或放射物质，对人体和环境无害。
(4) 实用性。易于制作安装和施工，便于操作和更新。
(5) 隔音性。防止噪声干扰。
(6) 美观性。界面的装饰要体现环境和意境美。
(7) 经济性。材料的档次和价格要符合经济要求。
(8) 人文性。以人为本，强调室内环境和装饰作用。

二、各界面的功能特点

满足不同使用性质的空间有如下要求：
(1) 地面。防滑、防水、防潮、防火、防静电、耐磨、耐腐蚀、隔离、易清洁的功能。

(2) 墙面或隔断。隔离空间、隔声、遮挡视线、吸声、保暖、隔热的功能。

(3) 顶面。重量轻、光反射率高、较高隔声、吸声、保暖、隔热的功能。

三、室内界面设计的其他要点

(1) 室内界面设计要点与建筑的特定要求相协调一致，类型不同的建筑要有不同的室内设计。例如，住宅和酒店都有居住、休息的功能，设计时要注意它们的区别。住宅室内界面设计应偏重自然质朴，室内的线条、色彩、质地及空间尺度等要做相应处理；酒店的室内界面设计则要注重豪华、富丽、色彩丰富。

(2) 室内界面设计要根据建筑的使用功能，在总体艺术效果上，创造富有个性特点的室内环境气氛。例如居室，有成人居室、老人居室、儿童居室。儿童居室又分为男童和女童。应该有针对性地采用不同的设计手法，体现房间主人的个性，营造出或稳重或大方或童真的室内气氛。

(3) 巧妙利用室内设计手法对空间进行调整，从而更好地满足功能和形式的需要。通常可以通过色彩的配制，图案、线型的处理，灯具造型、灯光明度等安排，使空间丰富多彩，完整统一。例如，某些商业建筑墙面采用镜面玻璃，使拥挤的空间产生开阔延伸感；地面的图案与柜台布置式样一致，并暗示行走路线。

(4) 充分利用装饰材料的质感和色感。质感粗糙的表面，给人以粗犷、浑厚、稳重的心理感受，反之则给人以细腻、精致的感受。一般来说，大空间宜用粗质感材料，小空间宜用细质感材料。大面积墙面用粗质感材料，重点装饰的地面选用细质感材料。

第二节　室内界面的构成方式

室内空间界面包括大花、地面、墙面等，其都有自身的功能和特点。接下来分别从各种界面类型的形状、质感、图案、光色、材料等方面对室内空间界面的艺术处理进行探讨。

一、天棚

天棚，又称顶棚，是室内界面的顶面，室内空间的重要组成部分，也是室内设计中最富于变化的界面。

（一）天棚设计的原则

(1) 轻快感。天棚是室内空间的顶部界面，是室内空间的"天"，人们习惯上为天,卜为地,天要轻,地要重。天棚设计应符合人们的心理需求,在形式、色彩、质地和明暗处理上,要充分考虑上轻下重的原则,否则会产生"泰山压顶"的压抑感。

(2)舒适感。天棚设计要考虑人的生理需求。在选材时,要充分考虑材料的声学、光学、热学等方面的性质。例如,过多的硬质材料会影响室内的声场效果,造成音质单薄,声场混乱;反光材料过多会产生眩光现象;吊顶过高或过低对采光和通风都有影响。

(3)统一感。天棚设计中的材料种类不宜过多,装饰不宜繁琐、图案不宜细碎,否则令人眼花缭乱。设计要简洁、完整、有主次、协调统一。

(二)天棚设计形式

(1)平整式。天棚表面平整,无凹凸面(包括斜面或曲面)。这种形式的天棚构造简单,装饰朴素大方。其艺术感染力主要来自顶面色彩、形状、质地、图案及灯具的有机配置。适用于大面积和普通室内空间的装修,如展厅、商店、办公室、教室、居室等。

(2)凹凸式。天棚表面有凹凸变化,有单层也有多层,这种形式通常称为"立体天棚"。其造型华美富丽,适用于舞厅、餐厅、门厅等。常与吊灯、槽灯有机结合,力求整体感,用材不宜过多过杂,各凹凸层的秩序性不宜过于复杂。

(3)悬吊式。在屋顶承重结构下面悬挂各种折板、曲板、平板或其他形式的吊顶,如玻璃、装饰编织物等。它造型新颖、别致,并能使空间气氛轻松、活泼和欢快,具有一定的艺术趣味,是现代设计作品中常用的形式。常用于体育馆、歌剧院、音乐厅等文化艺术类的室内空间中。这种天棚的造型一般采用不规则布局,自由布局。

(4)井格式。井格式是结合结构梁架形式,主次梁交错成井字梁的关系,配以灯具和石膏装饰的天棚。其形式朴实大方,节奏感强,近似于我国传统的藻井,一般适用于门厅和门廊的天棚。

(5)结构式。利用屋顶的结构部件,结合灯具和顶部设备的局部处理,因地制宜地构成某种图案效果,这就是结构式。这种形式在大空间的体育馆、候车大厅中常常被采用。

(6)玻璃顶。玻璃天棚用玻璃创作,一般有两种形式:一种是发光天棚,在天棚里布置灯管,下面敷设乳白玻璃、毛玻璃或是蓝玻璃,给室内造成一种犹如蓝天、白昼的感觉;另一种是直接采光天棚,现代大型公共建筑的门厅、中庭、展厅等常采用这种形式。它主要解决大空间的室内采光,打破大空间的封闭感,满足室内绿化需要,从而充满自然情趣。玻璃天棚形式一般有圆形、锥形和折射型。[1]

二、地面

地面是室内空间界面的基面,与人接触较多,视域又近,是室内设计的主要因素之一。

(一)地面设计的要点

(1)划分。地面的划分要注意它的大小、方向、组织对室内空间的影响。一般来说,由于视觉心理的作用,地面划分块大时,室内空间则显得小,反之,则室内空间就显得大。一块正方形的地面,如将其作横向划分,则室内显横向变宽感,反之,则显纵向变窄感。

(2)质地。要根据室内气氛的要求,根据人的视觉心理规律,来决定地面材料质地。通常来说,光滑而细质感的材料,如磨光花岗岩、大理石、水磨石等具有精致、华美和高贵的感觉;相反地,粗质的材料如毛石、河流石、剁斧石等会产生粗犷、质朴和浑厚的感觉。

(3)骨骼。骨骼指地面装饰图案的构成关系。不同形式的地面装饰图案,会造成不同的构图效果。横平竖直的骨骼形式,增强室内的秩序性,适用于小空间,如居室;而自由形的骨骼形式,具有较强的动感,适用于大空间,如展厅。此外,地面图案构成还应和家具陈设放置及交通路线统一起来。

(二)地面设计形式

几种常见的地面形式:

(1)木质地面。木质地面色彩、纹理自然,富有亲切感,保暖、隔声效果良好,常用于卧室、舞厅、体育馆、训练馆等室内空间。

(2)块材地面。将大理石、花岗岩等块料,根据要求划分成石块的形状进行敷设。块质地面耐磨、易清洁,并能产生微弱的镜面效果,常给人以富丽豪华的感受,是公共空间如起居室、门厅、会议室等的常用材料。

(3)塑料地面。塑料地面柔韧,有一定的弹性和隔热性,便于更换,常用于一般居民家庭装饰及更换快的商业用房。

(4)面砖地面。面砖地面包括地砖、缸砖、瓷砖、马赛克等铺饰地面。其特点是质地光洁、便于冲洗,多用于厨房、卫生间地面铺砖。

(5)水磨石地面。水磨石地面分预制和现浇两种,由铜条嵌缝并划成各种各样的色彩和花饰的图案。它耐磨、便于洗刷,常见于人流集中的大空间,如食堂、

---

[1]王丽娜,汤瑾主编.室内设计[M].哈尔滨:哈尔滨工程大学出版社,2020.01.

候车厅、商场等。

三、墙面

墙面是室内空间界面中的竖直面，在人的视域中占优势地位，是人视觉与触觉经常接触到的部位，墙面设计在室内空间中占有重要地位。

（一）墙面的设计原则

（1）真实性。考虑建筑风格的统一以及建筑构件和空间的真实性，创造出富有特色的室内空间效果。

（2）耐久性。墙体经常与人接触，要选择耐久性稍高的材料。

（3）物理性。墙面对室内空间环境影响较大，根据使用空间性质的不同，室内的隔声、保暖、防火、防潮等要求也不一样。

（4）艺术性。墙面装饰对美化室内环境起着非常重要的作用，，墙面的质感、色彩、形状、比例等与室内气氛关系密切。

（二）墙面饰形式

墙面的装饰形式要服从室内总体设计，下面简单介绍几种装饰形式。

1. 抹灰类

抹灰类包括拉毛和喷涂。常用做法是在底灰上抹纸筋灰、麻刀灰或石膏，根据具体情况喷、刷石灰浆或大白浆。

2. 涂刷类

室内使用的涂刷材料很多，主要有白灰、油漆、可赛银浆、乳胶漆等。

3. 卷材类

卷材类材料已日益成为室内设计的主要装饰材料之一，如塑料墙纸、墙布、玻璃纤维布、人造革、皮革等。

4. 贴面类

（1）陶瓷饰砖（马赛克）。地面光洁，色彩丰富多样，耐水、耐磨、防潮，便于冲洗。常用于厨房、卫生间的墙面装饰，有时用瓷砖和马赛克的拼画，可使墙面增强艺术性。

（2）面砖。面砖有釉面砖和无釉面砖之分。面砖坚固耐久，其质感和色感具有较强的艺术表现效果。

（3）大理石、花岗石等。表面光滑，质地坚硬，色彩纹理自然清晰，美观大方，装饰墙面和立柱显得富丽高贵。常用于公共建筑门厅、休息厅、中庭等重要部位。

5. 贴板类

（1）石膏板。石膏板可压制成立体图案，施工方便，有防火、隔音等优点，增强墙面的立体感。

（2）镜面玻璃。表面平整且有光泽，反映人的活动，起到扩大空间的作用。

（3）金属板。主要有铝板、铜板、不锈钢板、铝合金板等金属材料，不仅坚固耐用，而且具有强烈的现代感。

第三节　空间界面的处理手法

一、形状

室内空间的形状是由点、线、面有机组合而成的。

点：在造型元素中是一种集中的形态，是最小、最简洁、最基本的形态，具有灵活性、多变性的特点，是构成一切形态的基础。

线：构成室内空间界面的线有直线（水平线或垂直线）、曲线、分格线、锯齿线等。

面：是指墙面、地面、顶面及面的各种表现形式。面的种类和性格有：直线具有安定、简洁、有条理的感觉；曲线华丽柔美、富有肌理感。

二、图案

图案是空间界面的重要装饰元素，选用不同的图案，室内空间会产生丰富多彩的效果。

（一）图案的作用

色彩鲜艳的大图案能让空间具有变窄的感觉，色彩淡雅的小图案可以使空间具有扩张感。水平方向的图案在视觉上使立面显宽，竖直方向的图案使立面显高，网状图案比较稳定，波浪线有运动的趋势，图案可以给空间带来很多变化来营造各种氛围。

（二）图案的选用

根据空间的形状、用途等，运用图案进行界面设计，使图案的功能和形式相互统一。根据不同的空间选用相应的图案，如采用色彩鲜艳、活泼的图案布置儿童房，营造一个天真烂漫的童话世界；色彩淡雅、稳定协调的图案，适合成人房，给人一种高雅和大气的感受。

三、质感

材料的质感指材质的粗糙与光滑、软与硬、冷与暖、光泽与透明、弹性、肌理等。装饰材料的不同性格，对室内气氛的形成影响很重要。如庄严的空间可以选用石材、金属和木材组合，休闲的空间适合选用织物、竹、木等软质材料的组合。

1.发挥材料的天然美，使天然材料的色彩纹理，在设计中充分利用。

2.注重材料的质感与面积形状的搭配。

3.讲究用材的实用性，以最低的成本取得最佳的装饰效果，追求物美价廉、低价高效，从另一个角度来说，装饰材料没有高低贵贱之分，只有搭配合理才能得到最佳的装饰效果。

第五章　室内家具陈设与绿化

第一节　室内家具陈设

一、家具的分类及作用

随着科学技术的发展和人类社会的不断进步，人们创造出各式各样不同类型不同功能的家具，来满足越来越多元化的室内空间和现代人工作、生活、娱乐的需要。一件家具的最终形成，会受到多方面因素的影响，如材料、制作工艺、使用功能等。下面我们将从多角度对家具进行分类研究。

（一）按照使用功能分类

家具按照使用功能分类，可分为坐卧家具、桌台家具、储藏家具和展示陈列家具等。人们通常都会把家具的使用功能放到一个较高的地位，人们在室内空间的行为基本上都能够通过家具的使用功能体现出来。

1.坐卧家具

坐卧家具是最为古老的家具类型，也是人们日常生活接触最多的一类家具。坐卧家具体现出了家具最基本的哲学内涵，就是人类告别动物的基本生存姿势，并从春秋战国时期席地跪坐的低矮型家具到垂足而坐的高型家具的发展演变的过程。坐卧家具在功能上可以分为椅凳、沙发和床榻三类。

（1）椅凳家具

椅凳家具属于坐用家具，这类家具在我们的生活中使用最为频繁，品种也是最多的。有板凳、长条凳、马扎凳、靠背椅、躺椅、扶手椅、折椅、摇椅、转椅、圈椅等。通过椅凳的变化发展，我们可以看出社会需求与生活方式的变化，以及家具设计的发展历史。

（2）沙发类家具

沙发家具起源于18世纪的法国，沙发在西方家具发展史上有着极其重要的位置。现在在全世界范围内，沙发这种家具形式已经成为日常起居最为重要的坐卧家具。沙发类家具包括各种类型的单人沙发、双人沙发、长沙发、沙发床等。按照沙发的面材可以分为真皮沙发、人造革沙发、布艺沙发、藤木沙发等。现代沙发的设计把人的坐、躺、卧等不同生活方式进行整合，丰富了沙发多样性的功能（图5-1）。

图5-1 布艺沙发

（3）床榻家具

床榻家具的基本功能是为人们提供休息和睡眠。人类有三分之一的时间是在床上度过，所以床榻家具跟人类的关系极为密切。床榻类有单人床、双人床、双层床、儿童床等。现代床榻家具的意义不仅是满足睡眠休息之用，还能够给人们提供休闲、舒适、享受美好生活的态度和方式。

2.桌台家具

桌台家具通常与坐卧家具紧密配合使用。桌台家具对尺度有一定的要求，在使用上可分为桌和几两大类：桌类的尺度较高，主要为人们提供工作和操作的平台，桌类有写字台、办公桌、会议桌、餐桌、课桌、电脑桌和试验台等；几类较矮，主要用来放置物品，但装饰性较强，几类有茶几、条几、花几等。

3.储藏家具

储藏家具要求收纳功能较强。这类家具一般不与人体发生直接关系，但是在设计上必须在人体活动的一定范围内来制定它的尺寸。在外观上分为封闭式、开放式、综合式，在使用上主要分为橱柜和屏架两类。橱柜类有衣柜、书柜、床头柜、音响柜、文件柜、餐具柜等。屏架类有衣帽架、书架、花架、陈列架等。随着人们生活用具种类的增多，储藏家具也正在走向组合化和多功能化（图5-2）。

图 5-2　储藏家具

4.展示陈列家具

展示陈列家具主要出现在商业空间当中，是供商品陈列和文物展览用的家具。在住宅空间中，展示陈列家具的主要形式有博古架、酒柜等。这类家具的高度要与人的视线有密切的关系，主要形式有展台、展架、展柜等。

（二）按照制造材料分类

家具按照制造材料分类，可分为：木制家具、竹藤家具、金属家具、塑料家具和纺织家具等几种常见形式。把家具按照材料来分类，可以使我们了解不同材料的构造和特点，便于我们利用这些材料的特点来突显家具的实用性和美感，从而更好地烘托出室内空间环境的氛围。

1.木制家具

木材是一种质地优良、纹理优美的天然材料。木材具有质轻、强度高、易于加工造型等优点。用木材制成的家具有很高的观赏价值和良好的手感，因为木材是天然材料，所以常常让人感到亲切和舒适。从古至今，木质家具一直是人们最常用也是最普遍的理想家具。现代木制家具形式多样化，富有时代感。特别是利用现代工艺和技术，把木材和其他材料结合使用，往往能够制造出时尚且耐用的家具样式（图5-3）。

图 5-3　木制家具

2.竹藤家具

利用竹藤等天然材料,经过机器或手工编制加工而成的家具。竹藤材料具有质轻、柔韧性好、色泽优美、古朴自然等特点。竹藤家具造型丰富多样,具有极高的艺术感。通过竹藤家具的使用,很容易营造出自然舒适且极具个性的室内空间(图5-4)。

图5-4 竹藤家具

3.金属家具

金属家具通常是以钢和铝等金属材料为主要材料,以皮革、玻璃、塑料等材料为辅助材料组合而成的家具。金属家具坚固耐用,易于造型,已经逐渐成为现代家具的代表。金属材料本身的特性容易给人冰冷理智的感觉,但是通过和其他材料的搭配,能够组合成时尚前卫、简洁利落、富有表现力和强烈时代感的家具类型(图5-5)。

图5-5 金属家具

4.塑料家具

塑料是一种质轻、高强度、表面光洁、色彩鲜艳丰富的人造材料。采用塑料制成的家具有着天然材料制成的家具所无法取代的优点。例如,色彩艳丽,可单独整体成型,容易大批量生产等。塑料家具的装饰效果非常强,常常用在一些商业娱乐空间中(图5-6)。

图 5-6　塑料家具

(三) 按照使用环境分类

家具按照使用环境分类，可分为：住宅家具、商业家具和公共家具等；每个空间环境都对家具有不同的要求，根据所处场合的不同，家具的类型也有所变化。

1.住宅家具

住宅家具是我们日常生活中最常接触到的一类家具，使用频率高，功能性强。为了满足室内不同功能空间的使用要求，住宅家具的类型是最多的，品种样式也最为复杂。根据住宅空间的划分，住宅家具可分为以下几种。

卧室家具——床、床头柜、衣柜、梳妆台、梳妆凳、靠椅等（如图5-7所示）。

起居室家具——沙发、茶几、电视柜等（见图5-8所示）。

餐厅家具——餐桌、餐椅、酒柜等（见图5-9所示）。

厨房家具——厨房专用配套家具。

书房家具——书柜、写字台、电脑桌、靠背椅等（见图5-10所示）。

图 5-7　卧室家具展示及布局

图 5-8　起居家具陈设

图 5-9　餐厅家具陈设

图 5-10 书房家具陈设

2.商业家具

商业家具指在一些带有商业性质的空间中所用的家具。这类家具针对性强，功能明确，造型简洁大方，能够充分利用空间。通常商业家具是以系列的形式出现的。根据商业性质的不同，商业家具可分为如下两种。

第一种，商店家具——主要是指带有营业性质的商业空间，如专卖店、百货商场中用于销售的专业性家具。包括：收银台、展柜、展台、展架、陈列柜、沙发等家具形式。商业家具的展示性较强，能够吸引顾客，最终达到销售商品的目的。

第二种，餐饮家具——餐饮空间的类型较多，经营特色也各不相同。一般餐饮家具都是和整个餐饮空间的室内设计风格相匹配的。突出经营特色，营造出舒适的就餐环境。如中餐厅以中式风格的木制家具为主，西餐厅中沙发、餐桌一般为欧式风格。而快餐店的家具要求和前两种餐饮空间的家具要求又有所不同，快餐厅人流量较大，家具颜色一般较鲜艳，从视觉上能够促进食欲并且加快人们进餐的速度，造型上简洁但能够吸引顾客。

3.公共家具

公共家具跟商业家具最大的区别是公共家具通常是无偿为人们提供服务的，带有公益性质的家具。一般指的是公共空间中供人们休息的坐椅、桌子等设施。这些家具要求能够抵抗外界的各种气候条件，并且造型、颜色要和周围环境相协调，能够成为公共空间中景观的一部分。

（四）按照结构形式分类

家具按照结构形式分类，又可分为：板式家具、拆装家具、充气家具和注塑家具等。

1.板式家具

用不同的板材进行拼装，以五金构件或者胶粘连接而成。所用板材一般为细木板和人造板材，以结构承重和维护分隔作为主要功能。板式家具结构简单，用材也较少，组合形式灵活多样，外观大方简洁，成为现代家具的主要结构形式。

2.拆装家具

板式家具的零部件之间采用连接件接合，并可多次拆卸和安装。主要的拼接材料为木块、金属、塑料。拆装家具比较便于运输、携带和储藏。

3.充气家具

充气家具是用塑料薄膜制成，充气后成型的家具形式。这种家具是以内充气体作为承重的家具。它可以通过调节阀来调整到适合人的最佳使用状态。充气家具的特点是质量轻，用材少，颜色透明，变化丰富，造型新颖，充满娱乐性，能够带给人较强的视觉感受，受到现代社会年轻人的喜爱。

4.注塑家具

包括硬质塑料和发泡塑料家具。注塑家具是用特制的模具浇注成型的塑料家具。其整体性强，质量轻，造型自由多变，加工方便。塑料的色彩非常鲜艳丰富，表面光洁易于清洗，常常在公共空间中使用。

（五）家具在室内空间中的作用

家具的存在为人们日常生活、工作、学习等各种活动提供了便利和舒适。在室内空间中，家具的作用主要有以下几种。

1.划分功能空间

在室内空间中，除了承重的墙体可以用来划分空间外，不同的家具也可以限定出不同的功能空间。例如：在住宅空间中，床、床头柜划分出了卧室空间；餐桌、餐椅划分出了就餐空间；沙发、茶几、视听家具可以限定出起居会客空间，如图5-11所示。

在办公空间中，用书柜、书架、电脑桌等家具可以围合出个人工作的小型办公空间；在商业空间中，常用货架、柜台、陈列柜来划分不同性质的营业区域。

图5-11 家具在室内空间功能划分中的体现

2.组织空间序列

现代室内空间越来越大,越来越通透。通过家具我们可以丰富空间的层次,组织布置空间,甚至用家具来代替墙体。这种设计手法除了能满足空间的使用功能外,还能提高室内空间的使用效率,丰富空间的形态。

3.渲染空间氛围

家具除了能满足人们生理和物质上的需求外,还能够满足人们心理和精神上的渴望。家具的造型和风格能够直接影响整个室内设计的风格和内涵,是室内空间表现的最重要的角色,对空间环境的渲染也是不容小觑的。家具的材料、样式、色彩、装饰和组合形式对室内环境的审美情趣和意境升华都起到了丰富和深化的作用。一组造型别致、色彩美观的家具,对塑造空间环境也能起到烘托和渲染的作用。

二、家具的发展概述

家具的发展和建筑、室内装饰风格的发展密切相关。在人类社会的发展史上,家具一直体现着人们的文化、风俗习惯、民族传统,而且与时俱进,具有鲜明的时代性。我们通过家具可以了解当时的建筑风格、室内生活、艺术思潮和经济发展状况。

(一)中国古代家具的发展

中国古代家具的发展和中国传统建筑一样,其发展历史也是一部由木质材料构成的宏伟诗篇,具有强烈的民族风格。中国的木制家具"雏于商周、丰满于两宋、辉煌于明清"。无论是体量庞大而神秘的商周家具,还是春秋战国时期造型简练的矮型漆木家具,抑或是魏晋南北朝时期带有异族风情的渐高家具、隋唐五代时期精美华丽的高低家具、宋元时期简洁秀丽的高型家具、集各时期之大成的明式家具、雍容华贵的清式家具,都以各自的特色在中国家具的发展史上熠熠生辉。尤其是明清家具,将我国古代家具推向了鼎盛时期,其品种之多、工艺之精让人叹为观止,至今仍受到全世界人们的追捧。中国传统家具由于受到了民族特点、风俗习惯、地理气候、制作工艺等不同因素的影响,走着与西方家具截然不同的道路,形成了一种工艺精湛、内敛含蓄、耐人寻味的东方家具体系,在世界家具发展史上独树一帜,具有鲜明的东方艺术风格特点。中国古代家具也深深地影响着世界家具及室内设计的发展。

1.商周至三国时期家具(公元前1600-280)

商周处在奴隶制鼎盛时期,由于青铜器的发展,金属工具产生,使得木质材料被加工为家具成为可能。从甲骨文以及一些现存的青铜器上,我们了解到,当时室内铺席，人们一般坐在席子上，家具有床、案、俎和放置酒器的"禁"。

从春秋到三国，人们一直习惯"席地而坐"的生活方式，所以家具的形制都很低矮。而秦汉时期的家具，如几案的形式发展到不止一种，并且更加重视装饰，在木质的几案上涂黑色和红色的漆，描绘各种图案和纹样。床的用途在这一时期也扩大到日常起居与接见宾客，不过这一时期的床还较小，通常只坐一人，称为"榻"。

商周到三国时期的家具是中国低型家具的形成时期。其特点是造型古朴简洁，沉着稳重。

2. 魏晋、南北朝时期家具（265-581）

魏晋南北朝时期在中国历史上是一个较为特殊的时期，这个时期最显著的特点就是"民族大融合"。北方的游牧民族进入中原，而佛教在这一时期也极为盛行。在这种大的社会背景下，家具的形制也在慢慢发生改变。低矮的家具继续完善和发展，起居的床榻在慢慢增高，垂足而坐的生活方式，被越来越多的人接受，这个时期是高式家具和矮式家具并存的时期。

新出现的家具主要有扶手椅、束腰圆凳、方凳、圆案、长几、橱，并有一些竹藤家具。坐类家具品种增多，反映了垂足坐已逐渐推广，促进了家具向高型发展，为以后逐渐废除席地而坐打下了基础。

3. 隋、唐、五代时期家具（581-960）

隋唐时期是中国封建社会发展的全盛时期。这一时期社会经济发展，垂足而坐的生活方式已经从上流社会普及到全国。唐代家具一改前期家具的面貌，形成了流畅柔美、雍容华贵的家具风格。而到五代时，家具造型崇尚简洁无华、朴实大方。这种朴素内在美取代了唐代家具刻意追求繁缛修饰的倾向，为后来的宋代家具风格的形成树立了典范，后来家具的类型在这个时期已经基本具备。

隋唐五代时期家具的特点是：种类繁多并且向系列化成套化发展。如图5-12所示，《韩熙载夜宴图》中就描绘了成套家具在室内陈设、使用的情形；进一步向高型发展，表现在坐类家具品种增多和桌的出现。家具高型化又对室内高度、器物尺寸、造型装饰产生了一系列的影响。

4. 宋代时期家具（960-1368）

宋朝的建立，结束了五代十国时期的分裂和战乱的局面。宋代也是中国家具承前启后的重要发展时期。《营造法式》的出现，总结了中国以木结构为主的建筑的构造形式，同时也影响了家具的结构和造型。这个时期已经完全结束了延续了几千年的垂足而坐的生活习惯，一些高型的家具已经在民间得到普及。而家具的结构已经成型，确立了以框架结构为主的基本形式（图5-13）。

图5-12　五代时期家具《韩熙载夜宴图》

图5-13　宋代家具《清明上河图》

宋代家具造型淳朴纤秀、结构精细合理，还重视结构尺度与人体之间的关系，使用方便。家具种类有开光鼓墩、交椅、高几、琴桌、炕桌、盆架、落地灯架、带抽屉的桌子、镜台等，各类家具还派生出不同款式。宋代还出现了中国最早的组合家具，称为燕几。

5.明代时期家具（1368-1644）

朱元璋建立的明朝社会经济稳定发展，手工业也得到发展，对外交往频繁，东南亚一带的紫檀木、花梨木、楠木等优质木材输入中国。这些硬木色泽柔和、纹理清晰而又富有弹性，对家具造型结构、艺术效果有很大的影响。这些家具木料的横断面很小，所以造型也就显得简练、挺拔和轻巧。在这种前提下，加上手工艺的进步，使明式家具在艺术造型上有了很大创新，把中国古代家具推上了顶峰（图5-14）。

图 5-14 明代家具鼓凳

明代家具的风格特点，概括起来，可用"简、厚、精、雅"四个字来概括，其实就是造型洗练、敦厚大方、工艺精巧、气质典雅。而明代家具中的卯榫结构，极富科学性；完全不用钉子，不受自然条件的潮湿或干燥的影响，制作上采用攒边等做法。明代的文人和工匠都将自己的文才巧思奉献出来，使得明代家具以其空灵优雅的造型、古朴精致的纹饰，成为中国古典家具史上的经典作品。

6.清代时期家具（1644-1911）

清代家具继承和发扬了明式家具的传统，并且又有所发展，形成了自己的特色风格。清代家具趋于华丽，重雕饰，并采用更多的嵌、绘等装饰手法，于现代观点来看，显得较为繁冗。

清代家具的风格特点有：构件的断面有所增大，整体造型稳重，富丽堂皇，气势雄伟，清代家具的体量关系和它显露出的气势与当时的社会环境、民族特色、生活习惯是相互呼应的；清代家具的制作工艺使得家具的装饰风格和明代家具有较大的区别。清代家具装饰技巧高超，用料多样，装饰题材丰富，集历代装饰精华于一身。

（二）西方现代家具的发展

西方现代家具的发展一直是和现代建筑以及现代技术的发展同步。我们可以把19世纪欧洲工业革命看成是西方现代设计活动的契机，它用机械工具作为主要动力，根据"以人为本"的设计原则，摒弃了传统巴洛克、洛可可式的奢华雕饰，提炼了抽象的造型，结束了木器手工艺的历史，进入了机器生产的时代。现代家具在工业革命的基础上，通过科学技术的进步和新材料与新工艺的发明，广泛吸收了人类学、社会学、哲学、美学的思想，紧紧跟随着社会进步和文学艺术发展的脚步，其内涵与外延不断扩大，功能更加多样化，造型多变，日趋完美，成为创造和引领人类新生活与工作方式的物质基础和文化形态。

第五章 室内家具陈设与绿化

1.转折探索时期

这是现代家具的探索及发生时期,有两条发展脉络:一条是以英国莫里斯为首的一批艺术家和建筑家,他们主张艺术家和工艺师相结合的路线,强调个人手工技能追求创新设计形式。他们否定机械生产的可行性,由此创造出一种简单朴实充满着乡土气息的新型家具风格。在这个运动的推动下,许多著名的建筑师都参与家具设计,使现代家具得到不断发展。随后在欧洲大陆发生了著名的"新艺术运动"。虽然该运动分别在比利时、法国、奥地利和德国等地展开,但他们的目标是相同的:反对传统风格,探索能够代表他们时代的新艺术形式。

2.成熟发展时期

继新艺术运动之后,1917年由荷兰设计师杜斯堡掀起了"风格运动"。它推广现代设计的新兴观念和理想,是现代设计风格的萌芽。

而后1919年格罗皮乌斯在德国开设了"包豪斯"学院,它以设计教育的方式建立起了现代设计的基本理论,是现代主义诞生的摇篮。

在这个时期,人们都在寻找一种更适合20世纪人类生活的环境,寻求艺术与技术,艺术与生活的结合与统一。在人们的共同探索下,一种以科学的理性的功能主义至上的"现代主义"设计风格诞生。同时,也诞生了一大批著名的建筑设计师以及他们的建筑和家具作品。如荷兰风格派代表人物里特维尔德(Gerrit Thomoas Rietveld)于1923年设计的红蓝椅(图5-15);马歇·布劳耶(Marcel Breuer)于1925年设计的世界上第一把钢管椅——瓦西里椅;密斯·凡·德·罗于1929年设计的巴塞罗那椅。

图5-15 红蓝椅

3.高速多元化发展时期

第二次世界大战结束后,西方艺术设计的中心转移到了美国,美国出现了一大批著名的设计师。除了美国的家具设计蓬勃发展，以挪威、丹麦、瑞典、芬兰为首的北欧国家也出现了有着"北欧"特点的家具作品。1965年后，意大利家具异军突起，以其完整的设计思想和新颖的设计体系引领世界家具的潮流。

现代家具设计的特点是：新材料、新工艺的不断产生，促使设计师改变旧有设计模式，寻找与工业化生产相适应的新材料、新工艺和新的家具设计风格。它用简洁的线条，冷静理性的思考，严格的几何手法，充分展露出了现代美学的简洁性和完整性，促进了一个崭新的现代家具设计时代的到来。

三、家具的配置原则

（一）家具的特征

1.家具的特征

（1）家具的生活性

人类在社会生活中的各种动作行为都是依靠各种工具来完成的。人们每天从事的各种活动（包括休息、工作、学习等）都离不开家具的使用。家具是社会生活的参与者，是美好生活的延伸。

（2）家具的功能性

家具的功能性体现了规律性与目的性的统一，表现为根据人们在行为过程中的需要，利用家具的造型因素、结构因素、材料因素和审美因素，达到使用目的，实现使用价值。现代家具设计往往将灯具的照明功能和饮食器具的承载功能也视为家具的功能表现。

（3）家具的审美性

家具的审美性特征是指家具在满足功能需求的同时还必须满足人类观赏的需求。家具本身所具有的线条、节点以及结构与体廓，同人类的视觉审美知觉结合，成为家具设计美学的重要宗旨。现代家具的设计制作在人类造物观念的引导下逐渐走向一种观赏性、猎奇性和艺术性的道路。

（4）家具的社会性

家具设计从产生至今，流派纷呈、风格多样，其设计思潮走过了由功能化、理性化、装饰化带来的同一化并向多元化发展的历程。家具设计思潮的变迁有从量变到质变的因素，同时也在不同地区、不同国家之间存在时空差异。

2.家具的尺度

家具的服务对象是人，每一件家具都是由人使用的。因此，家具设计包括它的尺度、形式及其布置方式，必须符合人体尺度及人体各部分的活动规律，以便达到安全、舒适、方便的目的。

家具的功能与尺度设计是家具设计的主要设计要素之一。尺度对家具的结构和造型起着主导的和决定性的作用,不同尺度有其不同的造型与功能,在满足人类多种多样的要求的同时,力求家具能够符合人体尺度、舒适方便、坚固耐用。因此,家具设计师必须了解人体与家具的关系,把人体工程学知识应用到现代家具设计中来。人体工程学在家具功能设计中的作用体现在以下方面。

(1) 确定家具的最优尺寸:人体工程学的重要内容是人体测量,包括人体各部分的基本尺寸、人体肢体活动尺寸等,为家具设计提供精确的设计依据,科学地确定家具的最优尺寸,更好地满足家具使用时的舒适、方便、健康、安全等要求。同时,也便于家具的批量化。

(2) 为设计整体家具提供依据:设计整体家具要根据环境空间的大小、形状以及人的数量和活动性质确定家具的数量和尺寸。家具设计师要通过人体工程学的知识,综合考虑人与家具及室内环境的关系并进行整体系统设计,这样才能充分发挥家具的总体使用效果。

人体的动作形态相当复杂而又变化万千,坐、卧、立、蹲、跳、旋转、行走等都会显示出不同形态所具有的不同尺度和不同的空间需求。从家具设计的角度来看,合理地依据人体工程学的知识来设计家具,能调整人的体力损耗,减少肌肉的疲劳,从而极大地提高动作效率。因此,在家具设计中,对人体动作形态的研究显得十分必要。坐卧类家具支持整个人体重量,和人的身体接触最为密切。为使座椅能使人不致疲劳,它必须具有5个完整的功能:骨盆的支持;水平坐面;支持身体后仰时升起的靠背;支持大腿的曲面;光滑的前沿周边。

人体在采取坐位时,躯干直立肌和腹部直立肌的作用最为显著,据肌电图测定凳高100~200mm时,此两种肌肉活动最弱,因此除体压分布因素外,依此观点,作为休息椅的沙发、躺椅的椅面高度应偏低,一般沙发高度以350mm为宜。其相应的靠背角度为100°,躺椅的椅面高度为200mm,其相应的靠背角度为110°。

椅面,常有平直硬椅面和曲线硬椅面,前者体压集中于坐骨骨节部位,而后者可稍分散于整个臀部。座面深度小于33cm时,无法使大腿充分均匀地分担身体的重量,当座面深度大于41cm时,致使前沿碰到小腿时,会迫使坐者往前而脱离靠背,其身体由靠背往前滑动,将造成不适或不良坐姿。座面宽无法容纳整个臀部时,常因肌肉接触到座面边沿而受到压迫,并使接触部位所承受的单位压力增大而导致不适。休息椅座面,以坐位基准点为水平线时,座面的向上倾角,一般工作椅上倾为3°~5°,沙发6°~13°,躺椅14°~23°。座面前沿应有2.5~5cm的圆倒角,才能不使大腿肌肉受到压迫。在取坐位时,成人腰部曲线中心约在座面上方23~25cm处,大约和脊柱腰曲部位最突出的第三腰椎的高度一致。一般腰靠应略高于此，常取35.5~50cm（背长），以支持背部重量，腰靠本身的高度一般在15~23cm，宽度为33cm，过宽会妨碍手臂动作。腰靠一般为曲面形（半径约31~46cm的弧度），这样可与人的腰背部圆弧吻合。

休息椅整个靠背高度比座部高出53~71cm，高度在33cm以内的靠背，可让肩部自由活动。当靠背角度从垂直线算起，超过30°时的座椅应设头靠，头靠可以单独设置，或和靠背连成一体，头靠宽度最小为25cm，头靠本身高度一般为13~15cm，并应由靠背面前倾5°~10°，以减轻颈部肌肉的紧张。座面与靠背角度应适当，不能使臀部角度小于90°，而使骨盘内倾将腰部拉直而造成肌肉紧张。靠背与座部一般在90°~100°之间，休息椅一般在100°~110°之间。

扶手的作用是支持手臂的重量，同时也可以作为起坐的支撑点，最舒适的休息椅的扶手长度可与座部相同，甚至略长一点。扶手最小长度应为30cm。21cm的短扶手可使椅子贴近桌子，方便前臂在桌子上有更多活动范围，但最短应不小于15cm，以便支手肘。扶手宽度一般在6.5~9.0cm，扶手之间宽度为52~56cm，扶手高在18~25cm左右，扶手边缘应光滑，有好的触感。

工作用桌面高差应为250~300mm，作休息之用时，其高差应为100~250mm。工作时人的坐位基准点为390~410mm，因此工作桌面高度应为390~410mm，加上250~300mm，即640~710mm。桌下腿部净空间以60cm为宜。

卧室的床面质量对人体脊柱有不同的影响。以仰卧为例，它接近于直立时的自然姿势，但脊柱线相当弯曲。因此，床的过硬过软均不合适，这要求设计弹性床时对各部位弹力作不同的调整。橱柜是用作贮藏、陈设的主要家具，常见的有衣橱：书橱、文件柜等。现代的组合柜、装饰柜，常作日常用品的储藏，常利用橱门翻板作为临时用桌，或利用柜子下部空间作为翻折床用。橱柜款式丰富，造型多样，应在符合使用要求的基础上，着力于立面上水平、垂直方向的划分，注意虚实处理和材质、色彩的表现，使之具有良好的比例。

（二）室内空间设计中家具的配置

在现代室内环境中选择和布置家具，首先应满足人们的使用要求；其次要使家具美观耐看，同时根据室内环境的总体要求与使用者的性格、习俗、爱好来考虑款式与风格；再者还需了解家具的制作与安装工艺，以便在使用中能自由进行摆放与调整。其具体工作包括：

1.确定家具

家具的形式往往涉及室内风格的表现，而室内风格的表现，除界面装饰装修外，家具起着重要的作用。室内的风格往往取决于室内功能需要和个人爱好和情趣，满足室内空间的使用要求是家具配置最根本的目标。家具的数量决定于不同的空间性质使用要求和空间大小，包括使用对象、用途、使用人数以及其他要求。在一般房间，如卧室、客房、门厅，则应适当控制家具的类型和数量，在满足基本功能要求的前提下，家具的布置宁少勿多、宁简勿繁，应尽量减少家具的种类和数量。

2.选择合适的款式

在选用家具款式时应讲实效、求方便重效益。因此在选择家具时应把适用放在第一位，使家具适用、耐用甚至多用，省时省力。旅馆客房就常把控制照明、音响、温度、窗帘的开关集中设在床头柜上或床头屏板上。现代化的办公室也常常选用带有电子设备和卡片记录系统的办公桌。选择家具时，还必须考虑空间的性格。例如，为重要公共建筑的休息厅选择沙发等家具时，就应该考虑一定的气度，并使家具款式与环境气氛相适应；而交通建筑内的家具，如机场、车站的候机、候车大厅内的家具，则应考虑简洁大方、实用耐久，并便于清洁。

3.确定合适的格局

家具布置的格局是指家具在室内空间配置时的构图问题，家具的布置格局要符合形式美的法则，注意有主有次、有聚有散。空间较小时，宜聚不宜散；空间较大时，宜散不宜聚，如图5-16所示。在日常生活中，家具的格局可分为规则和不规则两类。规则式多表现为对称式，有明显的轴线，特点是严肃和庄重，因此常用于会议厅、接待厅和宴会厅，家具主要成圆形、方形、矩形或马蹄形。不规则式的特点是不对称，没有明显的轴线，气氛自由、活泼、富于变化，因此常用于休息室、起居室、活动室等处，在现代建筑中比较常见。

图5-16 大空间中家具的散开布局

（三）家具布置的原则

1.合理的位置

现代室内空间的位置环境各不相同，在位置上有出入口的地带、室内中心地带、沿墙地带或靠窗地带,以及室内后部地带等区别,各个位置的环境如采光效率、交通影响、室外景观各不相同,应结合使用要求,使不同家具的位置在室内各得其所。

2.方便使用,节约劳动

同一室内的家具在使用上都是相互联系的,例如,餐厅中餐桌、餐具和食品柜,书桌和书架,厨房中洗、切等设备与橱柜、冰箱、灶具等的关系,它们的相互关系是根据人们在使用过程中达到方便、舒适、省时、省力的活动规律来确定的。

3.丰富空间,改善空间

空间是否完善,只有当家具布置以后才能真实地体现出来。如果在未布置家具前,原来的空间有过大、过小、过长、过狭等缺陷的感觉,经过家具布置后,可能会使空间改变原来的面貌而恰到好处,因此,家具不但丰富了空间内涵,而且常是借以改善空间、弥补空间不足的一个重要因素。人们应根据家具的不同,体量大小、高低,结合空间给予合理的、相适应的位置,对空间进行再创造,使空间在视觉上达到良好的效果。

4.充分利用空间,重视经济效益

建筑设计中的一个重要问题就是经济问题,这在市场经济中更显得重要。合理压缩非生产性面积,充分利用使用面积,减少或消灭不必要的浪费面积,对家具布置提出了相当严峻甚至苛刻的要求。我们应在重视社会效益环境效益的基础上,充分发挥单位面积的使用价值。特别对大量性建筑来说,如居住建筑,充分利用空间应该作为评判设计质量优劣的一个重要的指标。

(四)家具布置的基本方法

现代家具布置的基本方法应该从布置格局等方面考虑,应结合空间的性质和特点,确立合理的家具类型和数量,根据家具的单一性或多样性,明确家具布置范围,达到功能分区合理。组织好空间活动和交通路线,使动、静分区分明,分清主体家具和从属家具使它们相互配合,主次分明。安排组织好空间的形式、形状和家具的组、团、排的方式,达到整体和谐的效果。从空间形象和空间景观出发使家具布置具有规律性、秩序性、韵律性和表现性,获得良好的视觉效果和心理效应。我们在设计布置家具的时候,特别在公共场所,应适合不同人们的心理需要,充分认识不同的家具设计和布置形式代表了不同的含义,比如,家具一般有对向式、背向式、离散式、内聚式、主从式等布置,它们所产生的心理作用是各不相同的。

按照家具在空间中的位置,其布置方式可分为:一是周边式,即留出中间空间位置，空间相对集中，易于组织交通，为举行其他活动提供较大的面积，便于布置中心陈设。二是岛式，将家具布置在室内中心部位，留出周边空间，强调家具的中心地位，显示其重要性和独立性，周边供交通之用，保证了中心区不受干扰和影响。三是单边式，将家具集中在一侧，留出另一侧空间（常成为走道）。工作区和交通区截然分开，功能分区明确，干扰小，交通成为线形，当交通线布置在房间的短边时，交通面积最为节约。四是走道式，将家具布置在室内两侧，中间留出走道。节约交通面积，交通对两边都有干扰，一般客房活动人数少，都这样布置。

按照家具布置与墙面的关系，家具布置方式可分为：一是靠墙布置。充分利用墙面，使室内留出更多的空间；二是垂直于墙面布置。考虑采光方向与工作面的关系，起到分隔空间的作用；三是临空布置。用于较大的空间，形成空间中的空间。

按照家具布置格局，其布置方式可分为：一是对称式。显得庄重、严肃、稳定而静穆，适合于隆重、正规的场合；二是非对称式。显得活泼、自由、流动而活跃。适合于轻松、非正规的场合；三是集中式。常适合于功能比较单一、家具品类不多、房间面积较小的场合，组成单一的家具组；四是分散式。常适合于功能多样、家具品类较多、房间面积较大的场合组成若干家具组、团。

不论采取何种形式，均应有主有次分明，聚散相宜。

四、家具的造型设计

家具造型设计是指在设计中运用一定的手段，对家具的形态、质感、色彩、装饰以及构图等方面进行综合处理，构成完美的家具形象。它包括造型的基本要素和造型的构图法则两方面的内容。

（一）家具造型的基本要素

家具主要是通过各种不同的形状、不同的体量、不同的质感和不同的色彩等一系列视觉感受，取得造型设计的表现力。这就需要我们了解和掌握好一些造型的基本构成概念、构成方法和构成特点，也就是造型设计基础，它包括点、线、面、立体、色彩、质感和装饰等基本要素，并按一定法则构成美的立体形象。任何应用设计都可以分解为若干设计要素的组合，并从中找出构成方法，家具设计也是如此。

1.家具的形态

造型设计的形式美主要是靠我们的视觉感受到的，而我们的视感所接触到的东西总称为"形"，形有各种不同的状态、大小、方圆等，简称为形态。

作为造型要素,都是由概念的形态构成的可见形态,它和几何学一样,最基本的可分为点、线、面、体(图5-17)。

图5-17 椅子的造型

(1)点

点是形态构成中最基本、最小的构成单位。

点一般认为是圆形的,但三角形、星形及其他不规则的形,只要它与对照物之比显得很小时,就可称为点。即使是立体的东西,在相对的条件下,感觉也是点。例如,家具的各种不同形状的拉手,一般都表现为点的特征。点的形状和大小,是不能由其单独的形态决定的,它必须依附于具体形象,即要和周围的场合、比例关系等相比较来评价它的不同特征。

在家具造型设计中,可以借助于"点"的各种表现特征,加以运用,可以取得很好的表现效果。

(2)线

线是点移动的轨迹。根据点的大小,线在面上就有宽度,在空间就有粗细。

线和面的区别与点的情况一样,是由相对关系决定的。线的形状主要可分为直线系和曲线系,线的表现特征主要随线型的长度、粗细、状态和运动的位置而异,从而在人们的视觉心理上产生不同的感觉。如直线富强劲、有力之意,垂直线有庄严向上感,水平线有宽广宁静感,斜线似乎具有方向性的势感;曲线给人以缓慢的运动感和波浪起伏的节奏感等。优美的线形是构成家具不同风格的一个造型要素,我们可以针对不同家具造型设计的要求,以线型的不同表现特征取得家具造型的丰富变化。

(3)面

面是由点的扩大或集中构成,也可用线的移动,线的幅度增大或线的集中等组成。除此,通过切断可以得到新的面,由于切的方法不同,能得到各种不同的面。

不同形状的面，具有不同的表现特征。正方形、正三角形、圆形等，都是方向性较明确的平面形，由于它们具有规则、构造单纯的共性，因此一般表现为安定、端正的感觉，多边形是一种不肯定的平面形，边越多越接近曲面，则产生丰富、轻快感。如果用正方形和圆作为基本平面形，可以配列出各种各样的平面形。

曲面一般给人以温和、柔软和动态感，它和平面同时运用会产生对比效果，对于构成造型的丰富变化极为有效。

在家具造型设计中，我们可以恰当运用各种不同特征的面，来构成不同的家具形式，以体现各类家具造型的不同风格。

(4) 体

由点、线、面包围起来所构成的三度空间（具有高度、深度及宽度或长度）称为体。

所有的体可以由面的移动和旋转，从而包围而占有一定的空间所构成。具有代表性的是立方体、球体、圆锥体、圆柱体等。体的表现特征，主要是根据各种面的形态感觉来决定。此外，色彩、材质和室内空间的光和影也能改变体的感觉。

体是表现家具造型设计最基本的方面之一，家具通常都是由一些基本的几何形体组合而成的。

2.家具的色彩

色彩是表达家具造型美感的一种很重要的手段，可以起到丰富造型、突出功能的作用，并表达空间不同的气氛和性格。具体表现在色调、色块和色光三方面的运用上。

(1) 色调

家具的色调，应该有色彩的整体感。常见的家具色调运用有调和色、对比色两种，若以调和色作为主调，家具就显得静雅，若以对比色作为主调，则可获得明快的效果。但无论采用哪一种色调，都要使家具具有统一感。在色调的具体运用上，主要是掌握好色彩的调配和色彩的配合。

掌握好色彩的调配与配合，主要从下面三个方面着手。

首先，要考虑色相的选择。色相不同，所获得的色彩效果也就不同。这必须从家具的整体出发，结合功能、造型、环境进行适当选择。例如，居住生活用的家具，应多采用偏暖的浅色或中性色，以获得明快、协调、雅静的效果，而展览等用的公共家具，应多采用浓郁的冷暖对比色，以表现鲜明、热烈的效果。

其次，在家具造型上进行色彩的调配，要注意掌握好明度的层次。若明度太相近，主次易含混、平淡。一般来说，色彩的明度以稍有间隔为好，但相隔太大则色彩容易失调，同一色相的不同明度，以相距三度为宜。在色彩的配合上，明度的大小还显示出不同的"重量感",明度大的色彩显得轻快,明度小的色彩显得沉重。因此,在家具造型上,常用色彩的明度大小来求得家具造型的稳定与均衡。

再次,在色彩的调配上,还要注意色彩的纯度关系。除特殊功能的家具,如儿童家具或小面积点缀,用饱和色外,一般用色宜改变其纯度,降低鲜明感,选用较沉稳的"明调"或"暗调",以达到不刺目、不火气的色彩效果。所以在配色时,对色彩的纯度要把握住一定的比例,使家具能表现出色调倾向。

(2) 色块

家具的色彩运用与处理,还常通过色块组合方法构成。所谓色块,就是家具色彩中一定形状与大小的色彩分布面,它与面积有一定关系,同一色彩如面积大小不同,给人的感觉就不相同。

一般用色时,必须注意面积的大小,面积小时,色的纯度可较高,使其醒目突出,面积大时,色的纯度则可适当降低,避免过于强烈。

除色块面积大小之外,色的形状和纯度也应该有所不同,使它们之间既有大有小,又有主有衬而富有变化。否则,彼此相当,就会出现刺激而呆板的不良效果。

色块的位置分布对色彩的艺术效果也有很大影响,如当两对比色相邻时,对比就强烈,如两色中间隔有中性色,则对比效果就有所减弱。

在家具中,任何色彩的色块都不应孤立出现,需要同类色或明度相似色块与之呼应,不同对比色块要相互交织布置,以形成相互穿插的生动布局,但须注意色块间的相互位置应当均衡,勿使一种色彩过于集中而失去均衡感。

(3) 色光

色彩在家具上的应用,还须考虑色光问题,即结合环境、光照情况。如处于朝北向的室内,由于自然光线的照射,气氛显得偏冷,此时室内环境多近于暖色调,家具的色彩就可运用红褐色、金黄色来配合;如环境处于朝南向,在自然光照射下,显得偏暖,这时室内多偏冷色调,家具的颜色可使用浅黄褐、淡红褐色相配合,以取得家具色彩与室内环境相协调统一。另外,在日光下,色彩的冷暖还会给人一种进退感,如同样的家具,在日光照射下,暖色调的家具比冷色调的家具显得突出,体量也显得大些,而冷色调则有收缩感,因此在家具造型上,有时就运用了这种色彩的进退表现特征,如家具常通过运用浅色、偏冷色的艺术处理,来获得心理上较大的空间感。

家具的设色,不仅与日光照和环境配合,而且也要与各种使用材料的质感相配合。因为各种不同材料,如木、织物、金属、竹藤、玻璃、塑料等所表现的粗、细、光、毛等质感,由于受光和反光的程度不同,反过来也都会相互影响色彩上的冷、暖、深、浅。现代家具十分讲究运用木材的自然本色,以它质朴的材料质感,赢得很好的艺术效果。

色彩在家具的具体应用上,绝不可脱离实际,孤立地追求其色彩效果,而应从家具的使用功能、造型特点和材料、工艺等条件全面地综合考虑,给予恰当运用。

3.家具的质感

质感是指表面质地的感觉——触觉和视觉,如材面的粗密、硬软、光泽等,每种材料均有其特有质地而给我们以不同的感觉,如金属的硬、冷、重,木材的韧、温、软等。

在家具的美观效果上,质感的处理和运用也是很重要的手段之一。了解各种材质的特色、材质与风格的交互表现,能在家具设计上更加得心应手。如今,家具的材质以木材、金属、皮革、布艺以及藤制五种为主流。通过各种不同材质的家具,可以营造出丰富多彩的空间环境。

家具材料的质感,可以从两方面来掌握:一种是材料本身所具有的天然性质感,另一种是对材料施以不同加工处理所显示的质感。

前者如木材、金属、竹藤、柳条、玻璃、塑料等,由于质感之异,可以获得各种不同的家具表现特征。木制家具由于其材质具有美丽的自然纹理、质韧、富弹性,给人以亲切温暖的材质感,显示出一种雅静的表现力;而金属家具则以其光泽、冷静而凝重的材质,更多地表现出一种"工业感";至于竹、藤、柳家具则在不同程度的手感中给人以柔和的质朴感。

后者是指对同一种材料,经过不同的加工处理,可以得到不同的艺术效果。如对木材进行不同的切削加工,可以获得不同的纹理组织;对金属施以不同的表面处理,如镀铬、烘漆等;再如竹藤的不同编织法,表达了不同的美感效果。这一切,都对家具的造型产生直接影响。

在家具设计中,除了应用同种材料外,还可以运用几种不同的材料,相互配合,以产生不同质地的对比感,有助于家具造型表现力的丰富与生动。但是获取优美的质感效果,不在于多种材料的堆积,而在体察材料质地美的鉴赏力上,精于选择适当而得体的材料,贵在材料的合理配置与质感的和谐运用。

4.家具的装饰

装饰是家具微细处理的重要组成部分,也是家具设计中的一种重要表现手段。一件造型完美的家具,单凭形态、色彩、质感和构图等的处理是不够的,还必须善于在利用材料本身表现力的基础上,以恰到好处的装饰手法,着重于细部的微妙设计。

因此,家具的装饰手法,可以从下列三个方面加以具体运用。

(1)材料纹理结构的装饰性

善于利用材料的纹理结构来进行家具的装饰处理，是一种颇具技巧素养的艺术效果。如木材的纹理结构，是木材切面上呈现出深浅不同的木纹组织，通过年轮、髓线等的交错组织，形成千变万化的花纹。由于纹理的成因各异，有粗细、疏密、斜直、均匀与不均匀等形之别。材面常出现旋形、绞形、浪形、绉形、瘤形、斑点形、鳞片形、鸟眼形、银光形和葡萄形等装饰纹理。

因此，木材的纹理结构，具有一种自然风韵的装饰美。在家具设计中，经常把它作为丰富家具材面装饰质感的重要表现手法。

此外，还可以利用各种自然纹理的薄木进行花样拼贴。根据胶贴部位的具体要求，选配好适当的薄木，按纹理的形状、大小、方向、位置和色彩作不同的排列拼接，胶贴于板材表面，组成千变万化的花形装饰图案——拼花。

家具上也常利用金属、大理石、玻璃和塑料等材料的质感、纹理和光泽特性，加以恰当的装饰处理，也可以益增其美，独成装饰风格，以获得很好的艺术表现效果。

（2）线型的装饰处理

善于运用优美的线型对家具的整体结构或个别构件进行有意义的艺术加工，也是一种饶有趣味的装饰手法。它既丰富了家具边缘轮廓线的韵味，又增加了家具艺术特征的感染力。

在线型的应用上，首先要依据家具的不同造型特征和具体构件的部位，赋予不同的线型表现。线型既是分割"面"的一种处理手段，又是改变"面"的一种装饰手法，使家具获取达到轻巧、秀丽的表现效果。

总的来说，家具的线型装饰处理必须层次分明、疏密适宜、繁简得体，有助于烘托家具的造型。讲究线型的简约含蓄，刚柔兼采，以获取简练中见丰富，质朴中寓精美的和谐效果。我国优秀的明式家具，就十分强调运用简洁线型为主的手法，表现出简朴中见浑厚，挺拔中求圆润的独特风格。

（3）五金配件的装饰性

家具用五金配件，包括拉手、锁、合页、连接件、碰头、插销、套脚、滚轮等。尽管这些配件的形状或体量很小，然而却是家具使用上必不可少的装置，同时又起着重要的装饰作用，为家具的美观点缀出灵巧别致的奇趣效果，有的甚至起到了画龙点睛的美感作用。

不论运用何种装饰手法，都要注意避免装饰过分的问题，不要一味以为繁就是好，简就是差，我们要做的应该是"以精取胜"，而不是"以繁取胜"。同时，更要注意装饰与实用的结合，要在符合家具功能和结构的基础上进行微细设计。

(二) 家具造型的构图法则

设计一件造型优美的家具，若要精心处理好那些基本的构成要素，就必须掌握一定的构成法则，学会运用多种多样的表现手段和方法，以构成美的立体形象，用专业术语称作构图法则或形式法则。家具的构图法则有统一、变化、均衡、比例等几项，这些法则是人们创作和实践经验的总结。

1.统一

设计的一个重要手段，即在于有意识地将多种多样的不同范畴的功能、结构，构成由诸要素有机形成的一个完整的整体，这就是通常所说的型设计的统一性。就家具设计而言，由于功能要求及材料结构的不同导致了形体的多样性，如果不加以有规律的处理，结果就会造成家具没有整体统一感。因此在家具造型设计中，从形体的组合、立面和色彩，一直到各细部处理等，都要求符合从变化中求统一这一基本构图法则。

(1) 协调

协调是指强调联系。在构图法则中，协调是取得统一的主要表现方法。表现为彼此和谐、具有完整一致的特点。在成套家具设计中，经常把那些必不可少的结构部件视作形态构成的要素来处理，使家具的各部分必须"说"相互有关系或相同的"话"。这样，技术结构上的部件就起到一种控制家具造型外观的作用，从而使整套家具呈现协调而和谐的效果。

(2) 主从

主从关系，就是在完整而统一的前提下，运用从属部分来烘托主要部分，或者是用加强手法强调其中的某一部分，以突出其主体效果。主从的处理方法大致可从下列两方面加以考虑。

1) 位置的主从。任何一件家具均可分成主要部分和从属部分，即使在成组家具中也可区分为主体和从属体。主从体通常是按使用功能的主从位置来确定的，如椅子的座面与靠背，各种支撑架均为从属部分。所以在设计中，应从主要部分着手，力求主从分明，以达到视觉上和感受上的集中、紧凑，易于取得整体效果。但也有把居于从属部分的支架充当形体构图的主体的，如一些床的设计，虽然床屉（床绷）在使用上和空间的体量上都是居于主体地位，但在构图上的主要表现却属于床头的高屏。

2) 体量的主从。如果将两个同样大小的长方体放在一起，一个立着，一个倒着，其中较高的（即立着）立即具有支配另一个的作用。在这类造型构图中，以低部位来陪衬高部位，要比以高部位陪衬低部位容易收效，同时也有助于以加强高体量来取得主从和谐的统一感。当有些家具的功能要求对造型处理的制约影响较小时，就可有意识地组织和调整它们之间的体量差异，而取得主从分明的效果。

(3) 呼应

呼应是在家具缺乏联系的各个不同形体或立面上，如柜的顶与脚、椅的靠背与座面等，运用相同或近似的细部处理手法，使其在艺术效果一致性的前提下，取得各部分之间的内在联系的重要手段，具体表现在两个方面。

1) 构件和细部装饰上的呼应。在必要和可能的条件下，可以运用相同或近似的构件，配置于各个不同的局部或形体，使之出现重复，以取得它们之间的呼应。例如，采用同一式样的拉手、五金件或饰件，就能使不同形体的家具在外观上取得统一效果。在细部装饰的处理上，也可采用相似的线型（具有比例关系）、格式等处理手法，以求得整体的联系和呼应。

2) 色彩和质感上的呼应。构图中，常在主色调的局部，运用一些相对应的对比色，如黑与白等，以取得醒目的呼应。也可以利用材料、质感之间的微细差异，给人一种呼应的统一感。例如，软家具中，木材表面与装饰织物的合理配置。藤、木的和谐运用等，既有呼应，又有差异，并与周围的家具和环境取得共同的关联性，以达到和谐而统一的艺术效果。

2.变化

家具是由若干具有不同功能和结构意义的形态构成因素组合而成，于是各部分的体量、空间、形状、线条、色彩、材质等各方面具有一定的差异。在家具设计中，要充分考虑和利用这些差异，并加以恰当处理，以求在统一的整体之中求得变化，因为如果缺乏变化，家具就会显得单调。在统一中求变化，通常有对比、韵律、重点等几种表现方法。

(1) 对比

所谓对比，是指强调差异，表现为互相衬托，具有鲜明突出的特点。

形成对比的因素有很多，如曲直、动静、高低、大小、色彩的冷暖等。家具设计中，从整体到细部，从单件到成组，常运用对比的处理手法，构成富于变化的统一体。

具体表现在以下五个方面。

1) 线与形的对比。线与形的对比包括线的曲直、形状的方圆等。在家具设计中，经常采用曲线与直线的对比，来求得造型的丰富变化，或者采用圆形与方形的组合，以取得形体上的形状对比。

2) 方向的对比。在家具形体的垂直与水平的方向上采用对比的手法，可以使家具形体在塑造上取得丰富和生动的变化。

3) 质感的对比。利用不同材料所具有的不同质感形成对比，如材质的光滑与粗糙、软与硬等，使材料材质能够相互衬托。

4) 虚与实的对比。家具由于功能的要求，形成各种程度不同的开敞和封闭空间。开敞部分具有开朗轻巧感而称之为虚空，封闭部分具有稳定的重量感而称之为实体。开敞的空间，可以减少实体部分的沉重、闭塞感；而实体可以用来加强开敞部分的稳定重量感。

5) 色彩的对比。色彩的对比包括色相和明度的对比。色相的对比是指相对的两个补色的对比，明度的对比，即颜色的深浅的对比，只要差异明显，就能产生对比。不同用途的家具，有着不同的色彩对比要求。

(2) 韵律

造型设计上的韵律，是指某种图形或线条有规律地不断重复呈现或有组织地重复变化。这恰似诗歌、音乐中的节奏和图案中的连续与重复，以起到增润造型感染力的作用，使人产生欣慰、畅快的美感。无韵律的设计，就会显得呆板和单调。韵律可借助形状、颜色、线条或细部装饰而获取。在家具构图中，当出现各种重复现象的情况时，巧妙地加以有组织的变化处理，这在家具造型设计上是十分重要的。

常见的韵律形式有以下几种：

1) 连续的韵律。由一个或几个单位组成的，并按一定距离连续重复排列而取得的韵律，称连续韵律。

2) 渐变的韵律。在连续重复排列中，将某一形态要素作有规则的逐渐增加或减少，所产生的韵律，称渐变韵律。通常所见的成组套几和具有渐变序列的多屉柜，都在不同程度上表现出统一中求变化的韵律效果。

3) 起伏的韵律。在渐变中，形成一种有规律的增减，而且增减可大可小，从而产生时高时低、时大时小、似波浪式的起伏变化，称作起伏韵律。这种处理手法用于家具造型设计，其作用是取得情感上的起伏效果，加强造型表现力。

4) 交错的韵律。有规律的纵横穿插或交错排列，而产生的一种韵律，称交错韵律。交错的韵律较多用于家具的装饰细部处理。

上述四种韵律，其表现形式各有不同，但它们的共同特征，就是重复和变化。

(3) 重点

重点是指善于吸引视感注意力于某一部位的艺术处理手法，其目的在于打破单调的格局，加强变化，产生出主体的高潮，并取得一定的装饰效果。所以，重点表现是统一中求变化的一种手法。

1) 对比突出重点。对于一些过于单调的家具立面，如平板门面、整齐的屉面等，除了运用色彩和线脚进行对比处理外，还可以选用适合的五金件加装在适宜的部位，缀以重点装饰，获取适宜的对比效果。

2) 加强突出重点。加强突出重点，是选择家具的某一部分，如形体的突出部分、转折的突出部分、视线易于停留的焦点等处，运用加强的手法，强调其视觉效果。

3.比例

家具的比例包含两方面的内容：一方面是本身的长、宽、高之间的尺寸关系；另一方面是整体与局部或各局部彼此之间的尺寸关系。

（1）形成比例的基础

在决定家具的比例关系时，首先要考虑家具的功能要求和结构方式。比例的相对尺寸，与以人为本标准的绝对尺寸形成密切相关的尺度关系。同时，这种尺寸感往往又因家具所处的不同空间环境而有差异。例如，同样的桌，因其功能与环境的不同，使它们在比例上，出现全然不同的尺寸关系，如会议桌、书桌、餐桌等。

（2）几何形状的比例关系

几何形状本身，以及若干几何形状之间的组合，可以形成良好的比例关系。具体分析如下。

1）黄金比。把一条线段分成大小两部分，使小的一段和大的一段之比与大的一段和整个一段的比相等，这样的分割叫作黄金分割，这样的比率就叫黄金比，黄金比比率是1：1.618。黄金比长方形是最为优美的长方形的典型，多用于家具和室内空间的分割和构成。

2）根号长方形。设正方形的一边为1，用其对角线作图，可画出短边为1，长边为$\sqrt{2}$的长方形。用同样方法作图，可画出长边为$\sqrt{3}$的长方形。用这种方法，可以依次画出无限多的根号长方形。根号长方形具有优美的比例，自古希腊以$\sqrt{2}$、$\sqrt{3}$长方形为主，与黄金比长方形一起被广泛使用着。

3）整数比。把1：2：3……以及1：2、2：3这样由整数形成的比例叫作整数比。这是处于一种易于理解的数列关系，因而应用范围甚广。整数比具有文静而整齐的明快感。

4）级数比。从级数关系中获得比例美。级数比的方式很多，常用的有两种。

一种为等差级数比，由2：4：8：16：32……构成，即在开头一项与紧接着的一项出现差时，便可获得各种比例。这种等差级数比的增加率大，具有较强的旋律感。

另一种为等比级数比，由1：2：3：5：8：13……构成，这种是以各项等于前二项之和的相加级数形成的比例。这种相邻两项之比为5：8=1：1.6，34：55=1：1.617，接近于黄金比，对造型来说是具有更为有用的美之比率。

由此看来，我们进行家具造型设计时，如能适当地考虑几何形状的比例，对于各种比例的推敲，如高与宽、宽与深之比，以及细部装饰的设计等，都能有所帮助。但几何形状的比例，毕竟是从属于结构、材料、功能以及环境等因素。所以，在家具的造型设计上，我们不能只从几何形状的观点去考虑比例问题，而应综合各种形成比例的因素，作全面的平衡分析，这样才有利于创造新的比例构思。

4.均衡

均衡，也可称平衡。在造型设计中，均衡带有一定的普遍性，在表现上具有安定感。由于家具是由一定的体量和不同的材料组合而成的，常常表现出不同的重量感，在家具造型构图中，均衡是指家具各部分相对的轻重感关系。

（1）对称均衡

所谓对称均衡，就是以一直线为中轴线，线之两边相当部分完全对称，对称的构图都是均衡的，但对称中需要强调其均衡中心。对称均衡具有静止的力感、严谨的性格。

（2）非对称均衡

当均衡中心两边形式不同，但均衡表现相同时，我们称之为非对称均衡。由于家具受功能、结构等各种条件的制约，为了造型设计上的要求，有时并不一定采用完全对称的方法，可以有意识地处理成不同的非对称均衡形式来丰富造型的变化。

在非对称均衡中，比对称均衡更需要强调其均衡中心，所以在构图的均衡中心上，必须给予十分有力的强调，这正是非对称均衡的重要原则。

在设计中，家具的均衡还必须考虑另外一个很重要的因素——重心。好的均衡表现必有稳定的重心，它给外观带来力量、稳定和安全感。在家具构图中，重心概念，主要是指家具上下、大小呈现的轻重感的关系而言，如何获得稳定的重心，使家具看上去不会有头重脚轻之感。人们在实践中，遵循力学原则，总结了重心靠下较低，底面积大，就可取得平衡、安定的概念。

此外，有些家具的设计，并不以体量的变化作为均衡的准则，而是利用材料的质感和较重的色彩，形成不同的重量感来获得重心稳定的均衡感。

五、陈设艺术设计概述

室内陈设是指室内的摆设，是用来营造室内气氛和传达精神功能的物品。室内陈设设计首先应考虑陈设品的格调要与室内的整体环境相协调，还应体现民族文化和地方文化。

室内陈设从使用角度可分为功能性陈设（如灯具、织物和生活日用品等）和装饰性陈设（如工艺品、艺术品、纪念品和观赏性植物等）。

（一）家居织物

主要包括窗帘、地毯、床单、台布、靠垫和挂毯等，有使用功能，还具有审美价值，能增强室内艺术气氛，陶冶人的情操。

1.窗帘

窗帘具有遮蔽阳光、隔声和调节温度的作用。窗帘的款式包括单幅式、双幅式、束带式、半帘式、横纵向百叶帘式等（图5-18）。

图5-18　窗帘

2.地毯

地毯是室内铺设类装饰品，广泛用于室内装饰（图5-19）。

图5-19　地毯

3.靠垫

靠垫是沙发的附件，靠垫的布置应根据沙发的样式进行选择（图5-20）。

图 5-20 靠垫

4.其他织物

家具陈设物品上的各种覆盖织物,可起到点缀和衬托艺术效果。总之,装饰织物的形式和风格应从属于室内的总体陈设布局。

(二) 艺术品和工艺品

艺术品和工艺品是室内常见的装饰品。艺术品是室内珍藏的陈设品,艺术感染力强。在艺术品的选择上要注意与室内风格相一致,欧式古典风格室内中应布置西方绘画(油画、水彩画)和雕塑作品;中式传统风格室内中应布置中国传统的绘画和书法作品。

工艺品主要包括瓷器、竹编、挂毯、木雕、石雕、盆景等。还有民间工艺品,如泥人、面人、剪纸、刺绣、织锦等,增加室内艺术气氛。

(三) 其他陈设

其他陈设还有家电类陈设,如电视机、影碟机、音响设备等,各种书籍也可作为室内陈设,既可阅读,又能使室内充满文雅书卷气息。

第二节 室内绿化装饰

一、室内绿化装饰概述

（一）室内绿化装饰的概念及范围

1. 室内绿化装饰的含义

室内绿化装饰也称室内园艺，是指以自然界的绿色植物为主要材料，以一定的科学和艺术规律为指导，来装饰室内空间的一种方式，目的是给人们创造一个清新、宁静、温馨并富有大自然气息的学习、工作和生活空间环境。室内装饰是建筑装饰的一部分，完全从属于建筑艺术的统一要求。近年来，室内绿化已发展成为室内景观设计，并正在成为建筑学的一个分支学科。

室内绿化装饰仅仅是室内装饰的一个组成部分，它是利用绿色植物材料在建筑设计和园林设计所提供的各种可供装饰的地点和可供利用的装饰手段的情况下，与室内实际协调配合，创造出一个优美舒适雅致、实用，并具有某种艺术气氛和满足人们审美要求的生活环境，也就是创造一个具有美学感染力并洋溢着自然风情的室内环境，从而缩短了人与自然的距离，满足了人们亲近自然的需求。

2. 室内绿化装饰的范围

从狭义上讲，室内绿化装饰往往是在建筑景观、室内装潢之后，根据所要装饰的对象的具体情况来构思、设计，并进行绿色植物的布置和施工。同时，室内绿化装饰还具有相当程度的可改变性和可移动性，可根据不同情况和要求来改变装饰的方式方法，或者为某种特别的需要提供新的装饰方式和创造某种气氛的装饰效果，如会议、宴会的现场花艺布置，中国传统的中秋节、春节等节日的室内绿化与美化。

从广义上讲，室内绿化装饰可理解为围合的六面体的植物配置，是室内、室外之间的互相补充、交错，特别是在采用了高强度的金属框架和大面积透光性很强的玻璃的基础上，"室内"阳光充足。这种"室内"虽然来源于旧的概念，但却有了新发展，有了新内容。这样，室内绿化装饰就广义的内容包括以下五个方面：室内庭园、室内花园、屋顶绿化、室内固定的绿化装饰和室内不固定的绿化装饰。

（1）室内庭园

室内庭园就是在室内空间内建造类似室外的园林景观。室内庭园的自然采光可从顶部、侧面或顶、侧双面采光。室内庭园的规模大小不一，形式多样，甚至可见缝插针式地安排于各厅室之中或厅室之侧。在传统住宅中，这样的庭园除观赏外，有时还能容纳一两人游憩其中，成为别有一番滋味的小天地。室内庭园的内容可简可繁，规模可大可小应结合具体情况，因地制宜进行设计。这种庭园往往带有玻璃顶棚和冷暖空调，与一般室外庭园比较，其装饰性更强。这种情况下绿化只是一种对环境的补充和调剂。由于这种室内庭园空间宽敞，采光方便，因而可从多角度进行装饰，如垂直方向悬吊（吊金钱、常春藤、蔓长春等用于跃层绿化装饰）；栓及栏杆的装饰；结合小品建筑、水池、假山等陈设大量盆栽；台架及器具之上配置插花等，总之，使空间在允许的条件下尽量自然化。

（2）室内花园

室内花园指某种室内仅供静观的小面积园林性绿化装饰。这是种更富装饰意味的室内绿化装饰形式，常采用人工照明的方式增加植物的观赏性。绿化装饰的形式以构造巧妙取胜，并尽量突出装饰主题，组景精致玲珑，常以石景、沙漠风情及水景与姿态优美的植物相配合，辅以题刻、对联。这种布置很似古典园林的做法，它的艺术观赏价值较高，追求一种缩放自然的效果，如广州白天鹅宾馆的"故乡水"、广州愉园酒家的竹果园等。

（3）屋顶绿化

屋顶绿化是指在各类建筑物的屋顶、露台、天台、墙面等开辟绿化场地，种植花草树木，并使之具有园林艺术的感染力。屋顶绿化对增加城市绿地面积，改善日趋恶化的人类生存环境空间，改善由于城市高楼大厦林立道路众多的硬质铺装而日趋严重的热岛效应，开拓人类绿化空间，建造绿色城市以及美化城市环境，改善生态效应等有着极其重要的作用。屋顶绿化并不是现代建筑发展的产物。最早的屋顶花园是公元前6世纪，巴比伦国王营造的"空中花园"，被世人列为"古代世界七大奇迹"之一。

西方发达国家在20世纪60年代以后，相继建造各类规模的屋顶花园，如美国华盛顿水门饭店屋顶花园、美国标准石油公司屋顶花园、英国爱尔兰人寿中心屋顶花园、加拿大温哥华凯泽资源大楼屋顶花园等。目前屋顶花园在国外不是"空中楼阁"。美国芝加哥为减轻城市热岛效应，正推动一项屋顶花园工程来为城市降温。国内也有一些成功的例子，如北京虹桥市场的屋顶花园、北京《光明日报》社的屋顶绿化、广州东方宾馆屋顶花园。为了改善城市环境，增加城镇人口的人均绿地面积，屋顶绿化必然会随着城市的发展而有序地进行（图5-21）。

图 5-21 屋顶绿化

(4) 室内固定的绿化装饰

室内固定的绿化装饰,是指建筑完工之后,预留需要进行绿化装饰的部分,如阳台、花池、室内棚架、装饰性隔断、栅栏等。通常这种绿化装饰在植物定植后便不再随意改变,只维持日常养护而已。

(5) 室内不固定的绿化装饰

室内不固定的绿化装饰指需经常更换绿化材料和方法的绿化装饰,如室内花坛、盆花、盆景陈设、壁、插花等。这类装饰需要定期更换材料来改变室内绿化装饰形式,并对绿化植物进行定期养护。

(二) 室内绿化装饰的作用和功能

室内植物作为装饰性的陈设,比其他任何陈设更具生机和魅力,它几乎可弥补室内装修所带来的缺陷,使整个内部空间趋于协调。因此我们称绿化植物为万能的装饰物,但种类、株型、颜色等元素要搭配好。

1.具有美学功能

室内绿化装饰的美化作用主要通过两个方面来体现:一是植物本身所具有的形态、色彩美,它包括植物的株型花型、叶型、色彩、芳香、季相、风韵等;二是通过植物与室内环境恰当地组合和有序地配置,从色彩、形态、质感等方面产生鲜明的对比,而形成优美、协调的环境。植物的自然形态有助于打破室内装饰直线条的呆板与生硬,通过植物的柔化作用补充色彩,美化空间,使室内空间充满生机。树木花草本身就是自然的线条,或柔和,或劲拙。例如,"梅以曲为美,直则无姿;以欹为美,止则无景;以疏为美,密则无态"。杨柳则洒脱有致,微风依依。直立型的朱蕉、龙血树、垂叶榕、南洋杉等摆放在沙发两侧或大空间的拐角,就像站岗的士兵;丛生的仙客来、竹芋、蝴蝶兰像天真的孩童;微风中的蔓生黄金葛、薜荔、常春藤、吊兰、蔓长春等既有杨柳的风姿,也有个体形态美。

植物的各个部分具有各种不同的美丽色彩,如花、叶、果、枝、皮的颜色。

利用植物的自然色彩装点室内空间，偶辅以光彩效果，那种自然的雅韵，不是墙壁和家具的色彩所能取代的。植物也有发芽、抽梢、展叶、开花、结果等生物节律，这些不同的阶段所构成的不仅是一种生命的韵律，也是一幅动态的色彩变化图。春季，百花盛开，众芳争艳，选择色彩鲜艳或生长量特别大的植物材料，给人以轻松、活泼、生机盎然的感受；夏季，清逸淡雅，明净轻快，选用冷色的花卉，给人清凉的感觉，如晚香玉、旱金莲、葱莲、葱兰、扶桑、石蒜、荷花、姜花、栀子、米兰等，秋季是金色的季节，选用红、橙、黄等明艳的花卉和果实，给人留下丰收、兴旺的遐想，如秋季枫叶如火，银杏叶金黄；冬季伴随冰霜、严寒，选用一品红、水仙、腊梅、银芽柳、南天竹以及鲜艳的年宵花卉，让人感受到迎风傲雪的勃勃生机，给人以万花纷谢，却仍有芳菲可觅的感觉。另外，在室内空间的任何一个角落，在装修出现的瑕疵或不愿示人的地方，无论大小，均可选用相应的植物材料将其遮挡。此时植物材料可承担万能装饰物的功能但要选择其有与环境相适应的美学特征和生长发育条件的装饰植物。

2.改善空间环境净化室内空气

过去，人们只知道植物可以为宽敞的室内空间带来色彩质感和生气，从而增加居室的美感。现在，人们逐渐认识到植物在减少污染、改善环境提高室内空气质量方面的作用，从而重新认识到了植物在室内环境中扮演的角色。室内绿化植物都具有相当重要的生态功能，良好的室内绿化能净化室内空气，调节室内温度与湿度，有利于人体健康。植物进行光合作用时蒸发水分，吸收二氧化碳，排放氧气。因此，室内具有观赏价值的植物同时还具有一定的调节室内温度和湿度的功能。另外，外墙上植物茂密的枝叶可遮挡阳光，起到遮阳和调节室内温度的作用。据测量研究，在建筑西墙种植爬山虎，墙体在植被遮蔽90%的状况下，外墙表面温度可以降低8.2℃；屋顶绿化后，楼板表面温度可降低0~15℃。部分室内植物还可吸收有害气体，分泌挥发性物质，杀灭空气中的细菌。美国航空航天局（NASA）的沃尔弗顿（B. C. Wolverton）于20世纪80年代初系统地开展了相关植物净化室内空气的研究，他用了几年的时间，测试了几十种不同绿色植物对几十种化学物质的吸收能力。研究结果表明，在24h照明的条件下，芦荟能去除1m^{3}空气中90%的甲醛，90%的苯可被常春藤吸收，龙舌兰可吸收70%的苯、50%的甲醛和24%的三氯乙烯，吊兰能吸收96%的一氧化碳、86%的甲醛。他还比较了三种观赏植物清除甲醛的能力，显示出斑叶吊兰在6h内每平方厘米的叶片吸收2.27μg的甲醛，其次是合果芋（0.5（μg/cm^2），再次是绿萝（0.46μg/cm^2）。

3.调节心情，减轻压力

经济的高速发展，使建筑物形体日趋高大，居住和办公的现代化是社会现代化的标志之一。现代生活又是以高效率、高速度、高节奏为特征的，随着现代化进程的加速，人们在室内生活的时间更多于室外的时间，脑力劳动的比重不断增加，远离自然的速度也在加剧，因而精神上长期处于兴奋和激动状态。所有这一切都强化着人们对绿色自然的追求和向往，许多的理想和口号应运而生，"花园城市""花园小区""城市发展与自然共存""生态园林城市"等。

总之，人们在努力寻找着人与环境的平衡，而室内绿化可以让人们在紧张之余享受一些自然的气息，尽量挥洒一番热爱大自然的情结。绿色本身代表无垠的大地，是大自然最宁静的色彩给人以充实、希望、青春、优美、和平之感。因此，绿色植物用于室内绿化装饰可调节人的心情，减轻压力。

人的压力是需要缓解和释放的，而摆弄绿色植物是调节视神经和精神压力最好的方法之闲暇时，给案头的花草松松土施些肥料、浇点水，或者在阳春三月，给阳台上的花卉换盆、分株等，既是室内花卉养护的必然操作程序，也给操作者带来了快乐。任何一个热爱生活的人看到自己种植、护理的花草萌芽、长叶、开花、结果等过程在有序进行，都会有一种惊喜，因为这是自己亲手创造的生命韵律。

4.陶冶情操，提高艺术修养

现代人的大部分时间是在室内度过的，家、办公室、汽车、饭店等室内环境封闭而单调，会使人们失去与大自然亲近的机会，人的精神压力也不断增加，加上城市生活的喧闹，使人们更加渴望生活的宁静与和谐，这个愿望可以通过室内绿化来实现。

把大自然的花草引入室内，使人仿佛置身于大自然之中，从而达到放松身心、维持心理健康的作用。室内植物是室内高雅的装饰品，斗室之内，博古架上，或苍劲浑厚，或娇艳美丽，或柔枝飘逸，既陶冶情操，又增加艺术修养。因此，室内绿化装饰是一种美的享受和熏陶。比如盆景是最具中国特色的室内绿化方式，它集园艺、美学、文学之长，把诗情画意融为一体，被誉为"立体的画，无声的诗"，尤其是树桩盆景的老干虬枝，与其说是一种造型之美，倒不如说是一种生命之美，人们可以从中得到启迪，使人陶冶情操、净化心灵，并更加热爱生命。

我国历代文人墨客常借花传情，寄托情思。如陶渊明的"采菊东篱下"，将自己比喻成菊花告知世人其不畏强权，不随波逐流的性格；林和靖隐居杭州西湖孤山，认梅做妻，借梅来表现其不媚世俗的品质。

随着人类文明的进步，社会的发展，人们的情感可以通过花的语言来彼此沟通，如情人节和阴历七七节，有情人用玫瑰花传情达意已是非常普遍；母亲节时康乃馨的热销，也已说明了可用另外一种方式来表达对母亲的感激之情。只要人有意，花卉就有情。传统上，人们会通过植物的形象和生物学特点寄托自己的感情和意志，如松树的高风亮节、荷花的出淤泥而不染、牡丹的富贵、红豆的相思，康乃馨象征母爱，玫瑰表示爱情，梅、兰、竹、菊喻为"花中四君子"，松、竹、梅被称为"岁寒三友"。梅疏形横斜，清香雅韵；兰清高圣洁，香气清幽；竹刚直不阿，高风亮节；菊飘逸潇洒，孤傲不惧。这种人格化了的植物使得东方庭院更具诗情画意，更具含蓄的意境美，这也是室内装饰设计应充分发挥和展示的地方。

5.改善空间结构

花卉植物在空间内的摆放方式不同，就会将空间组织成不同的结构，单株摆放可起到画龙点睛的作用，多株排列就像屏风一样将大空间加以分割，在处理空间死角上，花卉植物就起到了"万能装饰物"的功能。

(1) 承接室内外空间的过度和延伸

建筑物入口及门厅的植物景观可以起到从外部空间进入建筑内部空间的一种自然过渡和延伸的作用。其手法常常在入口处设置盆栽植物或搭建花棚；在门廊的顶棚上或墙上悬吊植物；在进厅等处布置花卉树木，都能使人从室外进入建筑内部时有一种自然的过渡和连续感。还可以采用借景法，即通过玻璃窗等透明物，将室外的景观通过视觉借入室内，使室内、室外的绿化景观互相渗透、融合。室内的餐厅、客厅等大空间常透过落地玻璃窗，将外部的植物景观渗透进来，作为室内的借鉴，扩大了室内的空间感，给枯燥的室内空间带来一派生机。

(2) 分隔和充实空间

在一些空间比较大的场所，如宾馆、饭店大堂，或是现代家庭别墅中的客厅，通过盆花的摆放方式、花池的设置、绿色屏风、绿色垂帘等方法来划定界线，分隔成有一定透漏，又略有隐蔽的空间。要做到似隔非隔，相互交融的效果，使原本功能单一的空间具有不同的功能，提高空间利用率。如在商场的某个角落，在数株高大的垂叶榕下设置餐桌、座椅，供顾客休息和饮食；在熙熙攘攘的商业环境中辟出一块幽静的场所；在酒吧、茶馆等娱乐场所，用高大的绿色植物将各组座位加以分隔，这样的环境既优雅、宁静，又可形成各自独立的私密空间。

(3) 空间的提示和指向

由于室内绿化具有观赏的特点，能强烈吸引人们的注意力，因而常能巧妙、含蓄地起到划分和指向作用，是无字的指示牌。比如，在建筑物的出入口处、不同功能区的过渡处、走廊楼梯的转折处、台阶的起始点等处摆放观赏性强体量较大的植物引起人们的注意，也可用植物做屏障来阻止错误的导向，使人不自觉地随着植物布置的路线行进，让无声的植物起到提示和引导的作用。

(4) 处理空间"死角"

在室内装饰布置中，常常会遇到一些死角的不好处理，利用植物来装点往往会收到意想不到的效果。如在楼梯下部的拐角或清洁工具房门口等处摆放与周围环境协调的耐阴植物，家具的转角或上方用垂吊植物的枝蔓处理，使这些空间焕然一新。

(5) 构架独立的立体空间

现代建筑室内大多是由直线和板块构所构成的几何体，感觉生硬冷漠。利用植物特有的曲线，可改善空旷和生硬的感觉，而感到尺度宜人和亲切。比如在拐角处摆放中等高度的绿色植物，在大空间处设置室内庭院，均可减少拐角和屋顶的生硬。

二、室内绿化设计

(一) 室内绿化设计的原则

1. 不影响室内功能使用

我们在室内绿化设计中，要注意将功能和环境相联系起来，在不影响室内功能使用的前提下，合理布置植物，创造优美、健康的环境，如在楼梯拐角处设置盆栽观赏植物，既可以美化环境和增加趣味性，又不影响楼梯的使用。

2. 植物选择要和室内空间相结合

根据室内的不同位置选择不同的植物。在阳台等阳光充足的地方，可选择喜阳耐寒的植物，如多肉植物的仙人掌、仙人球、宝石花等。植物的选择也要根据建筑空间的大小而定，为了既提供植物合理的生长空间和光照条件，又满足人的视觉感受，植物的高度一般不宜超过空间高度的2/3。布置在狭窄的过道边的植物，不宜选择低矮、枝叶向外扩展的植物，否则既妨碍交通，又会损伤植物。

3. 经济适用

我们在室内绿化设计的过程中，也要把握好经济适用的原则，不一定要选择珍贵的植物，但是要和整个室内环境相协调。

4. 要便于管理和使用

室内绿化的植物种类选择一定要便于后期的管理和使用。有些植物对环境的要求很高，在室内环境中很难成活，这对于后期的管理非常不利。

(二) 室内绿化设计手法

根据室内环境设计的总体要求，室内绿化可以从以下几个方面来考虑布置方式。

1. 水平绿化

以空间水平面为基面来展开，一般处于人们的视平线以下，以盆栽、池载、绿地为主，构成点、线、面的绿化布局，低矮而富有层次变化，给人以亲切而舒适之感。

2. 垂直绿化

以绿化的悬垂或攀缘为主要特征，形成绿化的竖向延伸，造成富有生长动感的绿化效果。垂直绿化可以借助于建筑或装修构件，如墙面、格架、扶栏等，也可以单独设立绿篱或吊架。

3. 重点绿化

大型内部空间的重点部位，用较大的乔木或集中的组团绿化，追求自然景观的效果，形成丰满的绿化视觉中心。也可与室内水体进行组合，营造室内小型的园林景观。

4. 点缀绿化

室内空间许多边角地带，如入口两侧、立柱周围、墙角或拐角处、家具陈设旁边等。在这些部位进行点缀绿化，可以使生硬呆板的空间角落富有生机和情趣，丰富空间构图。

5. 微型绿化

常置于室内桌、台、柜、橱、架之上的小型盆栽植物花卉、盆景和插花，尤其插花是目前较为流行的台面绿化装饰，具有很强的艺术趣味。

（三）室内绿化设计的布局方式

绿色植物设计不但要符合艺术规律，而且不能妨碍日常的室内活动，植物布局应与周围环境形成一个整体。室内绿化的布局可归纳为点式、线式和面式三种基本布局形式。

1. 点式布局

点式布局就是独立或成组集中布置，往往布置于室内空间的重要位置，成为视觉焦点，所用植物的体量姿态和色彩等要有较为突出的观赏价值。

单点式布局即在室内空间的重要位置单独放置一株植物，这种方式是最常见的室内绿化布局方式，适应性很广泛。可以在室内空间适合的位置布置盆栽或者树木，成为视觉的焦点，切忌影响室内正常活动。

多点式布局是指在室内台面、地面或空中两个及两个以上的位置布置植物，通过植物高低、体量大小、颜色等方面的搭配形成立体的观赏效果。

2. 线式布局

线式布局就是将植物成直线或曲线排列，其主要作用是引导视线划分室内空间，作为空间界面的一种标志，选用植物宜统一，可以是同一种植物成线状排列，也可以是多种植物交错成线状排列。

直线式是将同一种规格的植物或者几种规格相同的植物相互交错成直线排列，也可以组合成其他几何形状，用以区分室内不同功能或组织室内空间。

曲线式是把室内绿化植物排成弧线，如半圆形、S形等，形式自由多样，多和室内的交通流线相结合来综合考虑。

3.面式布局

面式布局就是成块集中布置即强调量大，大多用作室内空间的背景绿化起陪衬和烘托作用，它强调的是整体效果，所以在体、形、色等方面应考虑其总体艺术效果。

平面式布局大多由多种植物成片状排列形成一个景观节点，适合布置在室内空间相对开放、相对明显的位置。在设计时，要考虑空间的大小，以免比例失调。

垂面式布局是指在室内局部凹入或者挑出的墙面上用植物做立体的景观，也可以用植物种植成"植物墙"，形成独特的隔断。

（四）室内绿化设计的空间布置

1.公共大厅

公共大厅的绿化设计要内外协调。应考虑公共大厅的地理位置、所在城市的整体风格、色彩、经济水平及综合文化等因素。

2.门厅

门厅是建筑入口，包括走廊过道等。门厅的装饰要给人以先入为主的第一印象和感受，门厅处的绿化装饰选配的植物以叶形纤细、枝茎柔软为宜，以缓和空间视线。

3.客厅

客厅是日常生活中起居的主要场所，是家庭活动的中心，也是接待宾客的主要场所，具有多功能性，是整个居室绿化装饰的重点。植物配置要突出重点，切忌杂乱，以美观大方为主，同时注意和家具风格及墙壁色彩协调。

4.书房

书房绿化装饰宜明净、清新、雅致，营造一个静谧、安宁、优雅的环境。

5.卧室

卧室是人们休息睡眠的场所。通过植物装饰，营造一种能够舒缓神经、消除疲劳、放松心情的空间。卧室里可以摆放一些小型、淡绿色为主的植物，如可在几架上摆放文竹、龟背竹、蕨类等。

6.餐厅

餐厅是家人或客人聚会用餐的地方，应以甜美、洁净为主题，适当摆放色彩明快的室内观叶植物。如豆瓣绿、龟背竹、百合草、文竹等，使人精神振奋，增加食欲。

7.卫生间

卫生间空气湿度大，适宜摆放蕨类植物等喜温喜湿的小型悬挂盆栽植物，如文竹等。

8.阳台

阳台绿化具有光照强、吸热多、散热慢、蒸发量大等特点,应选择生长健壮、抗旱强、根系少、管理方便的小型植物。

三、室内绿化植物

(一)室内绿化植物的分类

不同的室内绿化植物有不同的观赏价值,可以根据不同的需要选择适合的植物。根据室内绿化植物茎的不同可将植物分为以下几类。

1.室内木本植物

室内木本植物是指茎内木质部发达,木质化组织较多,质地坚硬,系一类多年生的室内观赏植物,有乔木和灌木之分。

2.室内草本植物

室内草本植物是指茎内木质部不发达,木质化组织较少,茎干柔软,植株矮小的一类室内观赏植物。室内草本植物又分为一年生草本、二年生草本和多年生草本。

3.室内其他植物

室内其他植物没有茎、茎肉质或者茎比较长,可蔓绕下垂或附势而上,具有特殊观赏价值。

(二)室内绿化植物的种植方式

室内绿化植物的种植,根据空间的具体情况可采取移动式和固定式两种方式。移动式是在室内有限空间中,将植物栽植于盆或坛中,可以根据需要灵活布置,且移动和更换方便;而固定式则针对一些大型的室内景观,将高大的植物植于树池或室内绿地中,位置固定,以形成综合性的景观。这两种类型可以按照美学构成原理以下面几种方式组合。

1.孤植

孤植宜选用形态优美、叶形独特、色彩艳丽的观赏性植物,发挥植物独有的魅力,使人可以近距离观赏。在室内绿化中,孤植的盆栽植物是运用最为广泛的造景方式,也是空间中不可或缺的点缀。除了盆栽外,在综合性的景观组织中,单植较大型的乔木可作为组景的主体(图5-22)。

图 5-22 孤植

2.列植

列植是按照一定的规律对相同的植物要素进行阵列排布，形成空间中有序的景观形态，体现韵律美。列植注重整体效果，因此，植物种类一般相同，体态、色彩差别不大。列植植物可以形成通道来引导交通，也可以分隔和界定空间。列植植物可以固定栽植、盆栽，常和座椅结合设计，为人提供休息设施。列植植物常为棕榈科植物，如棕树、蒲葵、茸椰子等和桑科植物如小叶榕等。还可用蕨类列植悬吊于大厅中，形成顶棚下的绿色景观（图5-23）。

图 5-23 列植

3.群植

群植是多种植物按照美学原理和构成关系组合起来。形成室内景观的植物丛林，体现组合的整体美。小的组群往往种植在树池、花池中，也可用盆栽植物摆成植物小景，与假山、石景、雕塑、建筑小品搭配。而大型的植物群植，可以构成室内的主景，配置时要注意立面的层次关系，一般以高大植物在中央为主体，边缘为低矮灌木花草，中央是常绿树种，落叶植物和灌木在外侧。此外，用盆栽植物摆放在花架上的办法，可以形成美丽的植物群落，这种方式装卸方便，便于更换（图5-24）。

图 5-24　群植

4.附植

附植指将植物附着于构件上生长的方式。它包括攀缘式和悬垂式两种：攀缘是利用攀缘性或缠绕性的藤本植物附植于柱、架、廊、棚上，常用的有常春藤、金鱼花等。悬垂是把藤蔓植物种植在高于地面的容器中，形成下垂或悬挂生长的植物景观要素，常见的有天门冬、附生兰等（图5-25）。

图 5-25　附植

（三）室内绿化植物的养护与管理

植物的生长取决于温度、光照、水分、空气等自然条件，不同的植物种类，对光照、温湿度等条件的要求不同。清代陈子所著《花镜》一书，早已提出植物有宜阴、宜阳、喜湿、当瘠、当肥之分。所以对不同植物应在光照、温度、湿度以及病虫害防治等方面区别对待。有些耐阴性很强的观叶植物，可以长时间置于室内，如万年青类、八角金盘、棕竹等，适宜在室内散射光条件下生长发育。另一类，如变叶木、橡皮树、叶子花、凤梨、一品红即多肉观叶植物，则适宜在室内阳光充足的条件下生长发育。

（四）实例运用分析

下面以一套别墅室内设计来做分析。该别墅面积大，比较空旷，所以很多空间都布置了绿色植物，这样既丰富了空间层次，美化了环境，同时又充分吸收室内的二氧化碳改善室内气候物理环境。

1.客厅植物布置

将金琥、银芽柳、澳洲杉、巴西木布置在客厅的中央，通过其形和色的特有魅力来吸引人们的视线，这样作为主要陈设的室内绿化成为客厅的视觉中心。同时左右均衡布置的植物也使客厅更具协调感。

2.玄关植物布置

在玄关处放置红色蝴蝶兰视觉效果上成为一进门的亮点，深层含义则象征仕途顺畅，生活幸福美满。

3.书房植物布置

在书房中布置吊兰和绿萝不但可以烘托清静优雅的气氛，而且还能改善空气质量。吊兰能吸收空气中95%的一氧化碳和85%的甲醛。绿萝可以消除有害物质来改善空气质量。

4.楼梯旁植物布置

龙血树株形体优美规整，是现代室内装饰的优良观叶植物。它布置在楼梯旁，能起到点缀的作用。龙血树对光线的适应性较强，在阴暗的室内可连续观赏2~4周，在明亮的室内可长期摆放。

一定量的植物配置，使室内形成自然的绿化空间，人们置身其中，享受自然风光，不论工作、学习、休息，都能心旷神怡、悠然自得。同时，不同的植物种类有不同的枝叶花果和姿态，也可增添室内欢乐气氛。

四、室内绿化装饰的原则与类型

（一）室内绿化装饰的原则

室内绿化装饰是一项具有较高美学价值和科学价值的艺术创作。它不是植物材料的简单堆砌，而是要利用植物将室内空间布置成既适合人居住需求，又能满足植物生长发育的生态空间，充分运用美学原理进行合理的设计与布置，创造出美丽、优雅舒适的形式和氛围，以愉悦人们的身心。因此，在进行室内绿化装饰时，要遵守生态性原则、艺术性原则和文化性原则。

1.生态性原则

在进行室内绿化装饰时，首先要做的是结合室内环境的大小、功能、必要装饰处的多少，按照生态性原则，将植物摆放在适宜其长的环境条件下，让其充分展现其应有的姿态。这样才能通过室内绿化装饰创造出生态型的室内景观，为居者创造一个适合的生态性空间，才能达到既经济实用又美观的目的。

（1）合理装饰，摆放生态适宜的植物

为了创造生态性室内空间，首要应考虑的是光照问题，它是植物在室内生长的主要限制因子。在自然光下，除南窗一天有2小时左右的直射光外，多数为散射光，光强最弱处只有几十Lx，较强处也只有2000Lx左右。因此，一些中性或阴性植物可装饰室内的多数空间。

开花和彩叶植物适宜用来装饰南向窗户及其附近空间。充足的光照可使植物正常生长并保持长时间良好的观赏性，但开花后则应移至较阴处可延长花期，如朱顶红、马蒂莲、蒲包花、石榴、白兰、龙血树、鱼尾葵、椰子、观音竹等。多数观叶植物喜欢半阴环境，如吊兰、豆瓣绿、绿萝、花叶常春藤、散尾葵、南洋杉等，可用来装饰室内多数空间。对极阴的角落、通道、拐角等处，应用耐阴的花卉种类来装饰，如部分蕨类、万年青、叶兰、八角金盘、棕竹君子兰、秋海棠常春藤等，且应经常更换并出室复壮，以保持叶色、叶型正常，植株健康充实，从而保证最佳观赏性。

影响室内绿化装饰生态性表现的另一个限制因子是温度。在人们经常活动的室内，春夏、秋季常常影响不大，多数植物可以选用。冬季的室内则应视条件而定，宾馆室内温度变幅不大，多数植物都能适应；商场、银行及办公楼等室内，短时间的低温也不会造成多数室内植物的受冻，但高温型室内植物不适合在有低温的空间内装饰。冷阴间（北房）只能用耐寒植物来装饰，能忍受0~5℃的低温的植物如橡皮树、棕榈、柑橘、吊、天门冬、紫露草、冷水花等。

室内空气湿度也是影响室内绿化装饰生态性表现的限制因子。人体感觉适宜的空气湿度为40%~60%而多数用于室内绿化装饰的植物材料适宜生长的空气湿度为60%~80%。对于特定的空间环境或植物固定栽植的景观空间，可通过植物组景或配置喷泉，来调节植物附近空间的空气湿度。对于室内不固定的绿化装饰，可过定期更换来保持植物的景观性和生态性。况且，在40%~60%的空气湿度范围内，短时间定期更换不会对植物造成伤害。对特别干燥的空调房间或冬季干燥季节，可用对空气湿度要求较低的植物来装饰室内空间，如橡皮树、人参榕、苏铁、五针松、吊兰、文竹、天门冬等，或采用人工加湿的方法来调节。

（2）根据室内空间条件正确摆放植物

根据室内空间的功能要求及视线位置将装饰植物进行正确摆放。一般以不遮挡和分散视线为宜，入口处以不堵塞通行为宜，小空间和高位的绿化装饰还要考虑使用的实用性客厅、餐厅、卧室、厨房、卫生间阳台、工作室、办公室、酒店大堂、宴会厅、会场、会展、商场等场所是目前室内绿化装饰的重点场所，因其使用功能不同，植物摆放的要求有较大差别。

如客厅、酒店大堂等人流活动多的地方，要求体现热烈、充满生气、有品位等主题和氛围，所用植物数量多且色彩亮丽，布置方式和层次多样而有序；图书馆和书店等供人休息、学习的空间、需要体现安静、舒适的氛围，摆放植物用量要少而精、色彩素雅。植物的摆放位置应从实用的角度以植物的平面位置和高度为主要标准，小空间不放大植物，高空间多用垂吊植物等。如餐桌、茶几上适合摆放枝叶小而密的植物，高度以不超过人落座后的平视高度为准。吊挂装饰可增加空间的立体景观，应以自然放松仰视的高度为宜，靠窗边吊挂，一面美观；靠中间吊挂，四面观赏。

2.艺术性原则

室内绿化装饰最直接的目的之一就是创造艺术美，如果没有美感就根本谈不上装饰。因此，必须依照美学的原理，通过艺术设计，明确主题，合理布局，分清层次，协调形状和色彩能收到清新明朗的艺术效果，使绿化布置很自然地与装饰艺术结合在一起。为体现室内绿化装饰的艺术美，必须通过形式的合理配合才能达到，具体装饰时主要表现在整体构图、色彩搭配、形式的组合上。

（1）形式多样，主次分明，形成多样统一的规律

植物的姿、色和形态是室内装饰的第一特性。在进行室内绿化装饰时，要依据各种植物的姿色形态，选择合适的摆设形式和位置，如植物的姿态、色彩、线条、质地及比例都要有一定的差异和变化显示多样性，但又要使它们之间保持一定相似性，引起统一感，这样既生动活泼又和谐统一。

在室内植物布置时运用统一的原理，主要体现植物的体量、色彩线条等方面要具有一定的相似性或一致性，给人以统一的感觉；同时注意与其他配套的花盆、

器具和饰物间搭配协调，要求做到和谐相宜。如悬垂植物宜置于高台花架、柜橱或吊挂高处，让其自然悬垂色彩斑斓的植物宜置于低矮的台架上，便于欣赏其艳丽的色彩；而对于直立型和造型规则的植物宜摆在视线集中的位置。因此掌握在统一中求变化、在变化中求统一的原则是进行室内绿化装饰的基本要求。

对于空间较大的中心位置可以先明确主题思想，并以此作为主调进行构图。如客厅是接待客人、洽谈工作、社交的场所，应体现出热情、大度好客的主题思想，构图上宜宽敞大方，应选具一定体量和色泽的花卉以体现主题，比如以仙客来、中国兰花为主要花材，体现"以兰会友、仙客迎门"之意；书房是学习的场所，应选择姿态优美、小巧玲珑、色泽淡雅的花卉来装饰以体现幽静、高雅的主题。

（2）比例适当

比例是设计和构图要素间的相关系，比例适当显得真实、有美感，给人以愉快和舒适的感觉；反之，给人压迫感。在室内绿化装饰中，比例主要是植物与房间、植物与花盆、植物与植物、植物与摆放的位置等方面的比例关系，即植物的形态、规格要与所摆设的场所大小、位置相配套。比如空间大的位置可选用大型植株及大叶品种，以利于植物与空间的协调；小型居室或茶几案头只能摆设矮小植株或小盆花木，这样会显得优雅得体。

（3）布局均衡

在室内植物绿化组景中，需要有虚拟或真实的轴线，使设计给人的视觉具有均衡感。人们的视觉总是在寻找平衡在具有强烈个性的植物旁边，应该设置相应的均衡物。在一定视线范围内，将不同形状、色泽的植物体按照美学的观念组成一个和谐的景观，使人感觉真实和舒适并能体现到艺术的美感。布局均衡包括对称均衡和不对称均衡两种形成。对称均衡即镜像对称是简单的方法，可以产生均衡感，给人以庄严肃穆之感。在些正规场合的室内进行植物装饰时，习惯于采用对称均衡的形式，即以某条线或某个点为中心在两边布置相同大小种类的植物，如在走道两边、会场两侧等摆上同样品种和同一规格的花卉，显得规则整齐、庄重严肃，与使用目的相吻合。在比较隆重和正式的场所，常选用对称均衡，这是一种传统的美学应用形式。多数休闲娱乐场所、家庭等非正式空间的绿化装饰常采用不对称均衡，即在轴线两侧布置形体不同的花卉，但通过植物的高度、叶片大小和形状以及色彩等方面的协调，最终给人以均衡的感觉。在自然为主的庭院绿化中采用不对称式均衡，如色彩浓重、体量庞大数量繁多、质地粗厚、枝叶茂密的植物种类，给人以庄重的感觉；相反色彩素淡、体量小巧、数量简少、质地细柔、枝叶疏朗的植物种类，则给人以轻盈的感觉。组景时综合运用这些因素，可以达到非对称均衡。比如书房一角的地面摆放一盆体量较大的棕竹或印度榕，中间是桌椅，而在另一较高几架上可摆放一盆悬崖式下垂的盆栽花卉或垂吊花卉，这一高一瘦、一矮一胖相结合的花卉却能给人以重量上达到均衡的感觉。这种非对称均衡的构图方式生动而富于变化，让人感觉轻松活泼且富于雅趣。

(4) 色彩协调

色彩对人的视觉是一个十分醒目且敏感的因素，因此色彩搭配的好坏首先给人留下深刻的印象，是装饰中十分重要的因素。

1) 色彩的基本知识

色彩一般包括色相、明度和彩度三个基本要素。色相是指色彩的相貌，也是区别各个色彩的名称，红、橙、黄、绿、青、蓝、紫等就是几种不同的色相，其中红黄蓝称为三原色。由三原色中任何两色相混合面形成的颜色称为间色，两个间色相混合的颜色就是复色，复色明度下降。明度是指色彩的明暗程度；彩度也叫饱和度，即每种颜色深浅最适宜的标准色。同一种色彩加入黑、白、灰颜色后不再饱和，而是有深浅之别，这样形成的系列颜色称单一色；色彩差别较大的如红与绿、橙与紫、黄与蓝的称对比色；色彩较接近的如红、橙、黄；蓝、绿、紫等为邻近色。此三类颜色及不同明度、彩度的搭配是室内绿化装饰中常常要遵守的规则。

2) 色彩的选择与搭配

室内绿化装饰的植物颜色的选择要根据室内的色彩状况而定。如以叶色深沉的室内观叶植物或颜色艳丽的花卉进行布置时，背景底色常用淡色调或亮色调，以突出立体感；室内光线不足、底色较深时，宜选用色彩鲜艳或淡绿色、黄白色的浅色花卉，以取得理想的衬托效果。陈设的植物也应与家具色彩相互衬托。如清新淡雅的植物摆在底色较深的柜台、案头上可以提高花卉色彩的明亮度，使人精神振奋。

邻近色间的搭配是比较容易协调的，但也会有一定变化，如蓝色墙面前摆放绿色植物或开紫花的植物既协调又有变化。浅黄色家具配绿色植物也是比较协调的。当环境颜色与植物颜色为同一色系时，植物色彩的选择应尽量与环境在明暗度上形成对比，才不会显得很单调。当环境的色彩为中性色黑、白、金、银、灰时，装饰植物可根据个人爱好加以选择，不会有太大的冲突；当环境色彩较多时，可选用开白花的植物或白色调的插花来调和，因中性色可以和任何色进行协调搭配。无论何种情况，植物色彩的选择不是越多越好，而是应根据环境选出与之协调的主色调植物的量可多一些，其他颜色可作为点缀色或配色少量使用。

(5) 节奏与韵律

韵律原是诗歌中的声韵和节律。在诗歌中音的高低、轻重以及长短的组合、匀称的间歇或停顿，一定位置上相同音的反复出现以及句末或行末用同韵同调的音相和韵构成了韵律,它加强了诗歌的音乐性和节奏感。在室内绿化装饰中,植物要素规则或不规则呈间歇性的重现便会产生韵律感。韵律令植物之间的变化以一种易于为人们所察觉的形式出现,一种植物作为基调重复运用,另一种植物则以有节奏的方式打断这种重复,这种韵律的装饰手法在长长的走廊等处容易表现出来。

3.文化性原则

文化性是一个抽象的概念,是一种精神和意境的体现选择与室内装饰风格相协调并具有一定含义的植物、可以体现环境空间的意境美,表达主人的文化内涵。

(1) 体现室内建筑及装饰的文化

室内绿化装饰从属于室内建筑装饰的整体风格。而不同植物具有各自独特的姿态和气质,有的形体小巧,俏皮可爱;有的造型苍劲粗犷;有的色彩鲜艳,热情奔放;有的细致清秀,简约淡雅。如果室内装修是简洁明快的现代风格,应选择颜色鲜艳的观叶植物,如彩叶芋、万年青、紫罗兰、冷水花等为主,配以少量的现代花艺、盆景进行装饰。如果室内装修突出自然特色,植物选择就应充分运用野生观赏植物、蔬菜瓜果、干花、干枝及东方或现代自然式插花,采用点式布置或不对称均衡布置的手法;也可与山石、水体结合形成庭院式景观;容器也宜使用自然材料,可以是木质花盆、藤编吊篮,也可以是陶罐瓦钵。如果室内装饰风格是中国传统式的,就应把美学建立在"意I境"的基础之上讲究诗情画意,表现内涵深邃的意境,应选择具有中国传统内涵的植物,如梅花、君子兰、国兰、观赏竹以及盆景和中式插花,栽培器皿(多以套盆的形式)也应以具有中国传统特色的紫砂陶器和青花、粉彩瓷器为主。如果室内装修是西式古典风格、室内装饰植物应选择色彩艳丽的各色花卉、修剪整齐的观赏植物、并配以精雕细琢的器皿,布置多采用中轴对称的方式。

(2) 体现地域文化

随着旅游文化的不断发展,各地都有展现各地风土文化的建筑、宾馆等场所,其室内绿化装饰在与建筑相协调的同时,还要展现地方风土人情,体现独具特色的旅游文化。如江南水乡、沿海地区的渔村、云南傣族的竹楼、黄河沿岸的窑洞、内蒙古草原的蒙古包、藏家的村寨等,均是地域文化的体现。在进行室内绿化装饰时,同样应以展现地域文化为主,尽量采用推窗见景的手法,将大自然的风情融入室内,如藏家村寨的客厅就可用干的青稞来装点,推开窗户随处可见藏地所特有的经幡。

(3) 体现特色主题文化

室内绿化装饰能强烈地烘托环境气氛。在进行室内绿化装饰时,可以通过植物组景来表达装饰空间所要表现的主题思想,体现主题文化。如接待室要体现热情好客的主题时，可用兰花配以仙客来作为主要植物材料，体现"以兰会友、仙客迎门"的雅趣。再如为公司进行临时性会场布置时，可将该公司的主题标志或主要产品外形用花艺的形式展现出来，通过绿化装饰体现该公司的主题文化。

（二）室内绿化装饰的类型

1.垂吊

（1）垂吊布置的特点

垂吊也称悬挂、悬吊、吊篮等，即在质地轻巧的盆、篮或盂等容器中装入轻质人工基质，种植蔓生或藤本花卉，用绳索将其悬吊于室内空中，使枝叶垂挂下来，达到绿化美化的装饰效果。用垂吊花卉进行室内装饰，既丰富了室内空中环境的层次，又可增加主体景观，是一种非常灵活而有趣的装饰方法。垂吊花卉大多枝叶纤细，花朵紧凑，具有蔓茎或匍匐茎，轻条柔蔓，如瀑下泻，浪花四射。许多垂吊花卉具有气生根，适应能力强，繁殖容易，管理简便。垂吊花卉富有浓浓的飘逸感和梦幻感，运用于室内可形成"绿链，绿瀑，绿浪"的景观，深受人们喜爱，迎合了现代人美化和装饰室内的心理和生理需求。

（2）垂吊的组成

一幅完整的垂吊作品是由吊具、基质、垂吊花卉及吊挂位置四部分构成，使其融为一体，才能显示出整体的艺术美。

1）吊具

吊篮（盆）应选择质地轻巧、透气性好、牢固耐腐、外表美观的吊盆。目前市场上可供垂吊用的盆种类繁多，常见的有塑料盆、藤制盆、竹编盆、果壳盆及金属丝编成的篮筐等。吊绳：为减轻垂吊盆栽的整体重量，吊绳一定要选用质地轻且坚韧的材料。目前常用塑料吊绳、金属链、尼龙丝、麻绳等。无论选择哪一种吊绳，都要考虑它的承重能力，以便能延长观赏时间。吊绳还要与盆具及植物在大小质地、色彩、形态上相协调（图5-26）。

图5-26 垂吊示例

2）基质

垂吊花卉悬挂于空中或壁面上，为了减轻支点的负荷，所用培养土必须轻盈。另一方面垂吊花卉悬于空中，易受风吹袭，盆土易燥。因此，栽培基质除具有固定植株根系、支撑植株、提供植物所需营养等多种功能外，还需具备轻质疏松、透气保肥、排水良好、营养丰富等特点。常见的基质有苔藓、蛭石、锯末屑、树皮、蚯蚓土、珍珠岩、泥炭土等。通常用两种或两种以上的基质按一定比例混合配置，可以弥补用单一基质产生的缺陷。

3）垂吊花卉

垂吊花卉常放置于居室的立面，位于人的视点以上，以仰视观赏为主，因此，选择的植物以枝叶下垂的藤本植物或叶形小、向下开花、色彩变化协调的花木为好，如长春花、吊兰、常春藤、旱金莲、樱草、小番茄、草莓、倒挂金钟、蟹爪兰、鸭跖草、大花马齿苋等。有些枝茎细软、花色艳丽、花期长、直立生长的花卉植物也可作垂吊观赏，如矮牵牛、四季海棠、孔雀草、一色堇等。可利用这些花卉生长迅速、枝叶茂密的特点制作花球，再配造型优美、色彩协调的吊具，具较高的观赏性。

垂吊花卉有不同的观赏部位，有的观叶，如吊兰常春藤、竹芋类、椒草类、虎耳草、绿铃、黄金葛等；有的观花，如藤本天竺葵、捕蝇草、金鱼藤、袋鼠花、球根秋海棠等；有的观果，如小番茄、草莓、五色椒等；利用不同种类、不同观赏特性的垂吊花卉装饰室内，可以营造四季不同景观，如春季选择香雪球、美女樱、矮牵牛、旱金莲等，夏季选择盛开的天竺葵、八仙花、马齿苋、长春花、海棠花等；秋季选择孔雀草、万寿菊、彩叶草、藿香蓟等可将室内装扮得五彩缤纷艳丽脱俗，让人们产生回归自然的感觉。

4）吊挂位置

适合垂吊花卉吊挂的场所主要是能引人注目易形成焦点景观或急需用垂吊来改变原来景观单调的地方，如居室的门廊、玄关、角隅等，宾馆饭店餐厅、客房的墙面等，企事业单位的入口、棚架、走廊扶手等处。

2.壁饰

壁挂式绿化装饰是我国南方地区室内绿化装饰的常见方法。这种装饰形式像一首绿色的诗篇，似一幅立体的活壁画，它小巧玲珑，精致秀丽，景观独特，极富情趣。

（1）壁饰布置的特点

壁饰又称壁柱镶嵌或墙面装饰，即利用绿色植物对室内竖向墙壁或柱面进行空间绿化装饰的一种方式。它能利用绿色植物观赏特性的变化，使空间更有立体感和深度感，主要在居室的客厅、天井或宾馆的开放式走廊、门厅等墙壁上，用观花或观叶的小型植物或茎蔓下垂的蔓生植物进行绿化装饰。壁饰和垂吊一样，具有不占地面空间的特点，减少了绿化用地面积，使室内绿化方式呈现多样化。

壁饰可以缓和墙体建筑线条的生硬感，也可遮掩壁面不雅观之处，给单调的室内增添许多生机。用于壁饰的植物材料来源广泛，可以做垂吊的植物多能用于壁饰，从观赏部位来说，有观花、观叶、观果、观茎的；从生长形态来说，有直立型、匍匐型、攀缘型的。应用形式也具多样性，可以是花环、花圈、花篮、花束等，也可以是鲜切花、切叶、插花等（图5-27）。

图5-27 壁饰示例

（2）壁饰的形式

1）壁挂

将观花或观叶植物种植于篮中，然后嵌挂在室内壁柱上做装饰，使空间具立体感，让人欣赏到精美而生动的活壁画。壁挂材料应以轻巧、小型为好，如吊兰、绿萝、天门冬、文竹、悬崖菊、紫罗兰、案头菊、微型月季等。壁挂容器可用半圆形的陶土瓶，也可采用半圆形金属丝网篮或塑料篮，内垫盛水的槽，以防浇水时多余的水流下而影响室内清洁卫生。壁挂的位置一般是把盆平直的一面紧贴在墙壁、角隅或柱面上悬挂，形成大小不同、高低错落的壁面景观。

2）嵌壁

在砌筑壁柱时，预先在墙壁上设计一些不规则的自然孔洞，然后把大小适宜的容器连同栽种的花卉嵌入其中；或直接往孔洞内填入泥土，栽植花卉进行装饰；也可在墙上安置经过精细加工涂饰的多层隔板，形成简单的博古架，其间摆设各种观叶植物，如绿萝、鸭跖草、吊兰、常春藤、蕨类等，以及中小型插花作品和水养花卉，形成层次分明、错落有致的立体景观，别有一番情趣。

3）贴壁

贴壁是利用攀缘植物进行室内壁面绿化装饰的一种形式。利用攀缘植物的卷须吸盘或气生根，攀缘墙体向上生长，改变室内枯燥乏味的景象。将盆栽攀缘植物成排放置在墙底地上让茎蔓自由向上攀缘生长；也可在墙底边设置一个种植槽，装入基质，种植攀缘植物。在光滑的墙面上，攀缘植物无法向上生长，因此用贴壁装饰的墙面不能使用光滑的装饰材料，可以用砖墙、水泥墙等；若墙面已用光滑材料作了装修，可用麻绳等贴着墙面拉起一个支架。常用的攀缘植物有花叶蛇葡萄、花叶白粉藤、薛荔、常春藤、球兰等。贴壁绿化装饰要注意花卉和叶色的变化需与墙面相协调，开花的植物应布置在迎光的墙面耐阴的观叶植物可在光亮较弱的墙面布置，整个画面应高于人的视线，以便欣赏。如果贴壁花卉的顶上再配以彩灯，则更显富丽堂皇，光彩夺目。

3. 植屏

（1）植屏布置的特点

植屏是利用高大的直立或攀缘盆栽花卉将室内作临时性隔断的装饰方法，即在较大而空旷的房间内，为了临时的分隔，用植物来作屏风。如起居室和餐厅在一起，就餐区可以用很多方法隔开，许多花卉爱好者热衷于这种植物屏风，效果生动活泼，犹如置身于大自然中。用盆栽花卉制作植物屏风，可随意移动，可根据实际需要随时调整空间大小，需要时搬入植屏，不需要时搬出，应用自如，使室内环境变化多样（图5-28）。

图 5-28　植屏示例

（2）植屏的形式

1）直立型植物成排摆放，形成植物屏风对于大而宽敞的室内空间，如要将其分隔成两个独立的小空间，可用植屏进行装饰。用大型盆栽植物成排摆放于需要分隔的部位，利用植物高大的茎干和茂密的枝叶形成天然的屏风，将空间分隔成两个部分。可以应用的大型盆栽植物有散尾葵、鱼尾葵、榕树、橡皮树、南洋杉、富贵椰子、巴西铁等。

2）枝条柔韧的植物通过艺术造型，形成天然植屏

利用一些植物茎干具有柔韧性的特点，对其进行艺术造型，制成网状、方格状或园篱状的茎干，形成自然屏风。这种方式是集自然与艺术为一体，既能欣赏园艺做工的艺术美，又能享受大自然的气息。通过斑驳交错的茎干，使空间渗透，

达到似隔非隔的效果。常用的植物有榕树、马拉巴栗、富贵竹等。

4. 水培花卉

(1) 水培花卉布置的特点

花卉水培是一种栽培模式的创新，是将一些花卉传统的盆栽模式（盆内含有各种栽培基质）转化为玻璃容器水养模式，以达到一种既可观叶，又可赏根，同时又可随意组合的艺术效果。水培花卉的优越性在于：水培花卉不仅可以像普通花卉那样观花、观叶，还可以观根、赏鱼，上面鲜花绿叶，下面根须飘洒，水中鱼儿畅游，产品新奇，格调高雅，是亲朋好友送礼佳品；水培花卉生长在清澈透明的水中，没有泥土，不施传统化学肥料，因此不会滋生病毒、细菌、蚊虫等，更无异味；土壤栽养的花卉，需要根据不同的生长习性终年正确浇水和施肥，稍不注意，就会对花卉的生长产生严重的影响。而水培花卉的养护简单方便，夏天10天左右、冬天一个月左右换一次水，加少许营养液，对于家庭养花者特别省心；居室摆放水培花卉，能够调节室内小气候，可以增加室内空气湿度，其枝叶可吸收CO_2，释放O_2有利于人体健康。一瓶清水，一株绿色植物，将浓得化不开的、回味无穷的美丽和自然带回家，它简单、干净易管理，非常适合室内摆放（图5-29）。

图 5-29 水培植物示例

(2) 水培花卉的制作

1) 容器的选择

水培花卉对容器的首要要求是清晰透明，如透明的玻璃花瓶、塑料花瓶及有机玻璃花瓶等均可。容器造型也要有较高的艺术性和观赏性。有些水培花卉作品，花瓶本身就是艺术品，与美丽的花卉相互配合，更具观赏性和装饰性。

花器的选择还要与栽培植物的观赏特性相配合植物修长挺拔向上的，可选用长柱形的花瓶，如富贵竹、朱蕉等；植物较矮而丰满的，可选用短圆柱状的花器，如太阳神、秋海棠等。部分球根花卉需要特殊造型的花瓶来重点突出其根和球茎的观赏特性如水仙、郁金香、风信子等。花器的规格要与花卉的大小相一致，小型轻盈的花卉选用小巧别致的花器如蟆叶秋海棠、宝石花等；大型植株应当选择大型厚重的花器，如春羽、海芋等。另外，日常生活中的废弃物也可作为家庭水培花卉的容器，如造型优美的酒瓶、经过加工修饰的饮料瓶和具有漂亮外观和质地的茶杯、碗、盆、盘等。

2）水养植株的获取

水养植株的获取主要有两种方法，即洗根法和水插法。

①洗根法，即直接从土栽状态洗根后水养，称为洗根法。洗根法适用于比较容易水养的花卉，它的根系水养后很容易适应水环境，不会腐烂，如朱顶红、佛手、蔓绿绒、海芋等。选择洗根植株时首先要选择株形美观、有良好的装饰效果的植株。其次要选择生长健壮，无病虫害的植株，因为健壮的植株容易恢复，容易适应水环境。有些刚分株，根系较差的植株不宜作洗根材料，可在固体基质中养护，待其根系发达后洗根。选择好洗根植株后，第一，将植株从花盆中托出，洗去根系周围的土壤基质，洗根时不要过度伤害根系，以免造成伤口引起腐烂。第二，将老的、枯烂的根系剪除。有些花卉根系分茂盛，可修剪1/3~1/2，以减少氧气消耗，促进水生新根的发生。有些花卉根系稀少，可不修剪有利于适应水生环境，地上枝叶可略做修剪。第三，消毒处理，以免伤口感染。消毒液可用多菌灵800倍液，或百菌清600倍液浸泡。第四，水养时根系要舒展，不宜挤作一团塞入营养液中，这样不但容易导致烂根，影响植株恢复，而且不美观，影响观赏效果。洗根水养要选择温暖的季节，若在温室内四季均可。若温度低，植株长势弱，新的水生根系不易长出；若温度高，水中含氧量低，易导致烂根。一般气温稳定在20℃左右比较适宜。诱根阶段需要每天换水保证水质清洁，氧气充足。大多数植物土生根适应水环境的时间不同，容易适应的种类迅速在老根上长出水生根，如绿霸王、绿巨人、白掌、春羽等。有些植物必须重新长出新的水生根才能适应水环境，如朱蕉、马尾铁等。多数种类在诱根阶段会出现老根腐烂，这时除每天换水外还要随时剪掉烂根，清洗器皿和冲洗植株根系，直到新的水生根长出，有时，有必要每天在水中添加消毒液。

②水插法。剪取枝条，在水中扦插生根后水养称为水插法。水插法适用于原土栽根系不适应水环境的花卉，这些花卉即使洗根水养，老根也会腐烂，必须再长新根才能适应水环境。因此采用水中直接扦插，在水中长出适应水环境的新根后再水养的方法。地上部分具有明显茎节、水插容易生根的花卉适合采用此法，如宫贵竹、鸭跖草、广东万年青、绿萝、喜林芋等。为了提高水插生根诱导率和缩短根系诱导时间，可用促进扦插枝条生根的植物长调节剂进行处理，金陵科技学院王春彦等通过对广东万年青进行生长素和遮黑等处理，极大地提高了水生根系的诱导率，并缩短了根系诱导时间。有些具有气生根的花卉，可剪切具有气生

根的枝条直接进行水培,如绿萝、吊竹梅等。前枝水插时应选择观赏性好、生长健壮、无病虫害的枝条,一旦诱导出水生根系,即可进行作品创作。有些植物种类的节间很长,应在节下1~2cm处进行,大的枝条稍长些,细的枝条稍短些,因为节下容易生根。另外剪口要平,剪刀要锋利不要压伤剪口。叶片不能入水。

水插季节和洗根季节选择是同样的道理,主要考温度的因素,自然条件下以春秋两季温度适宜,植物生长旺盛,水插容易成功;晚秋、冬季和初春温度低,不利于生根;夏季温度高,插穗剪口容易腐烂。水插诱根阶段也需要每天换水。因为插穗剪口易受微生物侵染,造成腐烂,导致水插失败。换水时注意清洁器皿和冲洗插穗,尤其要注意清洗剪口。

五、室内绿化装饰的空间表现技法

(一) 空间表现的主要内容

室内绿化装饰设计是在建筑空间内进行设计,室内表现图必须表达出这种空间的设计效果。因此,室内效果图必须建立在一种缜密的空间透视关系的基础之上。对透视学知识的运用是掌握室内表现图技法的前提。透视图是室内设计所有图纸资料中最具表现力、最引人注目的一种视觉表达形式,它能逼真地表现设计师的创意和构思,直观、简便、经济,比制作模型快,而且携带方便。

1.透视的基本原理

我们观察自然界中物体的形象如同照相,从照片中可见如下现象:

(1) 等高的物体,距我们近的则高,远的则低,即近高远低。

(2) 等距离间隔的物体,距我们近的物体间隔疏,远的较密,即近疏远密。

(3) 等体量的物体,距我们近的体量大,远的体量小,即近大远小。

(4) 物体上平行的直线,如与视点产生一定夹角后,延长后交于一点。

2.透视图的分类及特征

(1) 点透视(平行透视)

空间或物体的一面与画面平行,其他垂直于画面的诸线将汇集于视平线中心的灭点上,与点重合。一点透视表现范围广,纵深感强,适合表现庄重、严肃的室内空间,缺点是比较呆板,与真实效果有一定差距。

(2) 两点透视(成角透视)

空间或物体的所有立面与画面成斜角度,其诸线条均分别消失于视平线左右两个灭点,其中,斜角度大的一面的灭点距离中心点近,斜角度小的一面距离中心点远。两点透视图面效果比较自由活泼,反映空间比较接近于人的真实感觉。缺点是若角度选择不好,易产生变形。

(3) 俯视图

俯视图是将视点提高的画法，便于表现比较大的室内空间植物景观和建筑群体，可采用一点、两点或三点透视作图。

（二）空间表现形式

1. 草图表现

草图设计是一种综合性的作业过程，也是把设计构思变为设计成果的第一步，同时也是各方面的构思通向现实的路径。无论是从空间组织的构思，还是色彩设计的比较，或者是装修细节的推敲，都可以以草图的形式进行。对设计师来说，草图的绘制过程实际上是设计师思考的过程，也是设计师从抽象的思考进入具体的图式的过程。室内绿化装饰设计初期的植物布置可先用文字表示，最后再在正图中表现。徒手绘画的草图是一种工作性的图纸，没有条款限制，可以随意勾画，它既可以是一点线，也可以是纷繁复杂的透视图，只要对方案有帮助的图示都可以在纸面上表示。

2. 正图表现

正图表现是一个作品完善、汇报的阶段，可以在这个阶段用细致的示性表现手段进行效果表现，可以使用多种表现技法。这个过程中的思考是经艺术绘画的语言将其完美地物化，表现出美感和意境，使之呈现出缤纷多彩的形式-具象的平、立剖面和三维透视图，加入适当的配景、色彩、光影等，让其产生富有感染力的展示性效果。人们通过该阶段各种表现图可以看到经过设计后的空间造型、色彩，并对未来空间产生一系列印象。室内绿化装饰设计正图应突出装饰植物的观赏姿态、造型及色彩。

3. 快图表现

快图表现可以反映出设计者的综合专业素质，包括设计水平、表现技巧、思维广度，甚至应变能力和心理素质等。快速设计是一种特殊的设计工作方式，通常在工程前期，设计师需要表达自己的设计构想推敲方案，或者在较短的期间里表达出稍纵即逝的设计灵感，在短时间里高效地拿出优质的设计方案。在这种快速的设计工作中，设计者需要在很短的时间内理解透设计任务要求，完成简练的方案构思、比较决策，同时对设计成果表现形式要求有良好的手绘图效果。一般使用马克笔和彩色铅笔，这样图面表现不仅上色快，且不易弄皱纸面。快图表现通常不必面面俱到，而是有重点地进行刻画，营造出大的空间感和气氛即可。

（三）空间表现手法

室内效果图的表现技法很多，每个人都可以根据自己对不同技法掌握的熟练程度来灵活运用。现在许多透视图的表现往往是多种材料、工具与技法的综合运用。由于室内环境的功能不同,设计师对空间环境与家具的设计一般要根据构思的繁简及选用装饰材料的不同,选择适当的工具、材料和表现手法来表现。例如,表现舞厅的灯光和气氛效果,运用喷笔就显得得心应手;如果表现复杂的装饰结构,运用钢笔淡彩则更能详细地表现出结构关系。室内效果图的表现除了要准确反映设计师的设计构思以外,还要追求画面的环境效果、光影效果,直观地将不同物体的使用材料充分表现出来,让装饰结构与使用材料的表述一目了然,这种效果图更具有使用价值。另外,在画室内画效果图时,还要考虑室内布局的主次,特别是重点表现对象,比如,植物材料、墙面、顶棚、家具等,需要通过不同的视高、视距和视角来调整。室内空间的布局处理要得当,避免有的角度拥挤,有的角度空置,可以用绿化、小品适当调整或补充画面。室内空间的线角处理要有层次感,突出主要部分,避免乱、散的画面。

1.素描表现

素描是用单一的线条来表现物体的透视、体积、三维空间的一门学科,它是一切造型的基础。素描又称单色画,即用单一色表现对象的形体结构、质地以及明暗关系。素描的表现方法包括:线条表现方法、明暗表现方法、线条与明暗结合的表现方法。

(1) 材料与工具

1)铅笔。芯为石墨和胶泥混合制成,软硬以字母H、B来区分,H硬,B软。铅笔易着色又易擦易改,柔和细润,能刻画出深浅和不同层次的丰富调子,易掌握。

2)炭笔。芯为炭粉与黏合剂制成,分为软、硬、中性3种。炭笔质地较铅笔松脆,颜色深重,画出的效果强烈表现力丰富,着色强,但难擦改。

3)炭精笔。为炭粉加胶合剂混制而成,有黑色、棕色、白色等。它比炭笔更为松软,色浓重细润,用笔可粗可细,表现力强,但着色强难擦改。

4)木炭条。细木枝密封燃烧炭化而成,质地松脆,色调柔润丰富,但附着力差,易掉色,难深入刻画。

5)钢笔。水之色,表现有局限性,深浅色调由不同疏密的线条排绘而成,组织线很讲究。

6)橡皮擦。涂改、擦浅、柔滑色调。

7)纸笔用毛边纸、宣纸卷裹而成,将其前端削尖如笔状,用以擦、揉色调,也可借助黏着的颜色,划出细腻丰富的色调效果。

8)纸。专用素描纸,也可以根据个人爱好来选择不同薄厚、不同粗细面的纸。

(2) 素描步骤

1）构图确立构图，推敲构图的安排，使画面上物体主次得当，构图均衡而又有变化，避免散、乱、空、塞等弊病。

2）打轮廓务求形准，用笔用线也要有轻重、虚实，有节奏，以产生整体和谐、统一的效果。

3）涂明暗色调通过线条的疏密或不同方向的排列，产生富有变化的明暗色调，通过点密度的变化排列，产生明暗色调。

(3) 素描绘画中应注意的问题

素描中的线条表现是设计常用的表现形式，它强调用线表现形体结构，通过表现物体本质结构，表现出物体空间立体感和质量感。在线条表现中需注意以下问题：

1）准确把握物体的比例关系及透视关系。

2）从整体出发交代物体的结构关系，注意形体的穿插，防止单调和空洞的产生。

3）深入塑造形体，强调空间关系，表现要准确，主次要分明。

4）整理归纳，调整统一，层次清晰，画面完整。

2.线描淡彩表现

线描淡彩是以线稿为主、颜色为辅的一种效果图表现技法。其区别于其他表现技法的主要特征为施色便捷、单纯，大多数只起到强调气氛和划分区域的作用。

淡彩的种类很多，如铅笔淡彩、炭笔淡彩、钢笔淡彩、粉笔淡彩。多数淡彩画是以素描或速写加淡彩，往往在收集创作素材时使用先完成速写或素描，然后薄涂淡彩。

(1) 材料与工具

1）笔：钢笔、铅笔、中性笔，以及吸水量大、弹性好的毛笔和尼龙笔。

2）颜料：水彩、水粉。

3）纸：要求选择吸水性适中的白纸或浅色纸。

(2) 技法介绍

线描淡彩使用的色彩一般以透明或半透明的颜色为首选，但不像水彩技法那么注重施色技巧，比如，光影、色调、质感冷暖等。它对线稿的要求比其他技法更为严格，可以说线描淡彩就是在一张完整的素描线稿画上略施色彩。淡彩表现宜透明、爽朗，用笔简练、轻捷，不可过于重叠、皴擦，以保护画面结构与色彩的清新明晰。尤其是炭笔和粉笔上淡彩，还须先喷层黏着胶液，待胶干后方可涂淡彩。如着淡彩后画面对比减弱，可在淡彩上再用线条加强结构与对比关系。还有一种淡彩素描，是先画淡彩，然后加铅笔、钢笔线以加强画面，衬以明暗，增添节奏与神韵。

(3) 线描淡彩需注意的问题

1) 铅笔稿：由于橡皮擦的太多，直接上色效果并不理想，可以复制后再上。

2) 尽量使用水彩颜料，水粉颜料的不透明性往往会破坏线条的完整性。

3) 尽量不使用白色颜料，利用水多少来表现深浅。

4) 淡彩颜色不宜过多，一般不超过4种颜色。

5) 铅笔线条或钢笔线条不宜过密。

3.彩色铅笔表现

彩色铅笔是表现图常用的作画工具之一，具有使用简单方便、色彩稳定、容易控制的优点，常常用来画效果图的草图、平面、立面的彩色示意图和一些初步的设计方案图。通常彩色铅笔不会用来绘制展示性较强、画幅比较大的效果图。彩色铅笔的不足之处是色彩不够紧密，不宜画得浓重，不宜大面积涂色。

（1）材料与工具

彩色铅笔分为水溶性与蜡质两种。其中水溶性彩铅较常用，它具有溶于水的特点，与水混合具有浸润感，也可用手指擦抹出柔和的效果。含蜡较多的彩色铅笔不易画出鲜艳的色彩，容易打滑，而且不能画出丰富的层次。彩色铅笔不宜用光滑的纸张作画，一般用素描纸、水彩纸等不太光滑、有一些表面纹理的纸张作画比较好。

（2）技法介绍

1) 平涂排线法：运用彩色铅笔均匀排列出铅笔线条，达到色彩一致的效果。

2) 叠彩法：运用彩色铅笔排列出不同色彩的钻笔线条，色彩可重叠使用，变化较丰富。

3) 水溶退晕法：利用水溶性彩钻溶于水的特点，将彩铅线条与水融合，达到退晕的效果。

（3）注意事项

彩色铅笔不宜大面积单色使用，否则画面会显得呆板、平淡。在实际绘制过程中，彩色铅笔往往与其他工具配合使用，如与钢笔线条结合，利用钢笔线条勾画空间轮廓、物体轮廓，运用彩色铅笔着色；与马克笔结合，运用马克笔铺设画面大色调，再采用彩铅叠彩法深入刻画；与水彩结合，体现色彩退晕效果等。

彩色铅笔有其特有的笔触，用笔轻快，线条感强，可徒手绘制，也可靠尺排线。绘制时注重虚实关系的处理和线条美感的体现。彩色铅笔的混色主要靠不同色彩的铅笔叠加混色，反复叠加可以画出丰富微妙的色彩。

4.马克笔表现

马克笔因具有作画快捷、色彩丰富表现力强等特点，被认为是一种商业的快速表现形式。作为传达感官信息的表现图，马克笔表现对作者的观念及其被描绘物体的形态塑造质感、色彩等的把握和表现上有极高的要求。

(1) 材料与工具

1) 马克笔。马克笔一般分油性和水性两种。油性马克笔的颜料可以用甲苯稀释，有较强的渗透力，尤其适合在描图纸（硫酸纸）上作图；水性马克笔的颜料可溶于水，通常用在较紧密的卡纸或铜版纸上作画。在室内透视图的绘制中，油性的马克笔使用更为普遍。马克笔的色彩种类较多，通常多达上百种，且色彩的分布按照常用的频度分成几个系列，其中有常用的不同色阶的灰色系列，使用非常方便。马克笔的笔尖呈方形或圆锥形，方形适于大面积上色，圆锥形适于细部刻画。

2) 纸张。大多数纸张都适合马克笔的运用，且不同的纸张在着色后会产生不同的效果，但因马克笔的挥发性与渗透性很强，一般不宜选用吸水性过强的纸张，而应选择一些纸质结实、表面光洁的纸张作画，比如，马克笔专用纸、卡纸、硫酸纸、复印纸等，因为不吸水的光面纸更能体现马克笔的色彩原貌与魅力。

(2) 马克笔基础技法

1) 并置法，运用马克笔并列排出线条。

2) 重叠法，运用马克笔组合同类色色彩，排出线条。

3) 叠彩法，运用马克笔组合不同的色彩，达到色彩变化，排出线条。

(3) 绘制方法

1) 先用绘图笔（针管笔）勾勒好室内表现图的主要场景和配景物，然后用马克笔上色油性的色层与墨线互相不遮掩，而且色块对比强烈，具有很强的形式感。要均匀地涂出成片的色块，需要快速、均匀地运笔；要画出清晰的边线，可用胶片等物作局部的遮挡；先浅色，后深色。

2) 如用马克笔在硫酸纸上作图，可以利用颜色在干燥之前有调和的余地，产生出水彩画退晕的效果；还可以利用硫酸纸半透明的效果，在纸的背面用马克笔做渲染。

3) 要画出色彩渐变的退晕效果，可以采用无色的马克笔作退晕处理；马克笔的色彩可以用橡皮擦、刀片刮等方法做出各种特殊的效果。

4) 马克笔也可以与其他的绘画技法共同使用，如用水彩或水粉画大面积的天空地面和墙面，然后用马克笔刻画细部或点缀景物，以扬长避短，相得益彰。马克笔与彩色铅笔结合，可以将彩铅的细致着色与马克笔的粗犷笔风相结合，增强画面的立体效果。

5) 马克笔色彩较为透明，通过笔触间的叠加可产生丰富的色彩变化，但不宜重复过多否则将产生"脏""灰"等缺点。着色顺序先浅后深，力求简便，用笔帅气，力度较大，笔触明显，线条刚直，讲究留白，注重用笔的次序性，切忌用笔琐碎、零乱。

6）水性马克笔修改时可用毛笔蘸水洗淡（难以彻底洗净），油性马克笔则可用笔或棉球蘸甲苯洗去或洗淡。着色过程需要注意着色顺序，如果发现笔误，可采用色彩叠加或用粉色涂改液遮盖的方法加以修改。

5.水彩表现

水彩是以水为媒介调和专门的水彩颜料进行艺术创作的绘画表现形式。水彩表现是室内外表现画法中的传统技法，具有明快、湿润、水色交融的独特艺术魅力。

（1）材料与工具

1）水彩多指透明水彩。

2）纸张，吸水性较好，表面具有肌理，这样画纸不易变形，画面效果较好。

3）水彩笔，毛层厚而软，蓄水、蓄色量大，可根据具体绘图情况选用不同型号的笔。

（2）基本技法

1）干画法。在前一色块干透后再加下一遍色。它不会像湿画法那样出现很多笔触或水渍。干画法是一种多层画法，分层涂、罩色、接色、枯笔等具体方法。

①层涂：即干的重叠，在着色干后再涂色，一层层重叠颜色表现对象。在画面中涂色层数不一，有的地方一遍即可，有的地方需两到三遍或更多一点，但不宜过多，以免色彩灰脏失去透明感。

②罩色：实际上也是一种干的重叠方法。罩色面积大一些，譬如画面中几块颜色不够统一，得用罩色的方法，蒙罩上一遍颜色使之统一为某一块色；过暖，罩一层冷色改变其冷暖性质。应以较鲜明的颜色薄涂，遍铺过，一般不要回笔，否则带起底色会把色彩搞脏。在着色的过程中和最后调整画面时，经常采用此法。

③接色：干的接色是在邻接的颜色干后从其旁涂色，色块之间不渗化，每块颜色本身也可以湿画增加变化。这种方法的特点是表现的物体轮廓清晰、色彩明快。

④枯笔：笔头水少色多，运笔容易出现飞白；用水比较饱满，在粗纹纸上快画，也会产生飞白。表现闪光或柔中见刚等效果常常采用枯笔的方法。干画法不能只在"干"字方面做文章，画面仍须让人感到水分饱满、水渍湿痕，避免干涩枯燥的毛病。

2）湿画法。湿画法是指在湿的状态下进行着色。湿画法可分为湿的重叠和湿的接色两种。

①湿的重叠：将画纸浸湿或部分刷湿，未干时着色和着色未干时重叠颜色。水分、时间掌握得当，效果自然而圆润。表现雨雾气氛、湿润水汪的情趣是其

特长。

②湿的接色：临近未干时接色，水色流渗，交界模糊，表现过渡、柔和色彩的渐变多用此法。接色时水分使用要均匀；否则，水多向少处冲流，易产生不必要的水渍。水彩表现大多干画、湿画结合进行，湿画为主的画面局部采用干画，干画为主的画面也有湿画的部分，干湿结合、表现充分、浓淡枯润、妙趣横生。

(3) 注意事项

1) 水分的掌握。水分的运用和掌握是水彩技法的要点之一。水分在画面上有渗化、流动、蒸发的特性，画水彩要熟悉"水性"。充分发挥水的作用是画好水彩画的重要因素。掌握水分应注意时间、空气的干湿度和画纸的吸水程度。首先，进行湿画时，时间要掌握得恰如其分，叠色太早、太湿易失去应有的形体；太晚底色将干，水色不易渗化，衔接生硬。一般在重叠颜色时，笔头含水宜少，含色要多，便于把握形体，又可使之渗化。如果重叠之色较淡时，要等底色稍干再画。其次潮湿的雨雾天气下水分干得较慢，作画用水宜少；在干燥的气候情况下水分蒸发快，必须多用水，同时加快调色的作画速度。最后，画纸的吸水程度也影响着色，纸吸水慢时用水可少；纸质松软吸水较快，用水需增加。另外，大面积渲染晕色用水宜多，如色块较大的天空、地面和静物、人物的背景等，用水饱满为宜；描写局部和细节用水适当减少。

2) "留白"的方法与油画、水粉画的技法相比，水彩技法最突出的特点就是"留白"的方法。一些浅亮色、白色部分，需在画深一些的色彩时"留白"出来。水彩颜料的透明特性决定了这一作画技法浅色不能覆盖深色，不像水粉和油画那样可以覆盖，依靠淡色和白粉提亮。在欣赏水彩作品时留意一下，会发现几乎每一幅都运用了"留白"的技法，恰当而准确的空白或浅亮色，会加强画面的生动性与表现力；相反，不适当地乱"留白"，易造成画面琐碎花乱现象。着色之前把要"留白"之处用铅笔轻轻标出关键的细节，即或是很小的点和面，都要在涂色时巧妙留出。另外，凡对比色邻接，要空出地方，分别着色，以保持各自的鲜明度。

3) 控制好物体的边界线。上色水彩画在作图过程中必须注意控制好物体的边界线，不能让颜色出界，以免影响形体结构。留白的地方先计划好，按照由浅入深、由薄到厚的方法上色，先湿画后干画，先虚后实，始终保持画面的清洁。色彩重叠的次数不要过多，否则色彩将因失去透明感和润泽感而变得模糊不清。

4) 颜色种类和叠加次数。水彩颜色的渗透力强，覆盖力弱，所以叠加次数不宜过多，一般两遍，最多三遍。同时混入的颜色种类也不能太多，以防止画面色彩污浊。可以利用针管笔稿做底稿，也可以充分利用自身的色彩特性独立地表现物体。

6.水粉表现

(1) 材料与工具

1) 水粉是水粉颜料的简称,属于水彩的一种,即不透明水彩颜料,又称广告色、宣传色等。

2) 笔有羊毫、狼毫及尼龙毛笔等种类。羊毫的特点是含水量大,醮色较多,优点是笔颜色涂出的面积较大;缺点是由于含水量太大,画出的笔触容易浑浊,不太适合于细节刻画。狼毫的特点是含水量较少比羊毫的弹性要好,适合于局部细节的刻画。尼龙毛笔要特别注意它的质地,要软且具有弹性,切忌笔锋过硬。不同的种类都选择一些,如扇头、尖头、刀笔等,以备不同场合、不同题材的作画之需。

3) 纸张。可用水粉纸、水彩纸、卡纸、高丽纸等,纸张的吸水性不宜太强。

(2) 表现方法

1) 干画法就是水少粉多的画法。挤干笔头所含水分,调色时不加水或少加水,使颜料成一种膏糊状,先深后浅,从大面到细部,一遍遍地覆盖和深入,越画越充分,并随着由深到浅的进展,不断调入更多的白粉来提亮画面。干画法运笔比较涩滞,而且呈枯干状,但比较具体和结实,便于表现肯定而明确的形体与色彩,如物体凹凸分明处,画中主体物的亮部及精彩的细节刻画。这种画法非常注重落笔,力求观察准确,下笔肯定,每一笔下去都代表一定的形体与色彩关系。干画法也有它的缺点,过多地采用此法,加上运用技巧不当,会造成画面干枯和呆板。

2) 湿画法。此法与干画法相反,用水多、用粉少。它吸收了水彩画及国画泼墨的技法,也最能发挥水粉画运用"水"的好处,用水分稀释颜料渲染而成。湿画法也可以利用纸和颜色的透明来取得像水彩那样的明快与清爽,但它所采用的湿技法比画水彩要求更高。由于水粉颜料颗粒粗,就要求湿画时必须看准画面湿画部位一次渲染成功,过多的涂抹或多遍涂抹必然造成画面灰而腻。这种画法运笔流畅自如、效果滋润柔和,特别适于画结构松散的物体和虚淡的背景以及物体含糊不清的暗面,如发挥得当,它能表现出种浑然一体和痛快淋漓的生动韵味。它的色彩借助水的流动与相互渗透,有时会出现意想不到的效果。为制造这种湿的效果,不但颜料要加水稀释,画纸也要根据局部和整体的需要用水打湿,以保证湿的时间和色彩衔接自然。

(3) 注意事项

1) 水粉覆盖力强,不透明,所以画面着色前一般不需要用针管笔画线稿,只需要用铅笔画出简单的透视及轮廓即可。复制和裱纸时不要损伤画面,如果直接用铅笔起稿,线条要轻,尽量少用橡皮,以免影响着色效果。

2）上色时，先整体后局部，控制画面的整体色调，一般先画深色，后画浅色，色彩要有透气感，不沉闷，人面积宜薄画，局部细节可厚涂，暗面尽量少加或不加白色，亮面和灰色面可适当增加白色的分量，以增加色彩的覆盖能力，丰富画面的色彩层次；水粉颜色调配的次数不要太多，否则色彩会变灰变脏，颜色失去倾向。如果画脏必须洗掉，重新上色时可厚些。

3）深入了解水粉颜料的特性。水粉颜料中透明色彩种类较少，只有柠檬黄、玫瑰红、青莲等少数几种颜色深红、玫瑰红、青莲、紫罗兰等颜色极不稳定，容易出现翻色，不易覆盖，尽可能慎用。

4）水粉色在画面湿润时会呈现出强烈的明暗关系，在画面干后可能会变灰，在颜色运用的过程中最好不要添加太多的白色来调整色彩的明度，否则画面易粉气。对于浅色部分的表现可直接利用色彩自身的明度，或用浅色相的颜色加以调和，颜色尽量一步到位，避免厚重。同理，尽量避免用黑色来降低画面的色调，可以与深红、深褐、深蓝、深绿等带有色彩倾向的颜色混合来表现画面的暗部，最好一遍完成，否则容易使暗部色彩失去透气感，色彩变脏。

7、喷绘表现

喷绘是利用空气压缩机把有色颜料喷到画面上的作画方法，是一种现代化的艺术表现手段。喷绘具有其他工具所难以达到的特殊效果，如色彩颗粒细腻柔和，光线处理变化微妙，材质表现生动逼真等。但是喷绘操作过程复杂，技术要求高，作画周期长，一般只在设计比较成熟的阶段或房地产商做广告宣传时才采用这种方法绘制表现图。

（1）材料与工具

1）喷泵。喷泵一般选用小型的，最好有储气室，这样可以有比较稳定的供气气压。

2）喷枪。绘制效果图时一般需要两支喷枪，一支比较细小的，喷头口径为0.2mm，主要用来绘制精细部分；另一支稍大，喷头口径为0.3mm或0.4mm，用来喷绘大面积的色彩。

3）纸。喷绘用纸要紧密光滑，一般可选用优质白卡纸，而且在复制墨线稿时尽可能不用橡皮或其他硬物揉擦纸面。

4）颜料。喷绘颜料一般选用颗粒细腻的水粉色或水彩色，也有专用的喷绘颜料。

5）遮挡模板。模板遮挡是为了喷出所需要的图形。用来作遮挡模板的材料很多，纸、尺子、胶片，甚至连自己的手都可以。用纸做模板，寻找方便，容易制作，但不能反复使用；用胶片做模板，材料透明，容易制作，不吸水，不变形，可反复使用。目前市场上也有专业的遮挡膜，一般为进口，遮挡效果好，但价格较贵。使用时把遮挡膜贴在需要遮挡的部位，用刻刀按图形轻轻滑过，用力不可太重，刻透膜即可。正负膜都要保存好，要喷绘的地方揭开遮挡膜对其喷色，每喷完一处就要将遮挡膜重新盖好，再依次喷绘其他部分。

（2）技法介绍

用喷绘的方法绘制室内表现图，画面细腻、变化微妙，有独特的表现力和现代感。利用喷绘微妙的色彩过渡效果，绘制大面积的背景或局部，然后运用水粉或其他方法描绘景物和其他局部，也可以利用喷笔的技法来表现光感、质感和空气感。喷绘的另一个特点是采用遮挡的办法，制作出各种不同的边缘和退晕效果。常用的方法有采用专门的覆盖膜，预先刻出各种场景的外形轮廓，按照作画的先后顺序，依次喷出各部分的色彩变化，然后再用笔加以调整。也可以在作画的过程中，局部采用覆盖、遮挡的方法，制造出特殊的喷绘效果。用喷绘的方法虽然能表现出细腻和微妙的画面效果，但其绘制的过程比较麻烦、费时。因此在实际使用中，常常结合几种技法共同使用，取长补短，来提高绘制表现图的效率。通常与喷绘技法结合应用的是水粉画表现技法，两者的材料基本一致，能够很好地融合在一起。

（3）注意事项

1）检查喷笔是否能正常喷水和控制其喷量。

2）调色时调制颜色水分不能太多，宜稍稠些，并且要调均匀，如有杂质和颗粒应除去，以免堵塞喷笔。

3）正式喷绘前，应在废旧纸上先试喷，调试好喷量、距离和速度后即可正式喷。

4）灵活应用模板遮挡技术。如有的直边可用直尺代替，把尺的一头抬起喷绘时，喷样就会有虚实变化，很适合表现室内的灯光等。

8.计算机表现

（1）计算机表现图技法

计算机表现图技法的表现特点为：着色速度快，透视及光、影计算准确；三维模型及场景设置好后，可以很方便地变化透视角度、方向及对场景着色；可以很方便地修改场景中的材质、灯光、背景图像等；可以将实拍的背景图像与着色后的建筑模型图像结合，使还在方案阶段的建筑置于"真实环境"之中；可以将着色后的图像以屏幕显示、打印、胶片、照片磁盘录像带等多种方式进行输出，便于存档、复制和传输。

（2）计算机表现绘图软件

通过计算机表现绘图，必须借助特定的绘图软件完成，常用的软件有Auto - CAD绘制工程图、3DMAX立体建模、light scape渲染软件、AdobePhotoshop后期处理等。

9.综合表现

综合表现技法就是将各类技法有选择性地综合应用于一个图面。它建立在对各种技法的深入了解和熟练掌握的基础上,其具体运作及各种技法的结合与衔接,可根据画面内容效果以及个人喜好和熟练程度来决定。如有些人习惯在水彩渲染的基础上,用水溶性彩色铅笔进行细致深入的刻画,高光、反光和个别需要提高明度的地方,采用水粉加以表现,利用各自颜料的性能特点和优势,可使画面效果更加丰富、完美。

六、屋顶空间的绿化装饰设计

(一)屋顶绿化设计

1.屋顶绿化的概念及来源

屋顶绿化是指在各类建筑物、构筑物、城围、桥梁(立交桥)等的屋顶、露台、天台、阳台或大型人工山体上进行造园、种植树木花卉的统称。它是开拓绿化空间的一条重要途径,是绿色空间与建筑空间的有机结合和相互延续。目前,在国内外旅游宾馆、办公室、商业购物中心、医院、高层公寓、工厂、学校等各类建筑中均开始进行屋顶绿化。现代建筑多向密集、多层、高层而又多为平屋顶的方向发展,更有利于进行空间绿化,延伸绿化空间。屋顶绿化并不是现代建筑发展的产物,它可以追溯到4000年前古代苏美尔人建的大庙塔,就是屋顶绿化的发源。19世纪20年代初,英国著名考古学家伦德·伍利爵士,发现该塔三层台面上有种植过大树的痕迹。真正的屋顶绿化是著名的巴比伦"空中花园",被列为"古代世界七大奇迹"之一,其意义绝非仅在于造园艺术上的成就,而是古代文明的佳作。巴比伦"空中花园"是在平原地带的巴比伦堆筑的土山,并用石柱、石板、砖块、铅饼等垒起边长125m、高25m的台子,在台子上层层建造宫室,处处种植花草树木。

西方发达国家在20世纪60年代以后,相继建造各类规模的屋顶绿化和屋顶绿化工程,如美国华盛顿水门饭店屋顶绿化、美国标准石油公司屋顶绿化、英国爱尔兰人寿中心屋顶绿化、加拿大温哥华凯泽资源大楼屋顶绿化、德国霍亚市牙科诊所屋顶绿化、日本女子大学图书馆屋顶绿化、香港太古城天台花园、香港葵芳花园住宅楼天台花园等。美国芝加哥市为减轻城市热岛效应,正推动一项屋顶绿化工程来为城市降温。日本东京明文规定新建筑占地面积只要超过1000m^2,屋顶的1/5面积必须为绿色植物所覆盖。我国如深圳、重庆、成都、广州、上海、长沙、兰州、武汉等城市,已开始对屋顶进行绿化开发,如广州东方宾馆屋顶绿化、上海华亭宾馆屋顶绿化、重庆沙平大酒家屋顶绿化等。但是，多年来屋顶绿化的建设一直没有一个标准模式和规范工艺，所以暴露出了很多缺陷和不足，比如，不能长时间防渗抗漏，污染严重，植物配置不合理，荷载超标，建造成本过高等。随着科学技术的发展，这些问题正逐步得到解决。

2.屋顶绿化的类型

(1) 屋顶覆盖式绿化

屋顶覆盖式绿化主要是采用藤本植物在坡屋顶上进行绿化布置，主要特点是绿化的方法比较简单，管理粗放，不占用较大的屋顶负荷，适用的范围较小属于屋顶绿化中最简单的一种形式。由于屋顶坡度和屋顶承重等方面的原因，植物的种植基础在屋面上不能固定，因此在坡屋顶上进行绿化的营造难度很大。绿化方法可以在房屋的墙基种植槽，槽内种植藤本植物利用藤本植物的吸盘、气生根、卷须等使其横向生长，直到覆盖屋顶，如爬山虎、紫藤、凌霄、薜荔、常春藤等可直接覆盖在屋顶，形成绿色的地毯。由于这种屋顶绿化方法比较简单，适宜选用对环境条件要求不高、耐粗放管理的植物种类。覆盖式绿化的效果比较单调，从园林美化的角度讲，不适合在城市中大量发展。

(2) 屋顶种植式绿化

1) 屋顶种植，即采取屋面种植或者铺设草坪的方法进行屋顶绿化的布置，是一种较简单的屋顶绿化形式。屋顶草坪不但能使城市草坪式绿化从单一的地表形式上升到空间形式，而且对室内的温度和湿度可起到一定的调控作用。屋顶植草形成的草坪昼夜向空气散热、吸热的总和几乎等于零，生态热效应显著。屋顶的生态环境不适合植物的生长，风速比地面大，而屋顶种植草坪，受风的影响较小；同时，在确保植物生长的基础上，屋顶种植层薄，减轻了屋顶的荷载。采取草坪绿化屋顶设计施工需要的技术简单，不需要进行园林布局；缺点是屋顶植草景观单一，草坪的需水量大，对灌溉提出的要求更高。这种形式适用于面积不大、楼层不太高的屋顶以及一些改建的屋顶和承载力有限的平屋顶。

平屋顶上还可以种植地被植物或其他矮型花灌木，形成一种封闭型屋顶绿化，一般不上人。由于受屋顶承载力的限制，人造土的厚度严格控制在10cm左右，种植品种简单，排列整齐，屋面就像铺了一层绿色地毯。也可以用藤本植物直接盖在屋面上。

2) 屋顶棚架。这种绿化布置方式是用钢筋混凝土浇筑的薄壁种植池沿平屋顶的女儿墙布置，沿女儿墙及种植池设立柱，在立柱上搭设棚架。在种植池及建筑构造柱上应预埋钢筋环以固定棚架的立柱。立柱与种植池及构造柱上的预埋钢筋环固定，然后用竹竿、绳索等纵横交织形成网状棚架，供植物生长攀缘。屋顶设置的棚架高度不宜太高，这样可以为居民在荫棚下休闲提供方便。选择叶面较大且枝叶稠密的攀缘类植物,使之沿棚架攀缘生长,形成绿色荫棚,同时在绿化、美化屋顶的同时还可以收获一些产品。该种绿化屋顶的方法适合面积较小的平屋顶,且屋顶的风力不是很大。

3) 屋顶苗圃。屋顶的种植区采用农业生产通用的排行式结合屋顶生产,种植果树、中草药、蔬菜和花木。这种绿化方式可以在发挥绿化效果的同时取得一定的经济效益。在屋面防水层上用砖或砌块砌筑床埂以形成较规整的苗床;床埂下每隔一定间距设排水孔,苗床内铺设一定厚度的种植介质,栽种草皮、花卉、蔬果等。此种形式较适宜于大面积屋顶,以绿化种植为主,屋顶上供人们休闲活动的场地则较少。

(3) 屋顶花园

屋顶花园是屋顶绿化的最高层次,不仅要绿化,而且从美化游憩功能等园林要求出发,在屋顶上设置花坛、盆景以及水池、假山、花架、雕塑、凉亭等园林建筑小品,采用园林艺术手法布局,构成优美的景观,以供园林艺术欣赏和休闲娱乐等活动。屋顶花园的规划设计综合了使用功能、绿化效益、园林艺术和经济安全等多方面的要求,充分运用植物、微地形、水体和园林小品等造园要素,组织屋顶花园的空间,采取借景、组景、点景、障景等园林技术,创造出不同使用功能和性质的屋顶花园的类型和形式有多种分类。

1) 按使用目的分类

屋顶花园按使用目的分为公共游憩性屋顶花园、家庭式屋顶小花园和科研生产用屋顶花园。

①公共游憩性屋顶花园:这种形式的屋顶花园除具有绿化效益外,还是一种集活动、游乐为一体的公共场所在设计上应考虑到它的公共性,在出入口、园路、布局、植物配植、小品设置等方面要注意符合人们在屋顶上活动、休息等的需要。应以小灌木、草坪、花卉为主,设置少量座椅及小型园林小品点缀;园路宜宽,便于人们活动。建在宾馆、酒店的屋顶花园,是豪华宾馆的组成部分之一,成为招揽顾客、提供夜生活的场所。在屋顶花园上可以开办露天歌舞会、冷饮茶座等,这类屋顶花园因经济目的需要摆放茶座因而花园的布局应以小巧精美为主,保证有较大的活动空间;植物配置应以高档、芳香为主。

②家庭式屋顶小花园:随着现代化社会经济的发展,人们的居住条件越来越好,各层式、阶梯式住宅公寓的出现,使这类屋顶小花园走入家庭。这类小花园面积较小,主要以植物配置,一般不设置小品,但可以充分利用空间作垂直绿化,还可以进行一些趣味性种植,领略都市中早已失去的农家风情。另一类家庭式屋顶小花园为公司写字楼的楼顶。这类小花园要作为接待客人、洽谈业务、员工休息的场所,应种植一些名贵花草,布设一些精美的小品,如小水景、小藤架、小

凉亭等，还可以根据经济实力摆设反映公司精神的微型雕塑、壁画等。

③科研、生产用屋顶花园：可以在屋顶设置小型温室，用于花卉品种的培育和引种以及观赏植物、盆栽瓜果的培育，既有绿化效益，又有较好的经济收入。这类花园一般应有必要的设施、种植池和人行道规则布局，形成闭合的、整体的地毯式种植区。

2）按高度分类

屋顶花园按高度分为低层建筑屋顶花园和高层建筑屋顶花园。

①低层屋顶绿化使用管理方便，服务面积大，改善城市环境效益明显，这是应用较多的一种绿化形式。

②高层建筑每层的建筑面积小，顶层的面积更小，服务面积和服务对象较小，花木的生长条件更加恶劣，因此建造难度较大。

3）按空间组织状况分类

屋顶花园按空间组织状况可分为开敞式、封闭式和半开敞式三种。

①开敞式屋顶花园。在单体建筑上建造屋顶花园，屋顶不与四周建筑相接，成为独立的空中花园。该类型的屋顶花园视野开阔、通风良好、日照充足，有利于植物的生长发育。

②半开敞的屋顶花园的一侧或者两侧或三面被建筑物包围，光照通风不利，一般是为周围的主体建筑服务。

③封闭式屋顶花园的四周都被高于它的建筑包围，成为天井式空间，这种屋顶花园的采光和通风不如前两种。

了解各种屋顶花园的特点，可以针对不同的要求，按要求规划设计不同类型的屋顶花园，丰富屋顶空间的景观，发挥屋顶花园的作用。对于条件较好的屋顶，可以设计成开放式的花园，参照园林式的布局方法，可以做成自然式规则式混合式，但总的原则是要以植物装饰为主，适当堆叠假山、石舫、棚架、花墙等等，形成现代屋顶花园。为了减轻建筑物的负荷，屋顶花园应全部采用轻型材料建造。只有屋顶负荷能力在一定的范围内的建筑物才能建造屋顶花园。城市屋顶花园应少建或不建亭台楼阁等建筑设施，以植物的生态效应为主。

（二）屋顶绿化装饰的规划设计

1.屋顶花园规划设计的指导思想

在进行屋顶花园的规划设计时，要充分把地方文化融入园林景观和园林空间中；结合屋顶对园林植物的影响来选择园林植物；运用不同的造园手法，创造一个源于自然而高于自然的园林景观；以人为本，充分考虑人的心理和行为习惯，合理地进行屋顶花园的规划设计。

2.屋顶花园的设计原则

屋顶花园成败的关键在于要减轻屋顶荷载、改良种植土、屋顶结构类型和植物的选择与植物设计等问题。设计时要做到：以植物造景为主，把生态功能放在首位。确保营建屋顶花园所增加的荷重不超过建筑结构的承重能力，屋面防水结构能安全使用。因为屋顶花园相对于地面的公园、绿地等面积较小，必须精心设计，才能取得较为理想的艺术效果。尽量降低造价，从目前条件来看，只有较为合理的造价，才有可能使屋顶花园得到普及。

3.屋顶花园设计技法

在建筑屋顶营造花园，一切造园要素受建筑物顶层的负荷和空间有限性的限制。在屋顶花园的规划设计中，很少设置大规模的自然山水、石材，如果是主题需要，也以小巧的假山石或通过地形处理形成远山近景。水池一般为浅水池，可用喷泉来丰富水景。屋顶花园布局设计的难点是如何突破空间的限制。因为屋顶的形状以长方形为多，非常规整缺乏变化；同时屋顶面积也是一定的，而且都偏小，使设计者有束手束脚之感。设计师若能因地制宜地巧作处理，同样会取得小中见大、移步换景的艺术效果。屋顶花园设计主要有如下技法：

（1）转移注意力

多数屋顶花园都是长方形的，在进行规划设计时用植物的曲线组景方式或弯曲的通道把屋顶花园分成两个空间，既可增添情趣，还可使空间看上去更宽敞，曲线能使视野无限放大。分隔用的屏障，可由高大的植物组成，也可用植篱，或者用爬满植物的棚架。

（2）园中园

把屋顶花园分成不同的部分，它们之间通过藤架、凉亭或拱架联系，这样从一个空间到另一个空间，给人以别有洞天的感觉。把屋顶花园分为不同的空间，安排不同的内容也就很容易了。

（3）利用对角线

对于矩形或正方形屋顶绝对景深最深的是其对角线，所以调整轴向也是常用的技法之一，对于正方形来说轴间角自然是45°；若是狭长的地块，可以连续使用45°的对角线，这样可使花园看上去比实际大得多。

4.屋顶花园的布局形式

（1）自然式园林布局

一般采取自然式园林的布局手法，园林空间的组织、地形地物的处理、植物配置等均以自然的手法，以求一种连续的自然景观组合，讲究植物的自然形态与建筑、山水、色彩的协调配合关系。植物配置讲究树木花卉的四时生态，高矮搭配疏密有致，追求的是色彩变化、丰富层次和较多的景观轮廓。

(2) 规则式园林布局

规则式布局注重的是装饰性的景观效果,强调动态与秩序的变化。植物配置上形成有规则的、有层次的、交替的组合,表现出庄重、典雅、宏大的气氛,多采用不同色彩的植物搭配,景观效果更为醒目。屋顶花园在规则式布局中,点缀精巧的小品,结合植物图案,常常使不大的屋顶空间变为景观丰富、视野开阔的区域。

(3) 混合式园林布局

混合式园林布局注重自然与规则的协调与统一,求得景观的共融性。在同一个作品中,自然与规则的特点都有,但又能自成一体,其空间构成在点的变化中形成多样的统一,更多地注意个性的变化。混合式布局在屋顶花园中使用较多。

第六章 大众文化对室内设计风格的影响

第一节 大众文化概述

"大众文化"这一术语最早出现在西方社会,兴盛于欧美发达国家。它是伴随着工业革命后的西方社会城市化的发展应运而生的,16世纪工业革命后,欧洲的城市由于社会经济空前繁荣,交通运输业的巨大变革,大量传统手工工场被新工厂取代,农村人口大规模转移到城市。城市人口迅速增加,城市规模机械化扩大。传统城市功能由于新居民的增加而改变。过去的产品与消费已不能满足新的需求,社会结构、人之人之间的功能关系产生了。因而西方城市大众文化的接受者与消费主体"大众"也随之诞生。进入19世纪后,西方大众传媒的兴起,加速并推进了文化的普及与民主化进度,传统的文化传播方式与文化垄断被打破,新的以"大众"为主体的文化格局产生。

十九世纪三四十年代,西方学者开始对大众文化进行研究,他们认为在日趋工业化社会的美国,高级文化正在被工业社会日常生活单调乏味的本质所威胁。在这个社会中,商业精神进入文化领域并正在成为文化发展的基本精神,作家视文学为商业,并把作家自己转变为商品的供应者,为了推销自己的作品,获得商业财富和个人名誉,他们一味迎合社会大众的文化趣味而不注意艺术标准。明确提出深刻大众文化讨论的是法兰克福学派,他从关于流行音乐特征、阶级实质和现实功能三个方面进行分析,建立与大众文化概念比较完整的理论基础。

中国早在20世纪20年代末30年代初就有一些关于大众文化的刊物与观点出现。特别是在改革开放后的80年代,中国城市人口增加,城市与社会经济的发展速度加快。新的"文化热"的出现,将西方"大众文化"观念与形式引进国内。中国的大众文化开始出现。文章中把当代文化规定为大众文化,主要是因为当代文化已经放弃了传统经典文化个体性手工生产、传播和接受模式，取而代之的是非个人生产、传播和接受模式。模式的转换不仅影响到文化产品的存在形式和内容属性，实质上改变了文化生产的性质。大众文化的基本性质是由市场经济和高科技发展所决定的，准确地讲，正是有了高科技和市场经济对当今社会生活全面的扩张，才产生了当代文化的大众文化转型。

大众文化是一种独立于他类文化、具有自身质的规定性的文化。通过西方大量学者论证，一般而言，西方所说的大众文化，是英语massculture的对译形态。约翰·斯托雷在《文化理论和大众文化导论》中列出了它的五种不同定义。

"①大众文化是为许多人所广泛喜欢的文化。②大众文化是在确定了高雅文化之后所剩余的文化。③大众文化是具有商业文化色彩的，以缺乏辨别力的消费者大众为对象的群众文化。④大众文化是社会中从属群体的抵抗力与统治群体的整合力之间的相互斗争的场所。⑤大众文化是后现代意义上的消融了高雅文化和大众文化之间界限的文化。"南威廉姆斯关于大众文化的一段话也经常被人引用"大众文化不是因为大众，而是因为其他人而得其身份认同的，它仍然带有两个旧含义：低等次的作品（如大众文学）和刻意炮制出来博取欢心的作品。它更现代的意义是为许多人所喜爱，而这一点在许多方面，当然也是与在先的两个意义重叠的。近年来事实上是大众为自身所定义的大众文化，作为文化，它的含义与上面几种都有不同，它经常是替代了过去民间文化占有的地位，但它亦有种很重要的现代意义。"这些定义虽具有一定的片面色彩，但同时也揭示了大众文化所具有的特征，显示了对大众文化的重新确认。

80年代以后，西方大众文化理论进入中国学者的视野，在对大众文化背景与历史前提进行研究后，叶志良在《大众文化》一书中对大众文化进行了总结。他认为："大众文化是在现代工业和市场经济充分发展后才出现的文化形态，尤其是大众传播媒介的介入使其获得与众不同的手段；它是社会都市化的产物，是市场经济的一种文化反映，是商品和市场经济条件下大众的精神创造性活动与其产品。以都市普通大众为主要受众和制作人。大众可以在其中自由表达自己对生活的感受和文化需求，并成为大众文化生成的环境与发展的动力。"①他将大众文化定义为：大众文化是一种以文化产业为特征，以现代科技传媒为手段，以市场经济为导向，以市民大众为对象的社会型、大众化的文化形态。它具有商业性和产业性，具有强列的实用功利价值和娱乐消遣功能，具有批量复制和拷贝的创作生活方式，具有主观参与、感官刺激、精神快餐和文化消费都市化、市民化、泛社会化的审

---

① 叶志良编著.大众文化[M].上海：上海文艺出版社，2003.12.

美追求。它是反映现代工业社会和市场经济条件下大众日常生活，适应大众文化品味，为大众所接受和参与的意义的生产和流通的精神创造性活动和成果。

"大众文化"一词，因其是为人类对某…种文化及社会事物现象的指代，而同时具备"事实"和"观念"两个存在的层面。也就是说，一方面大众文化就其内容而言是一个不可否认的事实，另一方面，大众文化究竟指代什么，人在何种意义上理解和运用这一概念，需要说明的是，"大众文化"不是一个纯理论的命题，而是随着一种市场化、商业化动作的过程，一方面它与信息资讯技术联系在一起，创造出这个时代特有的文化工业、传媒工业、文化市场，创造出对现代生活方式形象的生产加工和视觉享受；另一方面它也带动起新的、过去不曾有过的经济改革的追求，成为被制造出来的社会心理兴奋点。在学术界对大众文化进行研究时一般将其作为一种独立的文化类型来看待，在现代文化系统中和主导文化、精英文化等相对应、相区别。在研究中，它通常被分为"文化"与"文化大众"两部分来探讨与分析。"文化"是指由文化主体和受体共同参与的意义的生产和流通的精神创造性活动及其成果。"文化大众"则是指在商品经济条件下，具有基本文化接受和参与主客观条件并以不同方式和途径在不同层面和程度上介入文化活动的大多数社会成员所构成的整体。在文化概念关照下，大众文化不是普泛的人类学意义上的文化（人类文明），也不是单纯的精神文化产品，而是一种和主导文化、精英文化有所区别的人类精神创造性的活动及其成果。大众对文化的参与不仅表现在他能够在接受主导文化和精英文化时具有较强的自主意识和批判能力，更重要的是，由于大众对文化的参与，一个新的文化类型产生蓬勃发展起来，这就是大众文化。

第二节 大众文化背景下室内设计风格发展状况

一、影响室内设计风格发展的几类设计学科

（一）艺术设计与室内设计

室内设计专业作为一门独立的学科在中国存在的时间并不长。80年代后，随着国家现代化建设加强与专业的细分，"室内设计"的作用才被突显出来。中华人民共和国成立初期，由于室内设计专业在国内发展不成熟，大量的室内设计项目是由大量美术家与工业设计人员来完成。直到1957年，中央工艺美院"室内装饰系"的成立才奠定了我国在艺术设计学基础上发展起来的室内设计风格基本特点。

艺术设计学科是研究产品设计、环境艺术设计、平面设计、新兴媒体艺术设

计及传统工艺设计等艺术设计作品与方法的学科。作为广义的"设计"，它可以被理解为按既定的目标制定工作计划与工作方案的过程，同时"设计"冠之以"艺术"，表明它不同于其它门类的设计，是偏重于应用在各种生产领域、工作领域的艺术性艺术。艺术设计较之于一般设计更注重运用艺术的方法，追求能够艺术化地为对象所接受的沟通手段与目标，同时也追求为人所用的终端产品。在此基础之上发展起来的室内设计是一种以注重形式、造型图案的处理以及室内家具、灯具、陈设的造型布置、植物、摆设和用具的配置为特点的"室内装饰"设计。例如中华人民共和国成立初期人民大会堂室内的装修设计，是由一批著名美术家与部分染织、陶瓷、家具设计装饰艺术家组成的设计团体组织成的。他们在设计手法上大量采用了中国书法、绘画、彩绘图案进行室内装饰，使艺术风格在极其接近中国传统的装饰特点上融合部分西方元素，使装饰风格既立足于传统又体现时代精神。

目前室内设计活动中我们仍能看到大量受此设计方法影响的设计方法与风格存在。首先室内设计作为独立的学科，"室内装饰"成为其重要的组成部分之一。设计项目中，设计人员在完成室内平面布置后，必须进行室内、天花、地面几大界面装饰风格的定位与平面性的图纸绘制。设计手法也着重在通过对界面的艺术装饰表现，对室内进行美化创作，以此改善和创造理想的室内空间气氛，满足人的审美精神需求，同时室内设计风格也由此突显出来。

现代室内设计，随着科学技术的发展，在室内装饰中大量采用科技手段，利用电子、电灯、音响、网络等手段使室内达到最佳声、光、色的匹配效果，以此强调视觉与触觉的室内艺术感受。

（二）建筑学与室内设计

80年代在建筑学院开设室内设计课程，是室内设计专业一次全新的发展。作为以现代建筑设计理论为基础的建设院校，普遍认为室内设计是建筑设计的延伸与深化。在建筑设计完成后，室内的设计必须尊重建筑现有结构特点，利用建筑学科科学技术原理对室内进行理性化与规范化的设计处理。

建筑学作为一个完整的学科，主要包括建筑史（中国建筑及外国建筑史）、建筑设计、建筑构造、建筑物理、建筑设备、园林学与城市规划等组成部分。在建筑学学科中，建筑设计是其核心部分，室内设计主要隶属于建筑设计之中。同时现代建筑学中的室内设计概念更强调建筑室内内涵的综合性、规划性、发展性。目前室内设计专业的理论及实践研究是从建筑学中获得基本的原则与理念，结合室内设计的特殊性质，形成室内设计的原则与方法。例如，现代室内设计与建筑设计所面临的任务一样，设计中不仅要研究使用与功能问题、技术与经济问题、表现与艺术风格问题，还要研究空间环境，研究人的居住行为与行为心理，研究室内设计与施工的技术手段，研究计算机辅助设计的新课题，同时要从宏观的角度研究人类居住形式的发展及其趋势，研究人类居住形式的影响，研究人类社会发展中的哲学、美学、社会学、文化学、民俗学、科技与环境科学等诸问题，以求得室内设计理论与实践的不断充实、更新与发展。

受建筑学设计的影响，现代室内设计还强调以空间设计为中心，对空间大小形状、连接关系，对室内环境的气候采光、照明以及那里生活的人们所必须具有的物理心理感受进行综合判断与选择。设计风格上强调与建筑艺术风格的统一与协调，强调整体性。空间设计着眼于空间形态（动态空间、流动空间等）与造型（圆形、方形等）的艺术创造，装饰处理侧重于原建筑结构与节点的处理上。

（三）环境艺术设计学与室内设计

"环境艺术设计"概念在中国的前身就是室内设计。因为20世纪80年代以来，环境问题成了世界范围内人们普遍关注的问题：臭氧层的破坏、环境污染、土壤的沙漠化、资源短缺与人口膨胀，保护环境成为人类的共识。在这种大背景下，室内设计作为人工环境建设的一个专业门类，就有理由从建筑的内部拓展到外部空间，把居住区的环境规划、环境设计纳入视野，提出了"环境艺术设计"的概念。从现代设计角度上我们所称的环境，"其中心事物是人类，是以人类为主体的外部世界，即人类生存、繁衍所必须的相应环境或物质条件的综合，它们可以分为自然环境和人工环境。所谓自然环境就是直接影响到人类的一切自然形成的物质、能量和自然现象的总体。"环境艺术设计是一门即边缘又综合的学科，它所涉及的学科很广泛，主要有建筑学、城市设计、景观设计学、城市规划、人类工程学、环境心理学、设计美学、环境美学、社会学、文化学、民族学、史学、考古学、宗教学等方面。广义上的环境艺术设计在行为学上是指人类赖以生存的、从事生产和生活的外部客观世界，分为自然环境、人工环境和社会环境三部分。在设计学上指人们在现实中所处的各种空间场所。

环境艺术设计概念下的室内设计，即指室内人工环境的创造与设计，是指建筑单体内部的空间划分、界面设计以及陈设等设计。包括对室内空间光、色、质、绿化、陈设、湿度等微观层次的整体设计与规划。在这种设计观念影响下的室内设计，讲究环境与空间的渗透，注重室内外环境的有机结合，注重室内人工生态环境的创造，绿色建筑与环保材料的运用。同时室内声、光、色、陈设等设计中对室外自然山水、风景小品、植物、装饰雕塑等进行借用，以起到装饰环境的效果。

二、影响室内设计风格发展的几类设计理论

（一）西方现代与当代设计理论嫌弃

西方现代设计理论来源于20世纪初欧美社会意识形态层面上发生的对传统意识形态的各领域掀起的现代主义运动。它的主旨是反对长期以来的为少数权贵的精英主义，并利用意识形态的革命来促进社会健康发展，促进社会的正义，希望通过设计改变劳苦大众的困苦。现代主义运动在设计领域是从建筑设计发展开始的。从中产生的设计原则与理论最终成现代设计运动的宗旨。王受之在《世界现代建筑史》中对其基本设计原则特点做了简单总结："（1）功能主义特征。强调功能为设计的中心和目的，而不再是以形式为设计的出发点，讲究设计的科学性，重视设计实施时的科学性、方便性、经济效益性和效率。（2）形式上提倡非装饰的简单几何造型。受到艺术上的立体主义影响，具体建筑有以下几个特征：①六面建筑。建筑底部用柱支撑，形成完整的建筑六面形式，因此达到重空间，而不是重体积的目的。②由此发展起来的以柱支撑整个建筑的结构特征，其必然结果就是幕墙架构的产生。③标准化原则。只有标准化才能降低生产成本，才能为广大人民大众提供他们能够支付得起的廉价建筑。④反装饰主义立场。装饰造成不必要的开支，造成浪费，造成建筑无法为大众服务，因此，反装饰是一个意识形态的立场问题。⑤中性色彩计划。无论从造价考虑还是从反装饰立场考虑，色彩计划必然是中性色彩的，即采用黑色、白色的色彩计划。（3）具体设计上重视空间考虑，室内采用自由空间布局，尽量不设计分割空间的墙面，特别强调整体设计考虑，基本反对在图板上、在预想图上设计，而强调以模型为中心的设计规划。（4）重视设计对象的费用和开支，把经济问题放到设计中作为主要的因素考虑，从而达到实用、经济的目的。"

20世纪的中国在迈向现代化的过程中，由于工业化大生产，钢筋混凝土、钢结构在建筑中大量使用，传统中只满足少量人消费需求为目的的"室内装饰"方法，在大众社会状况下，已不能满足复杂多样的新建筑功能与广大人民的需求。在面对新型的建筑大量涌现、许多老房子等待改造的时候，现代主义"注重功能、结构简单、装饰简洁、风格中性、经济实惠"产品风格深深打动了人们的心。设计中设计师开始注重运用现代主义的设计方法来替代中国传统复杂的设计手段，按西方现代科学与理性的设计原理完成了中国室内从"装饰"到"设计"的转换过程。直到当前，中国室内设计中还大量延用西方现代的，如国际主义、装饰主义、有机主义等理论与风格对室内空间进行塑造，创造出很多中国版的、现代的室内设计。

第六章 大众文化对室内设计风格的影响

在西方这场运动中，德国建立的一所"包豪斯"艺术学院是现代主义设计运动发展到高潮的标志，同时它也是创造现代设计造型的基础理论与实践基地。学校中推行的"基础课"把平面、立体结构的研究、材料的研究、色彩的研究三方面独立起来。第一次以理性的方式教导学生完成艺术设计。他们按工艺与艺术相接合的方法对学生进行全新的视觉训练，从线、面、空间、大小、形体、结构、价值、重量、集中、变化、远近、韵线、运动、动力学、张力、平衡、分段、自然的造型过程、水、植物、重力、明暗、色彩等多方面对事物进行分析，使学生对物体的材料、结构、明理、色彩有一个科学与技术性的理解与认识。这一理论成为现代造型设计的基础方法，影响至今。

西方当代设计中后现代主义思想对中国室内设计风格的影响主要来自于地方主义和新地域主义。后现代这…用语虽然没有具体的内涵，但应该强调的是我们可以将"后现代"意义归结为一点：抛弃了其轻视装饰和风格的态度，从现代主义中解放出来，获得许多新的可能性，如城市文脉的调整，本土技术和材料的采用，对人们生活环境和乡土情节的尊重等。

（二）中国传统设计思想

中国传统设计思想是中国几千年文化沉淀的精髓，同时作为对西方现代思想的对照在现代设计中被反复提及。它对现代室内设计风格的影响主要包括两方面：一是传统哲学的设计观。中国传统在设计中特别讲究对"意境"的创造。讲充通过人与建筑物体、山水、花鸟虫的精心组合，经过主与从、正与反、静与动的巧妙布局和处理，使主观的理想形态"意"与客观的审美形式"境"达到情与景、意与境的交融。李砚祖在《环境艺术设计的新视界》中曾指出"中国艺术里讲究的意境是通过造境，通过适宜的生活场景、环境的建构，将自己的人格与精神追求物化于环境的艺术设计中，使之成为其通向理想境界的基础"[①]，充分显示了"意境"在设计中的重要性。另外，传统室内设计还讲究对"宜"原则的把握与创造，而形成了中国传统室内外艺术设计的核心精神构架。经过分析，我们发现"宜"在传统设计思想层次中可分为三类：一是因地因人制宜，讲求设计按人与环境适宜的方式进行建造，是艺术设计中实用的基本层次；二是宜简不宜繁，是指设计中要去除过于复杂的装饰，力求简单方便，它提供某一审美的向度和形式选择；三是宜自然不宜雕琢，趋于某种独立的精神追求与人格建树，讲究装扮起来的美丽效果应具有自然的气质之美。在这种设计观念影响下的中国传统室内设计，有繁有简、因地制宜、舒适、美观、大方、适用，对现代设计具有历史与现实双

[①]李砚祖主编.环境艺术设计的新视界[M].北京：中国人民大学出版社，2002.06.

重指导作用。

二是中国传统建筑室内装饰纹样。以木架梁柱结构为基础的中国传统室内空间形式与装饰样式是中国文化的重要标志之一。中国传统建筑的室内样式通常为：室内对称的空间形式，在宫殿与厅堂中，梁架、斗拱、樺间等都以其结构与装饰的双重作用成为室内艺术形象的一部分。宫殿建筑室内的天花与藻井、装修、家具、字画、陈设艺术等均作为一个整体来修理，室内除固定的隔断和门扇外还使用可移动的屏风、半开敞的罩、博古架等家具相结合，对于组织空间起到增加层次和深度的作用。一般民居则较简朴、自由。在室内色彩方面北方宫殿建筑的梁柱常用红色，天花藻井绘有各种彩画，用鲜艳的色彩金、银、黑、白线取得对比调和的效果。南方则常用栗、黑、墨绿等色调，白墙灰砖形成秀丽淡雅的格调。现代室内在进行传统文化再造时，大量采用这些元素作为中式风格的典型样式。同时通过传统形式的运用，来更好地体现中国独特的文化特点与内涵。

（三）当前国内流行的几种室内设计风格

当前国内流行的室内设计风格有：

1.传统风格

传统风格的室内设计，是在室内布置、线形、色调以及家具、陈设的造型等方面，汲取传统装饰"形""神"的特征。例如汲取我国传统木构架建筑室内的藻井天棚、挂落、雀替的构成和装饰，明、清家具造型和款式特征。又如西方传统风格中仿罗马风、哥特式、文艺复兴式、巴洛克、洛可可、古典主义等，如仿欧洲英国维多利亚或法国路易式的室内装潢和家具款式。此外，还有日本传统风格、印度传统风格、伊斯兰传统风格、北非城堡风格等等。传统风格常给人们以历史延续和地域文脉的感受，它使室内环境突出了民族文化渊源的形象特征。

2.新少数民族风格

在现代建筑的内部空间，象征性地表现少数民族建筑内部空间形式，并在内部空间的结构构件上较为直接地采用适当简化了的少数民族装饰图案，保持其民族色彩特征，选用少数民族陈设艺术品等所创造的室内环境气氛具有鲜明的少数民族风格特色及现代特征，这一类设计风格可为新少数民族风格。

3.现代风格

广义的现代风格也可泛指造型简洁新颖，具有当今时代感的建筑形象和室内环境。现代主义风格的室内设计在很大程度上汲取了西方现代主义中简洁、洗练的设计风格和表现色彩、质感光影与形体特征的各种手法，但是，由于结合中国国情和技术、经济条件，因而又带有中国自己的特色。

4.自然风格

自然风格倡导"回归自然",美学上推崇自然、结合自然,才能在当今高科技、高节奏的社会生活中,使人们能取得生理和心理的平衡,因此室内多用木料、织物、石材等天然材料,显示材料的纹理,清新淡雅。此外,由于其宗旨和手法的类同,也可把田园风格归入自然风格一类。田园风格在室内环境中力求表现悠闲、舒畅、自然的田园生活情趣,也常运用天然木、石、藤、竹等材质质朴的纹理,巧于设置室内绿化,创造自然、简朴、高雅的氛围。

三、影响当代中国室内设计风格发展的几类文化心理

(一)以创作主体为主的创作文化心理状况

设计师的造诣在设计创作工作中往往处于十分重要的地位,他们的主要工作内容之一就是给设计作品做不同的艺术与文化定位,通过不断丰富室内设计创作手法,来扩大室内设计艺术创作领域范围。过去在作为精英文化层面的设计中,设计师创作能力与审美能力的强弱直接影响着一个设计作品的好与坏。在大众社会中,因为设计素养与文化水平的差异,如今的设计师通常被分为在设计思想与创作手法上占领导地位的精英设计师如格罗皮乌斯、贝聿铭等与普通设计师。精英设计师的设计观念直接引导着一个时代的设计潮流,并成为其

他普通设计师的核心,他们的设计思想往往体现着设计界的精英水平,具有定的权威性。同时与代表当前社会设计群体——具有普遍设计能力与审美倾向的普通设计师产生互动。而普通设计师,他们的创作水平则体现了一个时代设计师的整体水平,并以精英设计师为核心,产生设计的多元化形式。

目前的中国,由于社会经济的长足发展,室内设计需求膨胀,中国室内设计从业人员从精英群体中脱离出来,形成一个非常庞大的大众群体,设计水平也参差不齐。他们主要由三部分人员组成,第一部分,具有一定建筑院校或环境艺术设计院校系统室内设计知识背景的设计师。他们大多来自于正规的设计院校,具有一定现代设计方法与设计理论基础,懂得室内设计原则,在设计上力求独特与创新。他们在设计中通过自身设计观念与鉴赏能力的传达对被设计项目起到一个好的作用。第二部分,具有一定艺术设计理论基础,做过相关设计工作的人员。这部分人以前从事过设计相关的,如平面设计、产品设计等专业的设计工作,具有艺术设计基础知识,掌握一定的室内设计表现技法,他们的设计往往更多地倾向于从自身专业特点出发对室内设计风格进行创作。在设计风格上屈从于现代设计中的主要流行风格的美术专业学生,不具备现代设计理论基础的理解,设计风格个性张扬,美术气氛强烈,风格状况的主要影响者。

设计师与设计师之间往往是一种互动关系。在一个主要设计观念与设计形式出

现后,除少数有自己独特思想的设计师外,大部分设计师都只能对设计方法与形式进行借鉴与挪用。所以在设计师中建立科学合理的设计基本观念是非常重要的。它直接影响到社会的现实面貌与大众的审美状况。目前中国设计师团体由于水平参差不齐,还未能形成系统有序的设计观念,设计风格追随地域的不同呈多样化发展。设计思想与方法受到西方设计与中国传统思想的共同影响,具有强烈的折衷主义特点。

近几年来,有一部分以创新为目的的室内设计师加强了室内对意境的表达,追求人文关怀,个性张扬。通过对新材料、新科技的利用对室内设计进行重新理解与创造。在艺术风格中讲求所谓的文化品味,在弘扬中华民族特色的同时,强调中西方文化的有效利用,使室内装饰风格与现代功能带来的新的空间关系协调发展。这种设计思潮是值得我们关注的。

(二)以消费主体为主的大众文化心理状况

消费主体是指室内设计项目的委托人,在设计过程中与设计师形成互补,在风格定位中处于受众地位。近几年,在"以人为本"设计观念的倡导下,消费主体在设计中的位置已日显重要,有时在设计风格的定位中起着决定作用。目前中国设计项目消费群体的组成非常复杂,他们主要来自于政府、开发商,乃至有能力出资装修建房的社会各界群众。由于大众社会的建立,他们的审美自主性加强,参与和决定设计的能力越来越强,对设计有着极浓的个人主义意识色彩。

张勃在《当代北京建筑艺术风气与社会心理》一书中提到,"当代北京建筑艺术风格严重受到社会中群体和人们的共同心理影响"[①],将心理表现分为"从众、逆反、新奇、怀旧、炫耀、偏好"等几种心理形态,并指出目前国内委托人受从众、炫耀等心态影响比较严重,委托人的审美能力按不同职业、不同文化程度与收入的不同整体上趋于"类"化。不同"类型"的人群按不同的审美爱好和生活需求,选择不同的生活方式和文化品位。同时社会风气总是为社会上有影响力的阶层或人物所倡导。这些人就是社会风气中的终极榜样,他们所倡导的东西实际上也就是社会中广泛的被模仿对象。榜样却同时又具有昂贵性,使得平常人难以惟妙惟肖地模仿。社会风气一方面借助社会上大多数人希望求同于"出类拔萃者"的模仿心理得以流行起来,同时又依靠榜样的昂贵性使得其在短时间内无法立即普及。终极榜样所具有的这种社会大多数人较难达到的优势,正是其保持魅力的原因。以手表为例,当人拥有第一块手表时主要是解决计时问题,再买第二块手表时就更多地考虑其款式。这时候实用功能减弱,审美功能上升。名牌服装、名

---

①张勃著.当代北京建筑艺术风气与社会心理[M].北京:机械工业出版社,2002.10.

牌手表以及名牌汽车等不仅仅在实用性能上超出普通的同类产品，最主要的是它们是与特定人群的特定的生活方式联系在一起的，这种标识和联想作用正迎合了人们普遍存在的从众心理与炫耀心理。

室内设计风格的形成也遵循着一条自上而下传播、扩散的轨迹。室内设计风格的带动者在当代大众社会是各种类型的精英阶层，如国家的权力阶层、财富阶层、高级知识阶层等。这些阶层人们的审美趣味，如他们的言谈举止一样，必然对社会中的广大普通群众阶层产生潜移默化的影响。流行风格带动者对不同群体的影响是不相同的。有些新兴的社会阶层或群体，由于缺少属于自身的成熟的文化，所以其群体往往要借用其他阶层的文化作为自己暂时的模仿对象。一旦该阶层或群体发展到比较完善的程度，有了属于自己的文化时，就会放弃那些借用来的东西，与之相应的风气也会随之发生变化。拿这几年不同楼盘样板间的装饰风格分类为例，现代简约风格之明快的色彩，简洁中富于变化的造型，再加上宜家家具成为适宜他们的标志。奢侈的利用空间成为豪宅的第一要素，高贵、典雅、厚重又出细节的贵族欧式风格是适宜商界顶尖成功人士、有多次置业经验的投资者等。这些特点无疑不显示出楼盘开发商在选择市场定位时锁定的客户消费群的身份标志与审美爱好。

第三节　大众文化对室内设计风格的影响

一、大众文化影响下文化格局的复调对室内设计风格的影响

大众文化在20世纪90年代中国入场时，带来了一场悄无声息的文化变革。正如较早以批判意识形态研究大众文化的戴锦华所说的："如果我们仍关心中国文化的现实，我就不能无视大众文化.因为90年代以来，它们无疑比精英文化更有力地参与着中国社会的构造过程。简单地拒绝或否认它，就意味着放弃了你对中国社会文化现实的重要组成部分的关注。"纵观改革开放和社会转型背景下的中国文化格局，中国共产党所倡导的主流文化、体现百姓文化追求的大众文化、知识分子所提倡的精英文化，这三种文化形态已构成了当代中国文化的基本结构和主体力量。在文化次序重新调整的状态下，大众文化正以一种独具特色的形式广泛渗透于百姓日常生活的各个领域，并与其他文化形成了既有冲突又有借鉴融合的局面。

（一）复调时期在设计风格发展中存在的文化冲突

精英文化与大众文化的冲突。确切地说，精英文化是指知识分子阶层中的人

文知识分子创造、传播和分享的文化。在社会生活中，精英文化往往"以天下为己任"，承担着社会教化的使命，发挥着价值指导的功能，是"经典"和"正统"的解释者和传播者。在市场经济条件下，面对大众文化的崛起，精英文化原有的社会地位和所发挥的社会作用受到了挑战，因而精英文化与大众文化之间的冲突也就在所难免。

（二）复调时期在设计风格发展中存在的文化融合

精英文化与大众文化除了冲突和对立，也有相互融合和借鉴的可能，二者的分野也不是绝对的。从文化发生学的角度说，精英文化并不是一开始就获得"精英"的地位，也往往经历了从"后台"到"前台"、从"配角"到"主角"的转换才逐步确立自己的位置，这中间要通过各种途径去与其他文化形式交流、沟通，去传播自己的文化理想。而就大众文化来说，出于满足大众消费这样一种根本目的，它并不对其他文化形态有什么"心理设防"，甚至说，只要能流行，大众文化可以无所顾忌地借鉴任何文化素材得以滋养自身，尤其是从精英文化中汲取各种成熟的文化成果来为我所用。

二、大众文化背景下"后现代"状况的当代室内设计风格

（一）后现代状况解析

首先我们对后现代状况与后现代主义做一个初步了解。后现代一词包含有时代的涵义。西方后现代文化理论研究家杰姆逊基于社会发展和文化发展的相关性认为，"资本主义在其发展过程中经历了市场资本主义、垄断资本主义、晚期资本主义三个基本阶段，相对于这三个历史阶段，资本主义文化经历了现实主义、现代主义和后现代主义这三个阶段"。后现代发生在现代之后，是现代主义后的工业社会的一种文化形态表达的文化阶段总称。其中"后现代主义"是其主要文化理论之一。作为文化分期的后现代并不是后现代主义的主要内涵，从更深层意义上理解，后现代主义指的是西方的基本文化精神或文化上导因素，它主要具有以下特征：①多元差异性。后现代生存强调多元的、差异性的文化范式建构城市精神文明。②消解权威，反中心化，强调边缘化。③反对整体性与宏大叙事，强调断裂与差异；反对一切一体化的企图，采取异质标准，对遗忘文化的整体主义采取消解的态度。④文化的大众化，强调生态伦理和可持续发展观。其中所谓文化的大众化是指文化艺术已经不再仅仅是文化精英的事情，文化不仅进入了大众的日常生活，而且大众也开始参与文化的生产消费。杰姆逊认为，后现代时期的文化空前扩展，使得文化已经完全大众化，高雅文化和通俗文化、纯文学和俗文学、艺术和生活的界限消失，文化成为一种大众消费品。贝尔也认为，后现代主义文

化只追求冲动和乐趣，完全是大众性的享乐主义、消费主义的文化，它追求的是大众化，目标是给人愉悦。所以"大众文化"是西方后现代文化的重要内容之一，它以完全的放纵、自由、宽容态度对待充满了不确定性和随意性的后现代文化。同时后现代状况以打破西方传统文化的中心价值观和理想模式，加深与激化了大众文化的发展，使呈现出中心消散、反权威、没有绝对支点、零乱性的状况为特点的高度民主化与社会化特征。

后现代状况下的艺术特征为：①反对美学对生活的证明和反思，弘扬非理性。②艺术成为一种游戏，打破了现代主义的界限，认为行动本身即艺术，艺术即标新立异。③艺术和生活的界限消失，艺术允许的事，生活就会加以实践。④抹杀艺术和生活的界限是艺术种类分解的更深入的方面，绘画转化为行为艺术，艺术从博物馆里移入环境中去，经验统统变成了艺术，不管它有没有形式。艺术家在后现代状况下想怎么创造就怎么创造，也就是说，内容是混杂的，方法是综合的，风格是自由的。后现代主义展示极度宽容的态度，给予了艺术家百无禁忌的权力。可以从容地创作，自由程度比以往任何时候都大，新的可能性又增加了。被压抑的、萎颓的潜能获得了一种崭新的、令人满足的、丰富发挥的可能性。

后现代状况下的建筑主张兼容的美学观，即是说，横向包容—本土的、外国的、高雅的、俗气的、新的、民间的都可以随意撷取。纵向拼接—传统的、古典的、现代的、当代的都可以加以综合。热衷于挪用可以重复古今中外任何一种风格，可以模仿任何一种形式，可以借用任何一种表现手法，有宽广的、自由选择的权力。从意识形态上看，后现代建筑是对于现代主义、国际主义设计的一种装饰性发展，其中心是反密斯的"少就是多"的减少主义风格，主张以装饰手法来达到视觉上的丰富，提倡满足心理要求，而不仅仅是单调的功能主义中心。它置疑现代主义设计，采用同一的方法对待不同问题，经简单的中性方式来应付复杂的设计要求，忽视了个人的要求、个人的审美价值与传统对个人的影响。后现代主义建筑在设计上大量采用各种的装饰，加以折衷的处理，打破国际主义多年来的垄断。后现代建筑理论中的一个巨大变化就是出现了多元选择和多元理论。国际主义风格时期、现代主义时期单一性的理论被多元性的理论取代，现代建筑讲究材料与结构的单继性、忠实性、准确性、功能性被多元的无统一标准的建筑理论取代。内容和形式上，以装饰主义取代无装饰，以豪华的材料取代朴素无华的现代建筑材料，以式样改变来取代现代建筑一成不变的格局。

(二) 大众文化背景下"后现代"状况的室内设计风格发展状况

20世纪80年代以来，随着社会主义市场经济体制的建立和当代大众文化的兴起，西方文化在向中国渗透的过程中，现代与后现代文化精神同时传递到中国，世界潮流和中国国情相结合，使处于现代化发展中的中国转型期的社会在还没来得及经历现代主义的时候就率先进入了后现代，加上日益繁荣的大众对社会文化的多元化需求，中国形成了独特的具有后现代文化特点的文化景象。社会学家瑞格斯奥用菱柱社会状态来形容从传统到现代转型期社会的特点：①异质性。指物理环境和心态意识的传统性与现代性的广大混合现象。比如城市马路上昂贵精致的小轿车与人力三轮车、手推车同行；都市中摩天大厦与低矮的泥屋并存；穿笔挺西装的人满不在乎红绿灯；经营现代企业的经理满脑子的小生产意识，等等。②形式主义。是指"什么是什么"与"什么应是什么"之间的脱节。交通规则应是维持交通秩序的，但不去遵守，发挥不了应有的功能；公司本是从事工商活动并以营利为目的的机构，然而在棱柱的社会，公司有点像政府机构、社会团体等等，流于形式。这种现象诚如一些人在踢足球，忽见人家足球场有界线，于是感兴趣自己亦画了一个，踢起来却从不知道遵守，因其不懂这界线究竟有何意义。③重叠性。在社会由传统到现代转变的同时，也发生从身份到契约，从神圣到世俗，从功能普化到功能专化等等的变化。在棱柱的社会，这种现象重叠存在。因而，为了升迁，不仅要靠个人的成就，而且要靠关系；办事不仅要靠能力，而且要靠地位、身份。整个社会表现出来的现象是每种人或每个组织都多多少少有不安其分或不安其位的行为，也多多少少有越界逾限的作风。从这些描写中我们或多或少感受到当代中国社会发展的现状，同时这种多样混乱的状态无疑与西方后现代理论发生了一致，为中国大众社会中的后现代状况埋下了伏笔。

三、大众文化背景下消费主义主导的室内设计风格状况

二十世纪六七十年代以来，随着大工业生产规模的不断发展，科技发展更是迅猛。当社会的技术条件发展到处理简单的功能问题已毫无困难时，如结构、材料、保温、隔声等，人们就不再满足于只有遮风避雨的居住环境，还要求与环境有更复杂的交流环境，尤其是生活环境的文化内涵，其负载的信息成了人们关心的课题。后工业社会文化里，金钱的力量无所不在，市场逻辑统治一切。在这样的背景下，消费文化进入了新的阶段，不仅仅消费物质产品，还要将文化作为消费对象。

而20世纪80年代，随着西方各种主义和流派的涌入，大众文化开始发展，而大众文化中所蕴涵的消费主义特征在90年代搭上了市场经济的快车以后，与传媒结合，形成一个强大的辐射磁场，影响了整个中国的发展。消费主义原动力都产生于暂时的商业利益，而这种利益很多时候是以社会和人文精神的沦丧为代价，所以在这种观念影响下的文化所蕴含的价值观念和审美理想也逐渐被侵蚀。互联网的迅速普及，各种消费主义的文化作品找到了新的载体。设计从过去对功能的

满足进一步上升到人文精神的关怀,这是在设计中融入文化,增加产品的文化附加值的根本所在,室内设计也是如此。

(一) 以"视觉化"为特征的消费性室内设计

大众文化的发展使我们正处于一个人类历史上从未有过的图像。从广告形象到影视节目,从印刷图片到服饰美容,从互联网图像传输到室内设计,我们的眼睛从没有像今天这样忙碌。一方面是越来越挑剔的视觉索求,另一方面是越来越重的视觉负担。何谓视觉文化?从共时角度说,视觉文化是一个与话语文化相对应的文化范畴。这种文化形态突出视觉化,向文化实践和文化研究提出了新的课题。从历时角度来说,视觉文化的兴起是一种当代现象,它是继话语文化主导形态之后的又一新的文化形态,主要特征是普泛的视觉化和视觉性。视觉文化在大众文化中之所以能得到普及,主要是因为视觉文化通过其高科技、现代传媒所形成的平面具有易懂化与通俗生动化的特点。

由于经济的迅速发展,社会主活水准的提高,甚至由于日常生活意识形态的兴起,理想的乌托邦式的文化,日益让位于一种世俗的、消费主义的文化。在这种文化中,大众媒介的广泛渗透与消费主义的结合,两者构成了中国当代独特的文化景观。视觉文化从这个景观中凸显出来,成为一个显著的文化主因。关注我们身边的生活世界,从主题公园到城市规划,从美容瘦身到形象设计,从音乐的图像化到时尚设计的视觉礼赞……图像成为这个时代最丰富也最具侵略性的资源。倘若说我们这个时代还有什么崇拜的话,那就是图像的仪式化。

在都市化的社会,这种对视觉图象的依赖,首先转向一种对形象化生存的需求。所谓形象化生存是指人们放弃生活现实与形象虚拟之间的根本差别,以形象代替生活,把虚拟作为现实,通过对包装过或人为创造过的形象娱乐享受代替对生活现实的追求。从社会学角度看,这种社会与大众文化形态内在的形象要求作为一种符号化的环境;反之,形象的生产和消费,又反过来强化和维系着这样的社会与文化的内在要求。两者是辩证的互动关系。本雅明就曾指出,"艺术品可以通过机械复制来大量生产,构成古典艺术的社会—文化传统的崩溃。由于大量的机械复制成为可能,由于我们越来越生存于一个人为的符号化的社会之中,形象对人的包围和追踪便是一个不可遏制的趋势和普通的日常生活景观。我们的生存环境便逐渐远离了乡土原野的自然形态,越发地趋向于一种人造的形象符号化的都市环境。这是我们现实的生存境况,是值得深究的文化生态。"

(二) 以"文化快餐"为特征的消费性室内设计

社会的发展似乎就是速度和效率的提高。大众文化产品的标准化,非个性化生产的"快餐文化",就像可口可乐和麦当劳一样,决定味道的是配方,而不是谁来制作，快餐几乎成了我们社会生活的必须与时尚。无怪乎有人说中国进入了"快餐时代"。在一个讲求效率的时代，视觉超越听觉，图像统治文字，因而电子媒介的图像实时传播具有不可比拟的优越性和诱惑力。一如速食无法也无须细心品味一样，高速亦有消极的一面。它更像是一种欲望的文化。一看即上瘾，却又一看就忘却。消费主义就这样在文化的背后纵容大众的惰性和被动，主动的反思日趋艰难。

第七章 传统视觉符号于室内设计之应用方法

在室内设计中加入中国传统文化的元素，不仅能充分表达出神秘的东方色彩，也能更好地起到国际传播及交流作用。在当今世界上，文化能一脉相承并始终不曾中断，也只有经历了五千多年的中国文化，也正是基于这一点，中国人民对传统文化和民间美学更是情有独钟。时代的发展有其基本的脉络，需要在设计中注入新的灵魂与血液。中国传统的文化艺术在具有装饰性的同时还往往具有生活上或民俗上的使用价值或目的。当中国的传统文化在由形式层面上升到精神内涵层面，应用到现代室内设计中就代表了中华人民的审美观念。现代室内设计是建立在传统文化的基础之上，融合了现代设计语言，丰富了文化内涵。包含时代新义的传统文化特性正适时地靠向主流，这无疑将会建立起新的风格流派，我们将以新的、积极的姿态应对外来文化在精神上漫无边际的倾销。

第一节 中国传统文化概述

一、中国传统宗教文化思想

（一）儒家之中庸

孔孟之道的核心思想是中庸之道。中庸是一分为三的一种表现形式。中庸之道又派生出为人之道、为事之道、为学之道；还可以继续地细化，如为人之道又生化出处理家庭关系的为子之道、为父之道、为夫之道、为妻之道，处理朋友关系的为友之道，处理国家君臣关系的为君之道、为臣之道，处理学校师生关系的为学之道、为师之道，以及为仁之道、为政之道、为国之道等等。在儒家哲学的经书典籍中，一分为三的思想从来是处于指导思想的地位。其中最具代表意义的要数《周易》《论语》和《中庸》。

如果说儒家伦理重"礼"特征塑造了中国传统建筑的理性品格,那么可以说儒家伦理的"贵和尚中"特征,则在很大程度上赋予了中国传统建筑不同于其他地域建筑,尤其是西方建筑的独特文化基调与审美精神。

第一,儒家重视"天人之和"的哲学理念所提供的人与自然和谐一致的思维模式和价值取向,成了中国建筑史上众多建筑巨匠所恪守的建筑哲学,并构成了中国传统建筑最基本的哲学内涵。

第二,儒家和谐观念尤其重视人与人之间的和谐,强调待人要礼貌和气,尤其重视家和为贵,恰如孟子所说"天时不如地利,地利不如人和"。这种"人际之和"的观念也在传统建筑中有所体现。

第三,儒家"尚中"思想造就了富有中和情韵的道德美学原则,对传统建筑的创作思想、建筑风格、整体格局等方面有明显影响。传统建筑文化在空间上的主要特征莫过于对"中"的空间意识的崇尚,大到都城规划,小到合院民居,都有强调秩序井然的中轴对称布局,形成了以"中"为特色的传统建筑美学性格。

第四,儒家所推崇的"中庸之道"带有传统主义和保守抗变的倾向,对形成传统建筑文化体系的超稳定结构有不小影响。"中庸之道"虽然包含允当适度的持中之意,但它力图使对立双方所达成的统一、平衡历久不变,永远不超越"中",永远以"礼"为标准,这就使之成为一种阻碍事物发展变化的理论。发展到后来,便成为典型的"天不变道亦不变"守成式的和谐论。在这种正统的、官方的哲学思想控制下,中国传统建筑文化的发展只能因袭传统方式而周期性地循环,几千年来没有产生过根本性的突破或转变,如梁柱组合的木构框架从上古一直沿用到清末,探讨其中原因,不能不说与儒家伦理有密切关系。

(二)道家之守中

"中"即是"道,道家之"道",是一个关系到中国传统文化全貌的概念。但是,至今这一概念在哲学领域中的确切含义尚未定论,只是沿着《老子》的思路,定义"道"为天地万物的本体和本原,宇宙万物的演变都是"道"的不断运动变化的结果。老子的"道"充满了丰富的辩证法和一分为三的思想。归纳起来,道家之"守中"有三:一是在时间的维度上,要求顺势而为,伺机而动;二是在空间的维度上,要求抱一守雌,变化有度;三是在时空交互运动的结合上,要求道法自然,变在其中。

(三)佛教取中道

佛教与基督教、伊斯兰教并称为世界的三大宗教。佛教尊奉"三宝"即佛、法、僧。佛指释迦牟尼,也泛指一切佛;法指佛伦教义,实际上包括一切佛典;

僧指佛教徒。"三宝"是佛教的核心。佛教是由佛、法、僧三者构成的宗教实体现传的佛典由经（名义上为佛说）、律（戒律）、论（教徒对经的阐释）三部分构成，统称为"三藏"。

（四）三大宗教思想与中国传统室内设计

在中国文化发展史上，儒、道、佛三教作为中国传统文化的三大组成部分，各以其不同的文化特征影响着中国文化。同时，三者又相互融合，共同作用于中国文化的发展，充分体现了中国文化多元互补的特色。

二、古代风水学理论

我国传统民居秉受中国传统文化的影响，在建房立基、层次布局、结构置景乃至木、石、瓦作上，儒、释、道，理玄学，阴阳五行，八卦方术等无不渗透其中。

古者庖牺氏"仰则观象于天，俯则观法于地，观鸟兽之文，与地之宜，近取诸身，远取诸物，于是始作八卦，以通神明之德，以类万物之情"《易·系辞传》。古圣贤首创了易学，并通过八卦的形式将乾、坤、巽、震、坎、离、艮、兑分别象征天、地、雷、风、水、火、山、泽八种自然现象，并以此来推测自然界和社会的发展变化，探讨天理和人道，寻求宇宙变化的法则。数千年的文化积淀，使这部蕴涵着灿烂的朴素辩证法思想的经典著作深入民间，从医学上达到阴阳脉络，到军事上的八卦兵阵，其应用几乎无所不至。易学在建筑思想中的渗透更是亦然。

《易》的核心是"象"，而"象"到底是什么呢？"象"归纳起来有两层意思：一是自然界和社会呈现的"形象、现象"；二是用象征符号概括、模拟自然现象、社会现象而成的"象"。"象"的出发点是预兆，尤其是天文显示的预兆，即"兆见天日"。"象"后来被风水学家用来进行对城市、住宅的选址，而形成的理论称"堪舆学"。"堪舆"两字最初为神名，是北斗之星的总称，数量有十二颗，相宅家把它与地面的十二区域相对应，故称之。

住宅选址，房子必须和周围良好的环境相配合才会使人身体健康，古书《营造宅经》说"左青龙、右白虎、前朱雀、后玄武"即吉地也。周围应该是左面有河流，右面有长道，前面有池塘，后面有丘陵。室内布置格局强调床下不宜堆杂物，理由是如此容易潮湿，生出细菌、害虫，从而影响健康，而且床下因不通风，衣物也容易发霉。房间中的锐角家具过多是凶意，理由是容易碰伤人。

三、中国传统文化基本精神

中国传统文化之基本精神的界定问题是中国文化史者所不能回避的基本论题，

也是一个历来歧见纷呈的论题。张岱年先生认为,所谓文化的基本精神乃是相对文化的具体表现,如文物、制度、习惯等的"文化发展过程中的精微的内在动力,也即是指导民族文化不断前进的基本思想……是文化体系中处于核心地位的基本观点"。在张先生看来,中国文化的基本精神就是中华民族在精神形态上的基本特点,而刚健有为、和与中、崇德利用与天人协调四点,就是中国传统文化的基本精神之所在。李宗桂先生则指出"所谓中国文化的基本精神,就是中华民族特定价值系统、思维方式、社会心理以及审美情趣等方面内在特质的基本风貌"。他也分析了以人文精神为内核的中国文化基本精神在自强不息、正道直行、平均平等、求是务实、豁达乐观以及以道制欲等诸多方面的表现形态。

中国传统文化源远流长,体大思深,其内涵的基本精神,即:"民胞物与"的天人合一精神,"执两用中"的中庸之道与辩证法,"天行健,君子以自强不息"的日新奋斗精神,重人轻神、民为邦本的人本主义态度;不崇玄虚、求实务实的实用理性;太上立德、义以为上的道德主义情怀,"协和万邦"的和平主义态度和"苟利国家生死以"的爱国主义精神,以及海纳百川、有容乃大的文化开放与创新精神,滋养了数千年中华儿女的精神世界,塑造了无数伟岸的人格,凝聚了民族人心,巩固了国家统一,维护了社会秩序,敦厚人际关系,书写了泱泱中华"郁郁乎文哉"的大国气象,在文化全球化和呼吁传统文化为现代化持续发展服务的今天,越来越有着世界性的价值和意义,是值得我们去好好珍视和承继弘扬的。

中国传统文化对周边国家也有着深远的影响,正如美国学者赖肖尔所指出的那样:"当代日本人,显然已经不再是德川时代他们祖先那种意义上的'孔孟之徒'了。但是,他们身上仍然渗透着儒教的价值观和伦理观。儒教或许比任何其他传统哲学或宗教对他们的影响都大。"今天,几乎没有一个人,认为自己是"孔孟之徒"了,但在某种意义上来说,几乎一亿日本人都是"孔孟之徒",中国的绸缎、漆器、陶瓷、贴墙纸以及精美的青铜器展示了非常高超的工艺品,受到了欧洲人的赞赏,成为收藏家梦寐以求的珍品。17世纪中期后,欧洲对中国的兴趣又增加了两条:一是对中国文字的兴趣,是否可以把中国文字解释为一种非常理性的人工文字。二是对儒家理论的兴趣,儒家理论是否就是建立在理性之上的伦理道德的典范。

四、中国传统文化基本特征

(一)从经济形态看:中国传统文化基本上是农业文化

用"基本"二字去指称中国文化的农业特征是恰当的,它表明的是奠基于农耕生产之上的自然经济是整个中国传统文化的物质基础的主导方面和支配力量,同时，农业经济又不是传统文化唯一或全部的经济基础，它与其他经济产业互与交织并组成一类多元经济结构，正是这种以农业自然经济为核心的多元经济结构对中国传统文化特质的塑造历史地提供着经济力量的影响作用。

（二）从社会形态看

张岱年在谈到文化分类问题时指出："观念文化与经济政治制度有着最密切的内在联系，与不同时期垄断了生产资料从而也垄断了精神生产的阶级有着最密切的内在联系。因而按社会形态、阶级属性分类仍然是最基本的方法"。从社会形态和阶级属性的角度看，自春秋战国至19世纪中叶中国都处在封建社会的历史阶段，它是中国传统文化所依托的社会政治基础的主导方面、支配力量和服务对象，从而也使中国传统文化无法避免地被赋予了封建主义文化的基本特征；它是奠基于主体经济形态即自然经济基础之上主要又作为地主阶级利益与意志的集中反映的一类文化形态。这是首先要理解的。

（三）从社会意识形态诸形式在历史上所起的作用看

"意识形态"一词依汉语大词典的解释，是"指在一定的经济基础上形成的对于世界和社会的系统的看法和见解，包括政治、法律、艺术、宗教、哲学、道德等思想观点。"一般来讲经济是基础，它决定观念文化和意识形态，但社会政治结构又是这种决定作用得以发挥的纽带，社会意识形态维面上看的文化特征恰是以之为坚实基础的展开。中国传统的意识形态确实有着阶级的、学派的历史差别，但在中国宗法专制的社会结构中它们更是连贯交织、互动整一的体系，"内圣外王"是它们连贯交织的基本线索，伦理政治文化则是它们互动整一作用过程的主要结晶。

（四）从思想文化流派在历史上的地位看

中国传统文化的正统是儒家文化。在中国悠远的文化史上，恐怕找不到另一类能似儒家文化那样始终地给中华民族以如此深刻、如此广泛的、巨大影响的思想文化流派了。无论对儒家文化做怎样的评价，都不能无视它是中国传统文化的主流思想，居有着正统地位这样一个事实。

五、中国传统美学思想

中国美学的起点是从老子美学开始。数千年以来，大量的哲学家、美学家、艺术家不断在这一领域进行探索，从而形成了玄机独具、博大精深的中国美学体系。这个体系中蕴藏了中国文化的传统精髓，从思想到行为上都潜移默化地影响着国人。

李泽厚在论到华夏艺术和美学的民族特征时说："……在任何艺术部类

里，华夏美学都强调形式的规律，注重传统的惯例和模本，追求程式化、类型化、着意形式结构的井然有序和反复巩固。所有这些都是为了提炼出美的纯粹形式，以直接锤炼和塑造人的情感"。诗文中对格律、声调、韵律的讲求，书法绘画对笔墨的高度重视以及山如何画、水如何画程式规定，《周礼·考工记》对建筑的要求，如双轴对称的"井"形构图都表明情感均衡的理性特色极为突出。甚至直到后世浪漫风味的园林建筑，也仍然有各种"路须曲折""山要高低""水要萦回"等等规范。戏曲中的程式化、类型化、模本化，更为人所熟知。

第二节 中国传统建筑室内艺术

一、中国传统建筑室内空间特征

中国传统建筑的室内空间构架型制，以平面展开为其显著特色，以"间"为单位构成单幢建筑，再以单幢建筑组成庭院，进而以庭院为单元组成各种形式的建筑群。具体来说，大致分成以下几种型制特征：

（1）建筑正立面两檐柱之间的水平距离称为"开间"，与开间垂直方向上的长度称为"进深"。开间数目多为奇数。建筑物的等级便是因开间与进深的不同而不同，尤其以开间为标准。例如，免检建筑常用三五开间，供电、庙宇、官署多用五七开间，十分隆重的用九开间直至十一开间。

（2）单元体是以两棉屋架（加上联系的纺樑）所组成的空间——"间"为基本单元，其特点是具有极大的灵活性，既能适应不同的气候和地理条件，又能满足多方面的使用要求，组成从简单到复杂的各类型建筑。

（3）建筑室内平面形状除了楼阁、塔等以外，以方形居多，只在墙与柱的排列方式上有所变化，空间形式大多完整无缺。中国传统室内空间的平面多为矩形、圆形、六角形、八角形和十字形。很少使用不规则的形状，也不习惯在完形中随意"砍"掉一块或"贴"上一块的非完形。

（4）复合群体空间大多以南北向纵轴为中心，一般呈对称布局，主要空间都布置在轴线上，坐北朝南，空间层次分明、层层递进，形成完整的空间序列，附属建筑在左右两侧对称布置。在多个空间组合时，往往形成序列，就像写文章，必有起承转合，有头、有尾、有高潮。

（5）基地四周由墙或廊子环绕起来，形成相对封闭的内部空间——庭院，而单个空间一般较开敞，尺度适宜，各个单元空间的主要入口均开向院子，采光、通风和排水等问题也主要在面向院子的一面解决。

（6）建筑空间在空间分隔方面，多用虚拟分隔，以取得似分非分、似断非断、

第七章　传统视觉符号于室内设计之应用方法

隔而不断的效果。中国室内环境中的碧纱橱、落地罩、飞罩、屏风、博古架、帷幕等极有特色，为外国室内环境所少见，其最大的特点就是"隔而不断"，并有很强的装饰性。

四合院住宅是这些特征的典型体现。另外，中国古代也有一些多层建筑，如楼、阁、塔等。简单地说，多层空间就是若干单层空间的重叠，并以层与层之间施以暗层、斜撑等加固措施，如著名的观音阁。

二、中国传统四合院室内空间解析

最能体现中国传统空间形式的首推形成于明清时期的四合院住宅空间。当时以朱熹为代表的儒家"天理"本体论为基础的思想是主流思想，提出了"仁""义"，"礼"，"智""信"的封建伦理观，社会关系君臣、父子、夫妇、朋友等上下有序，男尊女卑，长幼分明，严格限制了住宅的尺度、间数、建筑装饰等。

（一）室内空间构成要素分析

传统四合院住宅里，生活起居方式以垂足而坐为主，席榻或炕为辅。厅堂是多功能的室内公共空间，家庭祭祀、节日喜庆、亲朋往来、儿童学习大多在此。厅堂成为敬天地、祭祖先、远鬼神、达社交的主要场所。它的空间机能反映了中国社会交往中的基本要求，更多地体现了家庭的文化品味、社会地位、审美追求与家庭自身的基本规范。厅堂的布局以建筑中轴线为对称的布局方式，以正面主墙为主要设施的摆放处所，将厅堂正中空间作为活动场所，显示中正、宽敞、高达、明亮等特点（如图7-1）。

图7-1　中正、宽敞、高达、明亮的室内布局

这既是传统审美的要求，也是做人的道德追求。厅堂家具主要是桌、椅、案、几等，摆放制式较为恒定，根据不同场合的功能要求，家具摆放有统一的等级标准。室内陈设物品有墙上悬挂的木石碑匾或字画，条案上摆放镜台、陶瓷器皿，取平安吉祥之意。居室是休息和睡觉的场所，一般设在厅堂两侧的耳房、厢房。

布局方式具有幽静、隐秘、娴雅而自在的特点。卧床放在居室较暗的地方，且距门较远，或以门帘、屏风、幔帐加以遮挡。居室主要为床、榻、箱、柜、卧椅、春凳、躺椅、坐墩等家具，同时摆放香囊、丝涤、拂尘等器物，厨房、厕所的布局则远离厅堂和居室，充分保证了主要房间的整洁。

（二）灵活安排空间布局

在中国传统住宅空间中，用各种隔断、门、罩、屏风等分隔室内空间。它们便于安装和拆卸，而且能任意划分室内空间，从而形成不同使用功能的空间，寝食分离，使室内空间既能满足屋主的生活习惯，又能在特殊情况，例如婚宴、生子、丧事、节日团聚等家庭活动中，迅速改变空间划分。这种分隔空间的方法同时使人产生空间距离，并形成虚实相生、内外通透的空间艺术效果。

三、中国传统的室内装饰艺术

中国室内设计充分体现了人文意识，集中表现为重道德、人伦及教化，并以儒家倡导的"修身、齐家、治国、平天下"为最高标准。其装饰内容和载体大多都有教化的意义。同时，我国古代很多装饰是为了瑞祥、辟邪等。因此，在中国传统艺术中，装饰成为传统艺术隐喻、暗示、象征和表达心愿、信仰、崇拜、喜好、审美意趣的主要方法和手段。

地方、民族、习俗的差异和不同，使装饰艺术表现形式更具有广泛的内涵和意蕴。从仙人走兽到花鸟鱼虫，从行云流水到山川草木，无所不包，无所不有。装饰处理的手法也多种多样，如雕、镂、陶、塑、镶嵌、彩绘、书法等等，从而形成在质感、韵味、视觉等方面的不同艺术表现力和感染力。

传统的装饰构建，常用的手法主要有三类：

1. 实用与艺术融会

在中国传统建筑及室内空间中，很多装饰不是单纯为艺术而艺术的装饰，而是与实用有关，在满足功能的基础上进行艺术处理，使得功能、结构、材料和艺术达到协调统一。

在木料上施以油漆彩画可以保护木料，具有防水、防潮、防腐、防虫的功效。石雕柱础造型美观，又具有防水、防潮的作用。门窗做成花格雕刻，既美观，又能采光和通风，冬季则便于糊纸防寒。

2. 结构与审美结合

在很多石材与砌砖的连接处，木材与石、砖的连接处等，多见装饰艺术处理，既可以显示结构的构件美，又可以将一些构件端部或连接处等难以处理的部位进行修饰，达到藏拙之效果。

3.重点和一般相结合

中国传统装饰往往是重点与一般结合。在建筑空间的中轴线上，如大门入口、照壁等，题材、工艺、用料、色彩、尺度上都采用最突出和最隆重的处理手法，进行最重点的装饰，以取得醒目的效果。同时，在人们视线最容易集中的部位，比如与人近身的墙壁、栏杆、家具等进行比较重点的装饰，既加强了艺术效果和感染力，又符合节约、经济的原则。

一般来说，古代装饰表现常根据人们视点的远近、高低来考虑其工艺的精细程度，越靠近人的视点其装饰就做得越精细，越有讲究，远则求势，近则精。

总之，传统的装饰构件，实用与艺术的融会，结构与审美，重点和一般相结合，多样的风采，精心的做工，巧拙的形象，不仅丰富、美化了室内外环境，同时对于室内外空间的组合、划分、渗透等处理起着明显的作用。

四、中国传统的室内空间木构及榫卯文化

在中国古代发展史上，从气势恢宏、装饰奢华的宫廷建筑群到各式精巧的民居苑囿及寺庙道观，从躺卧床榻到坐扶桌椅，都离不开传统的木构和榫卯这一文化技术。诚然，我国古代建筑空间技术的发展与当时的石作、瓦作等技术有着密切的关系，但是真正使我国建造艺术发展到顶峰的是木构及榫卯技术。

我国传统建筑室内空间的构架形式主要是木作构架，其主要的结构体现有穿斗式和抬梁式两种。穿斗式木构的特点是用穿纺将柱子串联起来，形成一榀相的空间结构；檩条直接搁置在柱头上；在沿檩条方向，再用斗纺把柱子串联起来。这种梁与柱的榫卯是水平的，广泛用于南方或取材相对不易的地方，但柱子排列密，只有室内空间尺度不大时，如一般的民居等才能使用。抬梁式木构特点则是柱上搁置梁头，梁头上搁置檩条，梁上再用矮柱支起较短的梁，如此层叠而上。当柱上采用斗拱时，则梁头搁置于斗拱上。通常其可以采用跨度较大的梁，以减少柱子的数量，取得室内较大的空间，多用于庙宇等建筑的营造，但用材相对较耗。

斗拱是我国木架建筑特有的结构部件，其作用是在柱子上伸出悬臂梁承托出檐外部分的重量。古代的殿堂出檐常达三四米，如无斗拱支撑，屋檐将难以保持稳定。在唐以前，斗拱的结构作用明显，布置疏朗，用料硕大；明清之后，斗拱的排列丛密，用料变小，装饰作用增强，远看檐下斗拱犹如密布的一排雕饰品，但其结构的作用仍然存在。

从战国时出土的棺椁来看，当时我国的榫卯技术已经发展到相当高的水平了。无论是穿斗式还是抬梁式，从宋代《营造法式》来看，其构件之间的相互联接是榫卯结构。

同样，在一些小木作，比如门扇、隔断、窗及家具上，其各个构件的联接仍是各种各样的榫卯结构。其造型的多样，技艺的巧妙，令人赞叹，充分显示了我国古代劳动人民特有的精巧智慧，其所形成的文化特质享誉世界。

第三节　传统视觉符号在室内空间设计的应用方法

中国传统文化历史悠久，几千年来并没有走的一帆风顺，而是不停的受到外来文化的侵袭，但是中国传统文化在历史的长河中并没有被消亡，而是不断的尝试接纳和包容，不断地给自己补充新鲜血液。中国传统文化是中华儿女五千年的智慧结晶，虽然它没有被其他外来文化打败，但也要不断焕发新活力才能久久的存在与世界上。传统文化进入二十一世纪，就要将这一时期的审美观点作为自己的新目标，不断的去挖掘、探索、融合现代元素，才能使自己不被历史所淘汰。时代的不同注定使空间的内部构造有所不同，那么传统文化就要根据现代室内空间中的分隔方式、色彩搭配、材料运用以及风格流派来对自己进行填充，同时也要时刻围绕"人性化"这一现代主题来进行探索和研究。中国传统视觉元素在这一条件下的任务是繁重的，它在室内空间设计中的运用，既要担负起传统文化的符号作用，又要展现自己溶于现代化的崭新面貌，同时也能够根据现代空间设计的真实需求，对居住空间进行设计，最后还要引领起当代的流行趋势[①]。古人对居住环境的探究其实也到了十分考究的程度，关于居室的一些设计理念，已经和现代的设计风格大相径庭。

一、中国传统窗棂图案在隔断上的运用

中国传统窗格中独具的东方韵味，是现代室内设计中通常缺少的一种元素，这种传统的审美意识形态在人们心里产生了深远的影响。传统窗格是多元化的元素，并没有按照一种形态呈现在后人的眼前，这也令窗格在现代室内设计中产生了多方面的使用功能。现在观察传统建筑空间中的窗格图案是变化多端的，而且其所在的构件也不统一，有时在门上能够看见，有时在窗上能够看见，屏风和隔断也是它常附着的地方，它的位置并不固定，随意的安置在空间的任何地方，有时这些构件之间也能够相互转化功能。现代设计中表现出来的中式风格中的窗格往往是传统意境呈现的最好方式，现代室内空间的窗格大多展示的是其装饰性以及审美功能，它的实用性已经不那么重要了。传统窗格图案是一种视觉元素，这

---

① 张莹著.传统文化融入室内设计教学研究［M］.长春：吉林美术出版社，2019.01.

种视觉元素在现代室内设计中，仍然展现着它本身具有的艺术性和装饰性，这种艺术性和装饰性让人们仿佛忘记了它的本来功能，完全将它当作一种传统符号来进行运用。[①]同时也根据现代空间的整体艺术氛围，对窗板进行合理的整合和拼接，更好的显示其艺术价值和文化内涵，由于空间中餐厅形成了比较狭长的走廊空间，视觉上给人单调之感，在使用上没有合理划分区域，设计师巧妙地将传统的木雕窗棂运用在走廊与餐厅之间，不但将功能划分更加的明确，这种镂空的花纹设计还能令空间划分隔而不断，没有让空间因为采光不足而缺少了通透感，在窗棂图案中投射出的光影效果也十分美妙。将这样一种散发着传统文化内涵的窗板装饰在现代室内空间中来，增加了空间的层次感也起到了良好的装饰效果，增添了无限的生活情趣。

二、中国传统窗棂图案在天棚中的运用

传统窗格图案功能形式比较灵活，除了位置的不断变换，经过了传统工匠的精雕细琢，在传统建筑中也起到了美化环境的作用，这些精美是图案运用到现代设计当中，也起着画龙点睛的良好作用，这种活灵活现的图案与周围的环境相衬托，产生了动静相宜的节奏韵律，无时无刻不在唤醒着人们对传统文化的记忆，许多设计师将这些精美的图案用在居室天棚的设计中去，传统与现代的融合产生了相得益彰的效果。现代室内天棚设计中，将传统窗棂繁琐图案简化为符号，能够展现出新中式风格的韵味，透露出居室内厚重的文化内涵：这种使用现代设计手法会让新中式风格再次引领室内设计的新浪潮。

天棚是我国传统建筑中用来遮挡梁上部的构件，封建社会天棚的处理一直使用大面积的彩绘。现代设计中虽然早已没有了传统建筑中那满是图案的室内处理，但这并不妨碍传统文化精神被现代室内设计所传承。现代室内设计中的天棚颜色大多来自材质本身的颜色，一般运用特殊材质雕刻处理而成，有些夸张的造型对室内空间设计起着很强的装饰效果。

三、中国传统窗棂图案在地面上的运用

在中国传统的居室设计中，常常能够看见奢华与精细的雕刻工艺，这也能够随处展现屋主人的财富与地位。传统窗棂图案在现代地面设计中应用较为广泛，有着十分丰富的图案形态，其中主要包括植物、花卉和几何图形等。圆形、方形、多边形都是地面铺装的造型方式，花卉在地面图案内容中是使用时最多的，荷花

---

① 王东辉，李健华，邓琛编著.室内环境设计[M].北京：中国轻工业出版社，2018.12.

代表纯净、高洁；牡丹代表雍容华贵；兰花代表清新优雅；如意纹代表吉祥如意。现代地面铺装材质多为石材拼贴，结合多种图案造型能够拼贴出多种多样的图案内容。设计师在进行室内设计时，多运用现代装饰新材料对地面进行设计，例如水刷石和细密条纹相见进行拼贴，利用白水泥填缝的冰裂纹铺地等，不仅传承了古建筑中简单、明快的风格，也对现代室内设计增添了丰富的时代感。

四、中国传统窗棂图案在墙面上的运用

放眼中国古代每个朝代的建筑室内装饰部分风格皆不相同，但是崇尚奢华和繁琐从而彰显自己地位的高贵却是历代君王乐此不疲的追求。简单的追求复古并不是运用传统窗棂图案的意义，它的意义在于中华文化的伟大复兴，在传统艺术中寻觅哲学的根源，在现代室内设计中吸收传统工艺的灵感。现代新中式风格结合现代设计手法，副！人传统窗棂图案的元素，正是传统艺术和现代工艺的完美结合。融合传统窗棂图案修饰墙面的室内设计目前我国比较著名的就是上海春藤宫酒店，酒店中庭立着两面高约七米的红色隔断，隔断上布满规则的窗棂图案。在传统印象里，中式风格大多给人沉闷、繁琐的感觉，但春藤宫酒店的这一设计完全打破了传统的界限，红色隔断简单、明了，令所属空间更加生动和富有时代感。

现代的卧室里面也经常将花窗棂图案进行设计应用在墙面上，加上颜色和虚实的搭配立刻起到了强烈的装饰效果。设计师们将传统窗棂图案重组，使其造型抽象、夸张，完全符合了现代人对图像的审美需求，给人视觉上的冲击力十分巨大，为传统元素找到了新的发展方向。现代室内设计仅仅满足人们的日常需求已经远远不够，它更应该是一种传统民族文化的体现，一种精神层面的象征。

五、中国传统窗棂图案和现代新材料的结合

新材料使用的目的是为了令现代居住环境更加舒适，中国传统元素可以装饰居室环境，又能对人们日常生活的紧张压抑予以缓解。对室内设计来说材料的使用是至关重要的，材料不同呈现出来的空间感觉就不同，所要表达的设计风格也就不同，因此，材料作为设计师表达思想的重要载体，深深影响着室内空间设计。设计者要掌握好新型材料的特性，从不同的角度去美化现代居室空间。我国提出的可持续发展战略就是一些传统材料逐渐退出历史舞台的依据，较为珍贵的实木或石材不再被人们青睐，因此现代中式风格绝对不能局限于这些传统材料的使用，应该大胆去尝试新材料的运用。传统窗格的材料就能够被一些复合木材、金属、玻璃、布衣等新型材料所代替，这样才能融入到现代社会中来。空间中材料的颜色具备了很高的感染力和表现力，材料的颜色不同，带给人的视觉感受就不相

同，传统窗格在现代室内设计中表现出的色彩，不但要给人带来和谐的舒适感，也要发挥其独特的感染力，令室内空间笼罩在一片朦胧的古典意境中。传统窗格的色彩是单一的，但是运用到现代是室内空间中，为了凸显出它独具特色的表现力，就要将不同的颜色加以使用，通过和谐的组合满足衬托室内空间氛围的作用。

第四节 传统视觉符号在室内界面设计的应用方法

伴随着我国经济的快速发展，室内设计行业也进入了快速的发展时期，一些比较传统的装饰界面处理手法和设计风格已经让人们感觉到了审美疲劳，千篇一律没有创新的设计造型是很难得到人们的认可的，同样也不能达到人们对室内设计的某种个性化的要求。

传统室内空间的界面既包括室内空间的地面、墙面、棚面，也包括建筑结构界面和分割空间所产生的界面，现阶段很多设计大师尝试着打破这个固定的模式，像扎哈·哈迪德和弗兰克·盖里等设计大师，他们的设计手法采用的是现代室内设计的界面设计手法，运用一些流线型界面、异形界面、扭曲界面等手法诠释空间内的界面，扎哈·哈迪德的设计带有一些界面模糊化设计的倾向，也就是说她的空间已经完全打破了传统界面的观念，空间的地面、墙面与棚面没有确定的界线，形成了一个大的界面形，这也使得空间的造型变化更加的丰富，对未来的设计形态指明了方向。

现代室内空间界面设计关系到室内设计与人们的工作和生活品质，本节通过对它的分析和研究，引起设计师对现代室内空间中界面设计的进一步关注和重视。研究空间界面设计的应用方法，其目的包括：第一，理性的分析界面设计相关理论，正确理解现代室内空间中界面设计的概念，认识其内涵和外延及其在室内设计中的作用与意义。第二，为现代室内空间中界面设计的应用手法进行阐述和归纳。第三，为现代室内空间中界面设计的应用与实践提供参考。

一、现代室内空间中传统视觉符号界面设计的相关理论

（一）室内空间界面的定义

在字典中"界"字是指边境，一个区域的边限："面"是指事物的外表、表面。"界面"是指物体与物体之间的分界面。在室内空间中界面是指用室内空间的顶面、地面和墙面，以及建筑构件和装修中所产生的装饰表皮层，室内界面的设计直接影响着空间的整体效果，界面的装饰和造型的设计要考虑到整体综合造型和整体风格的要求。对于界面设计来说，装饰材料的选择和使用是很重要的，不

同材料的颜色、质感、纹理给界面赋予不同的感受。室内空间的界面类型可分为：水平界面和垂直界面，水平界面主要包括空间中的地面和顶面。垂直界面主要包括空间中的墙面、隔断、柱体等。

（1）地面是室内空间中最基本的界面，也是与人接触最多的界面，它既有承载人与物的功能，还有划分交通流线的功能。地面的常用划分手法有地面高低变化、材料变化、颜色变化等。地面的界面设计还要与顶面和墙面的造型相呼应，这也是为了达到室内空间的整体性原则。

（2）顶面是室内空间顶部的结构部分或装修部分，它是室内空间中体现设计含量最多的界面之一，通过对顶面的造型设计再配合相应的灯具，使面设计富有设计感和艺术性，如图7-2所示。在大堂空间设计时顶面一般与大型灯具或艺术悬挂物相呼应，体现出大空间的体量感。

图7-2　新中式吊灯与墙绘相呼应

（3）墙面是室内空间中最为重要的界面，他不仅有承重和分割空间的作用，还对室内空间的整体视觉氛围起了至关重要的作用。人的视平线的高度基本在1200mm至1600mm，这也是人在平视情况下视觉焦点的高度，所以主墙面的装饰和造型是人的视觉最常触及的位置。我们在墙面上做装饰或做造型，基本上都是在视平线的高度，这样才能使人不会仰视或俯视而造成不舒服。在室内空间中，设计师一般会做一个视觉焦点或视觉中心，比如背景墙或主墙面，这些视觉中心一般都是在墙面上进行设计，如图7-3所示。

图7-3 极富中国风的墙绘

（4）隔断不是建筑结构中必有的要素，但是它在室内设计中是特别重要的界面。它是划分空间时所产生的界面，它的界面形式与墙面的属性是一致的，只不过它能根据人们的需要进行移动和拆改，更加富有变化。隔断的界面形式非常丰富，除了常规封闭的界面，还有通透的和半通透的界面。通透的隔断界面一般运用透明的料，比如玻璃、亚克力等材料，它的装饰形式可以是一块大玻璃或几片玻璃的错落叠加，但是整体界面保持通透性，可以通过界面看到对面的空间。半通透的隔断界面样式非常多，比如说：楼空图案的隔断饭，它可以透光、视线也可以穿透，但是还有不通透的地方，会呈现出若隐若现的效果。

（5）柱子属于建筑的承重构件，它既有功能性也有艺术性。功能性是指柱子是具有承载作用的建筑构件，它承载地面与顶棚的垂直连接，是建筑中不可或缺的要素。艺术性主要是指古今中外的柱子都是具有代表性的建筑元素，例如欧洲五大古典柱式，它们主要分为：多立克柱式爱奥尼柱式、科林斯柱式、塔司干柱式、混合式柱式，它们已经远远超越了柱子功能性，具备他们特有的造型，散发出独特的艺术风格，这些柱式在当代的设计中也能经常看到。

（二）现代室内空间中界面设计的概念

界面设计是为了丰富界面的表皮装饰层，人们需要设计这些界面使之在视觉及内涵上更加富有表现力，以便承载更多的含义和信息，来突出空间的视觉效果。现代室内空间中的界面设计可以分为两部分。其一，界面装饰；其二，界面形。

1.界面装饰

有形态就有界面，有界面就有界面装饰。界面装饰是最具有风格特性和时代符号的视觉要素,也是人的视觉最容易捕捉到的视觉语言。界面的存在一般都伴随着不同的装饰概念,是设计概念中艺术与观念的流露。空间造型中的每一个表面都可以叫做是空间界面,所以附着性又成为装饰性之后另一个特征。而这一特征又出现在界面装饰的两种形式:即界面装饰形式可以是平面化的图案或图形,也可以是立体化的图案或图形。

图案和图形,既有联系,又有区别。图案的单位形的不断复制,并且单程位形的尺度较小,具有很强的编织性与肌理感特征,其组织方式可无限复制运延伸,是图案的主要判断依据。然而图案又可以分为平面图案和立体图案。图形相对于图案来说,其单体造型感觉更突出自由,作为在界面中的视觉比例也相对较强。而且,虽有一定的组织规律,但不如图案构成那样绝对统一,肌理感与编织感相对较弱。图形又可以分为平面图形和立体图形。

2.界面形

室内空间中某一视向的界面所具有的造型变化,它包括因不规则卷曲和折叠所形成的表面起伏特征,这样的形态起伏变化,完全受制于该界面的控制范围,没有独立分离。假设把一个平整的界面折叠或是卷曲之后,便产生了界面形;还有一种是因裁切多构成的形状特征,这样的界面形有时有一定的雕塑起伏感,但其形之变化起伏,在整个界面中所占有的尺度比例相对较小,属于从属地位。假设对界面的外轮廓进行有计划的裁切,以改变界面外观的形状特征,就形成了一个新的界面形。

界面形不同于界面装饰,界面=Jt注重的是界面的形态起伏与形状剪切,界面装饰注重对界面表面的装饰,并以图案、图形、材料等的方式介入到空间的界面中来。如果将界面形与界面装饰相结合,会产生更加丰富的视觉效果。

3.构成元素在室内空间界面设计中的运用

在美术理论中,构成元素是指点、线、面、体和色彩,这些元素也是艺术设计专业中最基本的审美法则。在空间界面设计中,各种界面处理、界面形、界面装饰都运用了这些基本的构成元素。

(1)点在界面设计中的运用。"点"没有大小之说,只表示相对的空间形状。室内空间界面上的"点"元素,是顶面上的一个吊灯或点状悬挂物,是墙面上一个点缀装饰物。它能使平淡的界面变成视觉焦点,吸引人们的目光。规则排列点组合也是"点"经常用在界面的方式,例如马赛克的样式,设计师使用不常见的材料来装饰空间界面,用出奇制胜的方式来创造充满戏剧张力的效果。

(2)线在界面设计中的运用。线在几何中的定义:"所有点移动的轨迹"或者是"面和面相交的线"。线在设计中应用很广泛,基本上每个界面和转折面中都会运用这种线的形态,其中运用最多的是直线、折线、曲线还有一些不规则的线条。

线在界面设计中的应用是最广泛的,不同的线运用在界面中表现出来的感觉也是不同的,例如:直线在界面中的应用给人的感觉是特别的舒适、安逸、整洁等感觉。折线在界面中的应用则给人感觉特别的轻快、活泼、开朗。曲线在界面中的应用则给人感觉特别的轻盈、优美、自由。所以,不同的线型在界面设计中的效果是不同的,无论是粗线、细线还是不同线型重新组合出来的新线条,都会给人带来不同的视觉效果。

(3)面在界面设计中的运用。面在几何中的定义:"线移动中形成的轨迹,是没有厚度的平面,它比"点"、"线"更具有画面感。室内的地面、顶棚、墙面都是面。面在界面设计中具有非常重要的装饰性,能够改变不同的层面和空间界面的关系。面的形态是不同的,例如:自由的面、规则的面。自由的面是指自由的线和不规则的线形成的平面。规则的面是指圆形、椭圆形、矩形等。规则的面在界面设计中给人一种端庄大气的感觉。面在不同的界面处理上,可以利用不同的装饰材料,例如:木纹装饰面可以体现自然的特性、金属饰面可以体现现代感、镜面饰面可以给人清爽的感觉等等。可以使"面"具有独特的设计效果[35]。

(4)体在界面设计中的运用。体和面不同的地方就是,"体"是有厚度的形体,在不同的角度观察"体"是有不同的视觉效果。"体"经常用在界面设计中,它的样式是表面变化明显的浮雕造型,在设计中经常应用的形式有:几何形、抽象形、具象形。"体"在室内界面设计中属于我们前面所说的界面形的概念。体在界面的设计中产生复合效果,能够产生不同的富有层次的界面效果,但是不能多次使用,在皇室界面中如果多次使用会给人视觉感觉混乱,影响空间的整体效果。体在界面喜设计中不仅仅是一种装饰手法,也可以体现设计风格的元素,是欧式或古典主计的设计风格。

(5)色彩在界面设计中的运用。在室内设计中,色彩应该是最容易打动人眼球的了,对色彩的反映也是人类最本性的反映。在空间界面色彩研究上,主要注重界面色彩的搭配,各个颜色搭配在一起后的协调关系。在色彩的搭配中,我们要考虑空间的功能属性要求、空间氛围需要和人们的心理需求等众多要素的共同作用。同时也要遵守色彩的基本协调关系,例如:冷暖的对比、明度的对比、纯度的对比、色相的对比等比较基础的色彩原则。色彩的表现力是直接的和显著的,同样,色彩在提升空间整体氛围上也是最常见的一种手法。搭配和谐的色彩加上经典的造型,会给人带来不一样的视觉感受,使人陶醉在空间之中,心情愉悦。

在菲利普·斯塔克的餐厅设计中,我们能够看到一个色彩丰富的空间环境,在吧台的正上方能看到一系列色彩的界面形,非常吸引人,可是当我们仔细观看时,才发现是数个小孩的救生圈,想一想这种材料是多么廉价,但是通过设计师的想法,把它们的色彩进行合理的排列,就会产生意想不到的效果,这就是色彩的魅力。

4.界面设计中的材料

在空间界面设计中,材料本身的运用是非常重要的。人们对空间和形态的认识发展是一个相对缓慢的过程,而把设计的突破点定位在材料的变革上,却可以得到很多的可能性。同时,现代科技的发展对装饰材料的研发起了非常大的作用。现在,大量室内设计借助对材料的运用来展示空间的氛围。材料的质感、颜色、肌理等已经成为表达空间态度和特点的主要方式,特别是针对材料的性格的研究,成为当下界面设计的一个趋势。有一个设计师曾经说过:"材料是会说话的",这充分说明材料是有性格和个性的,材料本身会告诉你,它所表达的内容和特点。对于材质美感的设计通常存在两种不同的方式。一种方式是对材质层次对比关系的追求,充分展示不同材质属性间的抽象美感。另一种方式,则是在设计同一性原则的基础上,充分展示一种材料的质感魅力,使其充满在整个空间的界面中,呈现出这个材质强烈的质感。第二种方式不关注对比的关系,而注重材料本身的特征,这在现代室内空间的界面设计中经常被使用。

5.室内空间界面设计与"建筑表皮"设计的联系

"建筑表皮"是指建筑最外层的保护结构,也是建筑外立面不可或缺的构成要素。在当下的国内外室内设计领域,现代室内空间中界面设计开始尝试着多种形式的突破,"建筑表皮"视觉肌理效果与新材料和新技术结合的探索成为界面设计借鉴的新思路。建筑设计中不断成熟的表皮设计技术使室内界面设计有了借鉴"建筑表皮"手法的基础。这样使室内界面设计的手法更加具有多样性,界面设计可以不受建筑结构的约束而独立成为一种视觉语言,它带有强烈的艺术性和装饰性,其视觉语言极具有时代性,它可以具有某种观念的倾向,还可以是一种单纯的肌理效果。它可以与功能紧密结合,也可以脱离功能而独立存在,最重要的是它可以营造一种充满戏剧化的空间艺术氛围。

"建筑表皮"的形态与室内空间的结构紧密相连,室内空间界面是分隔空间的主要元素之一,当人们在各种不同的空间穿梭时,随着装饰界面的不同,而感受每一个间的个性特征。"建筑表皮"的设计研究使得室内界面设计有了丰富的参考素材。有的时候,"建筑表皮"与室内空间的界面是一样的装饰材料和结构造型,例如:像伊东丰雄在东京为著名皮具生产商Tods设计的专卖店,建筑的外立面以一系列抽象的几何线条来比拟树枝的效果,建筑的室内界面也同样是这种抽象的几何线条。

6.界面设计的模糊性

在大多数情况下,事物是有"形"的,但是在有些时候,事物也存在着大量模糊的、不确定的状态,不同人的心理认知对事物产生不同的影响,人的内心中不同的想法加上各个方面的信息组合在一起，因此人会产生大量的模糊性，所以很难用语言来表达这种"模糊"在人的思维中是怎样呈现的。界面的模糊性，就是在结构上和视觉上对界面的不确定性，注重心理感知，能使空间层次丰富，流动性强。也就是脱离了上文所提到的传统的顶面、地面、墙面等，而是地面、墙面、棚面没有明确的界线，这也使得空间的整体造型更加丰富，我们把这种设计叫做带有界面模糊性的设计。从著名建筑大师密斯·凡德罗设计的带有空间界面模糊性的巴塞罗那世界博览会德国馆，到黑川纪章对"灰"建筑空间文化的实践和理论，最后在到扎哈·哈迪德的未来居室设计，界面的模糊化设计已经体现在一些大师设计作品当中。

二、现代室内空间设计中传统视觉符号界面设计的装饰

随着现代室内空间设计的发展，室内空间与室内界面的主从关系发生改变，界面设计开始有了更多的发展空间。界面的装饰形式的改变，主要因为界面的基本特性的改变。在传统空间模型中，界面的基本特性是二维连续的，可以做出翻、折、卷等造型。在现代空间模型中，界面的基本特性是三维连续的，人们可以利用计算机三维辅助设计软件来呈现这种复杂的造型，把这种异形界面造型带到室内界面的设计中。①随着界面设计的多样化的出现，各种复杂形态的界面出现在室内空间之中。

（一）空间界面设计的多样化处理手法

1.错觉

视错觉在赋予大脑迷惑不安的同时也带给人心理上的新鲜和刺激。在室内空间界面设计中，恰当的利用某些形式的视错觉，对于改善室内空间特征，促进环境和感官的舒适，体现设计思想和理念，会带来很多意想不到的结果。在界面装饰上把地面设计成很多动感的带有视错觉的圆形彩色图案，使空间富有动感和趣味，四周运用飘带式界面形作为墙面分割，整个空间让人过目不忘，也会让空间的整体氛围得到提升。

2.拼贴

拼贴手法在各个领域都有所涉及，它是指将许多元素并置，同时彼此互不融合。它的特点是各类事物同在一个空间，但是彼此又是相对独立的，通过硬性将不同的事物放置在一起，在最佳条件下能够创造出新的事物。如果用于界面设计，拼贴手法可以理解成界面混搭设计。

---

① 张莹著.传统文化融入室内设计教学研究［M］.长春：吉林美术出版社，2019.01.

界面形式的拼贴可以和许多平面设计、肌理构成的方式共同相结合在一起，创造出强烈的视觉效果。它属于界面装饰范畴，按照这种组成拼贴的界面元素的艺术形式可以分为同形异质、异形同质以及异形异质这三类主要的构成方式。同形异质的拼贴主要是组成拼贴界面元素的形状类似或相同。但是材质或形态的创造方法却有很大程度上的差异。

异形同质拼贴是组成拼贴界面的一种元素的形态所组成的艺术创作手法或方法类似或相同。但是外形或者反映对象都是完全的不同的。异质异形拼贴是造成拼贴界面的元素生产方法和外形表现都存在这明显的差异。自由度非常的高，随意性也非常强的一种拼贴方式。

3.平面设计元素

平面设计元素运用在界面装饰上，利用空间界面本身的多维度转折，平面设计元素附着在界面形的结构上，这样就区别于简单空间的效果，具有更加强烈的视觉层次效果。平面设计元素借助视觉效果，建立了识别度很高的的空间界面，相对于传统设计手法更加直接更能突出其个性特点。在对平面设计元素的选择应用上大多是运用抽象的图案或字体为主，形成一定的动势，色彩也被凸显的更加艳丽。充分利用深度和角度的变换来诱惑人的视觉和知觉。如果平面设计元素扩展到三维的形状，附着在立体扭曲的界面形上，空间看起来会更加的有视觉冲击力，如果色彩的对比强烈，则让人有在虚幻场景中穿梭的感受。

4.线性元素

在空间界面设计中，利用线性元素形成的界面形是很常用的，它会使空间有一种韵律感。线性元素能够形成自由形态的界面，这也是一种模糊化手法。在空间界面设计中这些优美的线性元素可以使空间流动感强、充满动感。在美国波士顿的Bang餐厅是具有代表性的，它的顶棚和部分墙面采用二维线条的叠加而成，这个形态是通过Rhino软件建模而成的，借助这个软件，设计师沿着原有建筑结构和设施的轮廓，将顶棚包裹起来，家具则被排列成长方形，这与流线型的顶棚形成了鲜明对比。

5.折叠

在界面设计中，把界面进行折叠处理是近些年来一些设计师经常运用的一个手法，它是通过对界面的不同方向、不同角度、不断叠加所形成的极其复杂的界面形，从而形成强烈的动态视觉效果。他可以在一个单独的界面上进行运用，也可以在几个界面上穿插运用。普埃塔·阿梅里卡酒店的第四层空间是由PLASMA事务所设计的，设计师运用了一系列的折叠几何形态设计，在空间界面上基本上全部采用了折叠的不锈钢材料，墙面与顶棚运用打破的三角形体块整合成复杂的体块关系。这样的空间是对未来室内界面设计的一次实验性探索。

6.碎片

解构主义的出现,造成了传统界面设计的解体,"碎片"手法被运用到了建筑和室内界面设计的领域当中。"碎片"表面、"碎片"空间,这些片段式的动态形式手法,更加容易突破传统的室内界面形式,界面设计大多数是用来表达位于深层次不确定的观念感受。

"碎片"在室内界面的处理手法当中,主要是通过对空间形态的某种相互的碰撞,使得形体本身的破裂或者是对某个形体表面的结构变化,形成碎片的界面效果,来创造出一个崭新的室内空间界面形态,给人一种强烈的视觉冲击力。碎片给界面带来了强烈的不稳定感,创造出一种动态的异形界面。

7.变形

界面变形就是对界面进行扭曲拉伸,使形体错位变形以及立体曲线造型传给人们带来的视觉冲击力。室内界面的变形,并不是想违背表达的空间特质,而是更加强突出了空间的特点和空间想表达的意义。界面的扭转,是建筑设计中常用的手法,一条线或一个平面,围绕一条三维轴线或一个点做规则的旋转,这样就得到了一个三维扭转的曲面界面形,这种曲面界面形具有强烈的视觉效果。

在当代室内界面中,不规则曲面变形,一般作为独立界面形,把它移植到一个规则的室内空间之中,起到视觉焦点和视觉符号的作用。不规则的曲面使空间界面形态优美生动,但如果空间所有的界面都是不规则的曲面或没有一个整体形态的话,这样的界面设计会使得空间杂乱无章。在德国DG银行的室内设计中,弗兰克·盖旦在开敞空间中央设计了一个"马头"形状的变形界面,这个不规则曲面在规则的空间里极其显眼,让人过目不忘。

(二)装饰材料对界面设计的影响

装饰材料主要是指室内空间界面上的具有装饰功能和保护立面功能的材料。装饰材料既要满足室内空间的实用功能,还要满足室内空间美化的艺术功能。

1.装饰材料的运用

装饰材料的挑选要深思熟虑,究竟要挑选那种材料,或者是采用怎样的方式来处理这些材料,取决于空间的审美和功能需求,以及设计师自己对空间的理解。建筑内部的表面材料按照处理方式可以分为两种,一种是外加的,一种是现有的。外加的是运送到施工现场,用来遮盖建筑的结构、框架的材料,再加上表面的饰面材料。现有的材料指的是现有建筑中本身存在的表面纹理,这些表面纹理如果巧妙运用,会有意想不到的好,效果。

2.装饰材料的搭配

不同的装饰材料的本身质感都是不相同的,一旦搭配的不恰当,就容易让人感觉视觉错乱，所以在不同的装饰材料搭配的时候，要有一定的统一原则，可以从构成手法上开始，选择的材料不同，但是排列手法上要一致，使整个空间塑造成和谐统一的效果，一旦在构成方法上统一了，就能体现出不同材料之间的肌理变化关系，这样的材料搭配起来才好看。

3.新装饰材料在界面处理中的应用

人类文明高速发展与进步的今天，人们对生活环境的要求越来越高，怎样才能提升室内空间的品质呢？运用新装饰材料是一个很好的方式，既不用考虑改变空间大小，也不必改变空间形态，只要改变一下空间界面的材料，就会呈现出极具设计感的室内空间。下面介绍一些当代常用的新材料。

(1)玻璃纤维加强石膏板材料。玻璃纤维加强石膏板材料又被称为"GRG"材料，是近几年来罔内外室内界面装饰领域出现的一种新材料。玻璃纤维加强石膏板材料具有很高的强度和硬度，并且还有很好的柔韧性。这种材料可以满足任意的造型和体现大尺度的质感效果。它的耐火性能和声学性能都非常的好，现在已经成为世界装饰材料中最流行的新材料。例如：我国广州大剧院的室内空间设计就运用了玻璃纤维加强石膏板材料。这是设计大师扎哈·哈德新建成的一个项目，由于她的设计特立独行，不管是室外还是室内，都打破了传统的设计观念，室内空间中的界面相互交融，过波自然。不对称、不规则并均衡的空间，既富有动感又极具个性，最终创造出一个让人记忆深刻的艺术殿堂。观众厅的空间形体设计超越了传统的空间形态，纵横交错，延续了她的建筑设计理念，在观众厅内产生独特的流动般的艺术效果。为了与这个超前的设计相配合，玻璃纤维加强石膏板材料以优良的可塑性，把这个复杂的界面造型设计变成了现实。整个空间除了地面外，墙面和顶面全部采用玻璃纤维加强石膏板材料，从而使设计师的设计意图得以体现。

(2)电子印刷层压材料。由Karinmrashid为Abet层合材料设计，这种材料像是能产生视错觉。Abrt新系列的使用使Karinmrashid给当代人们留下了深刻印象，图案和色彩表达了他的设计理念：唤醒激情。他在评论这一系列时说："新的装饰理念已经出现，一种装饰示出宗教圣像或者精神形象。现在我对此很感兴趣，它像我们讲述着新的观念：电子时代的精神。装饰需要用我们的设计来重新考虑传达我们的背景和时代气Karinmrasbid创造了自己的界面装饰图案，并把他们运用在自己的室内空间设计之中，它的图案设计极具视觉冲击力，不管是平面形态还是色彩关系都给人带来了时代的特征。

(3)透光混凝土材料。透光混凝土混合了光纤和细骨料混凝土。可用来制造预制构件建筑构造饭和面板。由于纤维尺寸很小，他们混合人混凝土变成和集料一样的材料成分。玻璃纤维通过构件两边的小点透光。由于其具有平行位置，墙面较亮面的光洒、信息在较暗面也不发生改变。这种效果最有趣的形式是阴影在背面也可清楚显示。此外，光的颜色也不改变。光在空间里是非常重要的要素，光是轻盈的，混凝土是厚重的，它们结合在一起，可想而知是多么让人兴奋。

（4）嵌入式再生树脂材料。美学和功能效果的材料使得任何空间都可以具备光线和迷人的色彩。通传过采用这种专利技术，从而生产出了环保树脂板，这种树脂板来源于回收利用的树脂板及一些再生材料，包括自然，金属，纤维中的有机物。在一些丙烯酸板和特殊树脂板中使用这种嵌入式技术，从而得到了不同用途的需要。

（5）植物墙材料。运植物墙顾名思义是用植物制成的墙面，它即可用于室内空间界面，也可以用于室外"建筑表皮"，既可以用真实的绿色植物，也可以用人造的植物。但是它想要表达的效果是一致的，就是有大自然的色彩，给人以舒适与美感。在室内界面设计中根据设计要求，可以制作出形状各异，高低错落，色彩协调的界面造型。在制作完成后再搭配相应的洗墙灯，使植物墙优美的造型图案更加有视觉美感。

（6）软膜天花。软膜天花在十九世纪始创于瑞士，九十年代被我国引进，它是一种"膜，"材料，可以通过内部龙骨的支撑，形成丰富的造型。软膜天花需要配合霓虹灯、LED灯等光源使用，灯光会从软膜的内部透出来，所以这种材料也被叫作"透光膜"。它的优点是造型丰富，可以代替灯具使用，也可以根据设计需要定制造型。在界面设计中，透光膜可以用于大面积的顶棚制作，既可以制作成平顶，又可以制作成带有曲线凹凸的不规则顶棚，它们不但造型优美，而且还可以发光，既有实用性也有艺术性，它在当代界面设计中经常被使用。

（三）空间界面媒体化倾向

建筑外在表皮的一体化和信息符号、传统信息虚拟化是当代建筑表皮媒体化的两个最总要特性之一。也发展到室内设计空间界面设计上。在信息时代的今天，媒体的多样化，信息的泛滥化，导致媒体化无处不在，含盖了一切事物。数字化网络世界已经改变了当代人的生活，因此媒体化界面就成为了必然。

媒体化表现之一，就是影视图像和大量图片在室内界面中的应用。影像图案一般被运用在室内设计的界面当中，可以用来表达空间的情感和传播信息的功能。同时，网络化的今天给我们带来的是读图时代的特征，图片和影视图像的成为最直接表现手段。视觉传播能力远远大于空间感知的传播，人的眼睛可以很容易地获得大量图片，而感知体验则必须通过人本身自身的参与，才能正确地体会到，所以它比图像传播慢。

LED显示界面是界面媒体化的代表，北京世贸天阶购物中心有一个超过足球场的巨型LED显示屏,悬挂在人们头顶之上,这个LED天幕开启之后,视觉效果很有震撼力,在声、光、电相互交融下,众多三维影像效果将人们带到了一个无限遐想的空间里。因为这块屏幕巨大、又有极高的科技含章,所以它已经超越拉斯维加斯的巨型天幕,成为世界上综合性能最强的"梦幻天幕"。

(四)室内空间中家具的界面化

家具在室内空间中是至关重要的要素,家具的风格、造型、色彩等都需要与空间的风格、造型、色彩等相协调,所以家具的界面设计也遵循空间界面设计的原则,界面设计可分为两部分,一是,界面装饰;二是界面形,家具也有这两部分特征。一些新材料和新工艺使得家具趋于丰富的向由形态,界面处理手法产生的有机流线形态,能够更好地符合人体工程学的要求,使家具与人体曲线形成完美的契合。

(五)新技术在界面设计中的运用

3D打印技术是快速成型技术的一种,它是以计算机软件的模型文件为基础,运用粉末状塑料或其他材料,通过逐层打印的方式来构造物体的技术。这也是时下最热门的塑形技术。在当下的国内外,室内界面设计的异形化趋势明显,很多设计大师的作品都呈现出这一特征。

3D打印技术的设计过程是:先通过计算机专业软件建模,再将三维模型进行成逐层截面,最终导入打印机逐层打印。这种打印技术可以打印出机器人、玩具汽车、人物模型等任何的形体。并且打印多用的材质有很多,比如尼龙纤维材料、石膏材料、铝材料、不锈钢材料、橡胶材料等,这些证明这项技术用于室内空间界面的可能性。在现在建筑业、室内设计业迅速发展的今天,相信3D打印技术会在不久的将来,对室内空间的界面设计产生相当大的促进作用,在处理一些异性空间的界面设计时,变得更简单。荷兰建筑师希望能用3d打印技术建造一个可使用的建筑,这项工程已经开始运作,在不久的将来就会出现。

第五节 传统视觉符号在室内陈设设计的应用方法

传统视觉符号在室内陈设设计的应用,以主题酒店的室内陈设设计为例。

一、主题酒店的诠释

(一)酒店空间主题性的概念

酒店空间的主题多是用某一专属的主题,来表现酒店的外部建筑风格和室内装饰艺术,以及整体空间所衬托的特殊氛围,让人们体会不同的且具有个性的使用体验；同时提供各项专属的服务项目，让顾客获得全方位的使用体验与感受。娱乐项目、搜藏爱好、神话故事、卡通人物等都可成为酒店借以发挥的主题。在欧美国家，概念性酒店多种多样，而主题酒店（Themed Hotel）仅仅是其中的一类。概念性酒店空间的主题性是以一个主导因素而围绕这展开设计和搭配的，主题就点可以从多方面来体现出自身想表达的主题，如建筑形态上以装饰形式展现出主题的心态故事，以地域性特有的文化和特有的色彩搭配等，空间上塑造出主题的氛围，再用配饰怕配出主题的气氛，让进到酒店空间的人感受的异样文化，让使用者从心理层面上体验到多方位多媒体的感官刺激。古老的文化、风土人情、自然景观、神话故事、古老的传说等都能成为主题酒店的引爆点暨用以吸引消费者的卖点。贯穿酒店主题的独特性幻想性都是唯一的。在欧美国家，独特概念酒店，是一个典范，其中主要包括主题化营造专属氛围的主题酒店，设计感突出强烈的设计型酒店，倡导新时代生活方式的生活方式酒店，提倡高标准高硬件设施的精品酒店，为顾客提供专属化高标准服务的优质服务酒店。主题酒店的推出在国外已有50多年的历史问。

在拉斯维加斯它不单是做赌城，也因为博彩业给他其他方面带来了大大的商机，在酒店方面就显得尤为突出，在这里可以看到全世界最大的15家主题酒店，因此拉斯维加斯又被称之为"主题酒店"之都。主题酒店最早的出现是在20世纪50年代，当时出现在美国的加利福尼亚，"麦当娜"主题酒店，最早的规模只有区区的12间主题各异的房间，但随后发展迅速已达到了一百多间，成为当时名声赫赫的主题酒店。

（二）酒店空间主题性的特点

酒店空间的主题是集独特性，文化体验为一体的。其特性表现上是不同的，它的出发点是义战略性的，并最终成为核心竞争力的酒店：文化是学术的延伸亦是对于文化的再一次塑造和酒店对主题性环境营造的探索，文化既是主题，也是酒店在经营过程中不断实现销售额的一种营销方法，酒店要通过营造不同的文化氛围来获得核心竞争力：倡导用户的体验也是酒店所追求的方向之一，最终来获得较高的投资收益，这才是酒店也是营销的最终目的。差异性、文化性、体验性三者相互渗透相辅相成也互相牵制，少了其中任何一项酒店的主题性就会不完整。

主题酒店之间的独特性在于选择不同主题的千差万别，由于不同主题的差别所以会造成细节上的差异，虽然给予顾客带来的感受不同但是对于酒店来说带给顾客的感官差异才是其侧重点。主题酒店的设计要点在于要协调好酒店服务模式与主题性之间的和谐关系。通过大致统一的服务模式，达到用较低的人工成本但高效率的酒店运作方式，并且营造出不同风格差异的主题，形成具有特色的吸引顾客的经营方针，才能占领跟传统酒店竞争的有利地形。

主题酒店与传统酒店之间的文化是不同的概念，传统酒店只提供简单的基础服务，所以，传统酒店的核心应该是服务与酒店的品牌影响力；而主题酒店的核心则是以传统酒店的服务为基础进行升华，主要体现在以下几个方面：以倡导人们的文化生活为核心，以相对特殊的经营理念为灵魂，超越传

统的生活品味以细节决定成败。文化是人类的物质财富和精神财富的总和，所以主题酒店也可称为文化主题酒店。任何一个主题酒店都是围绕主体素材来挖掘相应的主题文化，文化主体酒店更加突出了主题酒店的文化性。体验性主题酒店追求差异，但这并不意味着主题酒店之间只有差异，在本质上主题酒店之间是相通的，那就是给顾客的体验性。标准化、规范化的服务带给顾客良好体验是现代酒店的核心，主题酒店的发展同样有相同的模式。

（三）酒店空间主题性营造出的整体氛围

整体氛围的确定就在于设计者对主题的确定。我们也不难看出不论是哪种建筑形态都是围绕这个主题来进行设计规划的，比如：城堡型、帆船型等。对于设计本身来说，细节常常决定成败，所以在内部装饰的环节当中，可见设计者的独具匠心，从家具到床单、灯饰以及生活用品的设计中我们都可以感受到主题氛围所具备的极强感染力。由此也不难看出，成功的主题应该具备多元性，符合市场需求的同时又要具备企业文化、本土文化以及与其相关联产业的信息咨询。这样的主题设计才能使之对大众客户群体产生强烈的共鸣。

1. 自然风光酒店

在这种酒店契合和环境带来的自然古朴，酒店的建设融入进自然当中，这种环境于空间的融合你中有我，我中有你，仿佛从来没有分开过，讲究的是一个整体性，在我过云西双版纳就有树上旅馆，这个旅馆的创意最早是以科学考察队在雨林中的生活状态而建的，考察队进行对野象的起居生活的记录研究。

2. 历史文化酒店

酒店的设计者为我们呈现了一个极具古典特质的世界，走进酒店就能够被酒店的浓郁历史文化氛围所感染，这也正是酒店设计者以时光倒流的方式吸引顾客的主要卖点。玛利亚酒店就以"石"做主题设计推出了山顶洞人房，并且巧妙地用天然岩石作为室内设计地板、墙壁和天花板的主要材料，设计者还独具匠心的在室内设计了瀑布，使整个设计更加灵动，当然这种设计灵感还延伸到了沐浴的浴缸设计环节，使"石"这一设计元素在有限的空间内发挥到了淋漓尽致。

3. 城市特色酒店

这类酒店通常选址在具有历史悠久及文化背景的城市，建筑师往往营造出符

合城市文化的设计来模拟和微缩这个城市的独特风采。我国著名的首家主题酒店深圳威尼斯酒店就充分利用了这一设计手法。设计师匠心独运的用颇具特色的水域威尼斯文化进行包装，集合了威尼斯文化的众多建筑元素与内容，将其充分的融入地中海风情，既能够充分体现各种特色，又能整体和谐统一的展现出东西方文化的融合。

4.名人文化酒店

名人文化酒店的主要特色是具有影响力的政治，文化领域的名人经历为主题的。这些酒店大部分是由名人旧址或者是短暂生活的地方改建的。这类主题酒店有很多，例如西子宾馆，毛泽东曾多次下榻于此，伟大的革命家陈云，著名的文豪巴金先生也曾在这里休养过一段时间。而后西子宾馆相继推出了主席楼，陈云套房和巴金套房，并保持了房间的基本原貌和当时他们使用过的物品。

5.艺术特色酒店

这类酒店的主题所涉及的艺术元素有很多，其中包括影视创作，建筑风格，音乐，美术等等。著名电影《美国丽人》所拍摄的地点就在麦当娜。电影里面所出现的玫瑰房让人眼前一亮。另有位于八达岭长城脚下的独树一帜的公社酒店，它是由多个著名建筑师设计而成，建筑群包含11幢别墅和1个俱乐部。每栋别墅里的家具都是精心设计，样式新颖独特，便于管家随时为客人提供更专业的个性化服务，客人可以在酒店中充分感受到一流建筑师所打造的建筑美学与生活的完美融合。

二、主题酒店的陈设塑造与设计应用

（一）室内陈设设计概念

室内陈设一词本身包含广义，他涵盖着家具陈设，织物陈设，两个主要的方面，配饰包含了装饰字画工艺品和植物等，视觉上灯光和色彩也是给人感知的传达导体。室内陈设艺术在现代室内设计中表现出了它突出的几个特点：

（1）创造室内空间的氛围，营造出特定的环境意境。

（2）环境是气氛烘托得主要载体。室内空间中通过陈设品的修饰可以创造出喜庆热闹的气氛，或是优雅脱俗的清新氛围，有着浓厚的文墨书香的艺术气息，庄重威严的环境或是动感喧闹等等。而意境则是完全靠环境空间中的装饰陈设，多元化的修饰来表现出人们心理上对室内环境的追求，陈设可以改变人对空间中的概念，对空间中所要表达的氛围，这种已经氛围是人在精神上的一种陶醉，是以人的意志为转移的。

(二)家具陈设塑造应用

就好比建筑设计与室内设计，家具造型本身也需要符合人们的审美与实用，但是相比于建筑设计，家具机能性其实并没有那么强，建筑史上太多注重建筑机能的建筑师但是家具设计师不会注重家具的机能，比如椅子更注重使用性这一机能，但是家具设计师可以通过外形结构可以改变赋予椅子丰富的样式。曾经为我国的陈设史和家具史撰写过光辉的一章，现代的组合家具所取代的正是我国曾经优秀的文化遗产的明式家具，层压弯曲新工艺制成的大工业家具替代的正式传统的红木家具。太师椅给人的感觉是气派的，而现在市面上已经寥寥无几，在更多的是看到的是舒适的弹簧沙发。工业社会的大发展和科学技术的促使着现代家具的风格也在随之变化着。家具材料丰富多样，塑胶、铝材、不锈钢和大块的玻璃被广泛地使用。线条、色彩、光线和空间全新的组合搭配营造出了室内空间的现代气氛。由于社会阶层不同，物质条件和自身条件的限制在陈设品的选择上往往大相径庭，因而形成了现在多种多样的室内设计风格。

(三)灯光——光影陈设塑造应用

纵观室内的设计，我感觉色彩是灵魂，室内设计中表达感情与传达信息的重要的部分是通过色彩变换灯光。个人觉得陈设品的设计造型与风格能使空间变得有生命，若想使陈设物品与室内空间环境相得益彰就要通过陈设品军室的造型与室内空间颜色风格造型上的协调，使心理感知上升到一个层面。室内设计的光线的美感和灯的造型美感也是室内陈设非常重要的组成部分。室内陈设对于空间来说它缔造的是主题是一个故事或古典或时尚而灯具的造型曲线美感与灯光的线感美也是必要的装饰陈设要素。灯所囊括的点、线、与面既有了装饰形式的美感同时也具有了功能性的美感。所谓的点就是说灯具本身的颜色以及花纹造型等各个方面。所谓的线即是灯具所发出的灯光在室内及室外的交叉辉映与衬托。例如，从下往上所打的灯光怎么来避免其中的眩光。

(四)织物陈设塑造应用

室内空间有多种风格，比如我们所熟知的现代风格、欧式风格、古典风格、田园风格、简约和奢华的风格。所以陈设品对室内的环境风格起着至关重要的作用，因为他的造型、颜色、质地、纹理都有着肚子的风格特征，对室内环境的风格也起着渲染和铺垫租用，室内的一些编制和缝成的生活用品也有很大的作用像日常生活中不可缺少的窗帘、枕巾、床单被罩等等基本都具有两种作用，一种是美化房间，另一种是它的功能性作用，遮挡光线阻隔灰尘。这些纺织品在室内必不可少。陈设品和纺织品是对空间整体效果起着铺垫与渲染的作用

（五）装饰品陈设应用

作为装饰品出现在它起到的作用就是修饰空间美感，和渲染空间气氛，从而在心理上给予空间的使用者以精神上的满足，从一个人对空间的陈设品的选择认识欣赏上可以看出一个人的生活品味是文化素养。室内空间发展到了今天，陈设品这种精神上的享受是一定程度上人们为了改善生活的格调所必需出现的，它不趋于实用的方向作用，而是更注重人的视觉感受，心灵感受。室内陈设装饰品包括古董字画，陶瓷器皿、工艺品、雕塑模型等等。陈设中的山水与室内外空间环境相得益彰、浑然一体在这样的环境下让人心情舒畅，大大地满足了观赏者和使用者的心理需求，使人流连忘返

（六）植物陈设塑造应用

室内设计运用美术手段、人体工程学，把材料、施工工艺、设备有机的结合，尽量满足人们的各种需求，为人们创造舒适、环保、美丽的居住空间，从精神和心理上给人们一种舒适、安逸的生活环境。

美化室内环境，植物在空间里表现的是增加一个空间的生命力。植物的自然形态可以改善室内装饰的视觉效果，从环境方面更能改善室内的空气质量，让人们更加的亲近大自然。现在城市生活节奏的加快，人们在日常的生活中有形、无形中会产生生活压力，但由于时间和空间的局限，没有办法得到放松和释然，再加上人性本能的对大自然就有很深的向往，所以人们更加渴望拥有属于自己的温馨的小家。那些死板、陈旧的装修理念根本不迎合现于在人们的需求，所以室内绿化装饰成为室内装饰很重要的一部分，植物原本就是大自然的产物，进行室内装饰的时候把人们喜爱的花花草草等绿色的植物，或者是一些绿色的元素引人室内，让人们仿佛身临在自然中，已达到改善居住环境，放松身心，维持身心健康的作用。人们可以按照自己的意愿去装饰自己的家，平时精心的管理，也可以陶冶情操，修身养性。

三、主题酒店与新中式元素陈设的关系

（一）中式元素的概念

元素是从某处提炼或是精简出来的，中式的古朴"新中式"家具与陈设品的发展给了我们广泛探讨的空间，也给了室内设计行业的这个群体创造了一个可以展开无限想象的平台和思维展示的平台。家具作为配饰陈设的角色出现在室内设计中充当着这主体，家具的风格色调与形式的变化都是直接体现空间氛围，改变空间意境的主要因素，因此与它相关的配饰软装布艺等等"也都迎合着它。经济上的好转使我们开始对美有条件重新认识，我们开始更加注重美的品质了，只有

功能性却缺乏美感形式感的东西慢慢地开始退出我们的视线，随之出现的不再是只有功能性的，而是有更加优质的装饰性和舒适性的室内陈设品，完全传统的风格的东西也在慢慢淡化代替出现的是结合了新的设计出现的但又未完全抛弃传，生活的好转越来越的人开始对自身精神上的丰富进行武装，欣赏和研究着更多艺术上的美学，人们的生活中需要有艺术性优雅文化的诸多要求。"新中式"这一新的概念风格的出现从思想上和文化上满足了国人骨子里对千年文化的热爱一根深蒂固的思想，传统的中式文化在新的变革中又一次走上了主流道路，为中国室内设计的发展与传承开启了另一条可持续发展的道路。通过这一新的风格"新中式"，室内陈设设计应在这一概念引导下开始发展壮大，把重点放在中国古老的文化内涵与现代设计的贯通融合，从而更加了解，我国古老的文化传承，满足于对文化回归于传统审美回归于庄重底蕴十足，它已经成为了当下室内陈设设计这个领域里重要的分支，肩负着宣传延续传统文化的重任，传统文化通过这种表现形式来弘扬，因此，它能对中国传统文化进行现代融合并完美演绎且又符合中国当代文化特征的设计，表现形式不拘于刻板的方式之一。

"新中式"室内陈设设计的内涵和发展方向必将在今后的道路上得到设计者和使用者的认同，我们热衷于传统文化，但不苟同于完全传统的对称呆板生硬，且在当代陈设设计形式多元化的今天要从现代工业复制出来的世界里寻找一丝不同，文化的渗入是不然成为主流的。从中国传统文化的基础上来看待事物的发展前景与现在市场对于"新中式 n 设计形式的认知度和认同度来说"新中式"室内陈设在当前背景下的设计形式和设计法则值得延续和更好的深入研究。

（二）从中式元素视角看空间陈设设计

中式元素的室内设计传承这高贵大气，精雕细琢典雅；荣责是传统中式的特点，从装饰上可以反映出当时的社会发展文化的进步程度。对本国人民更有这传承的文化纽带。在现在的设计中，无论是是私密空间还是公共空间很多都在引用这中式的设计，如果一昧地模仿，或是完全照搬传统的形态又与当代设计生活脱轨，设计是对事物进行美的修饰，它不是古董文物，完全的复制只能保留下来传统的古老陈旧，与设计上的精妙繁琐。在当代的设计上融合中式的神韵精华，除去哪些，又要继续传承哪些每个设计者都有着自己独自的想法，一个人一个作品一人一个想法，这些在同一时代反映出的不同的陈设作品。也给了这个新兴的装饰风格以广阔的空间，在技术已经可以做到任何理论创想的今天，怎么改变对传统元素认识，在空间中用新型的材料代替，在细致的地方刻画，追求古朴的文化，传递现代的情感。把传统元素提炼出将现代材料表现在新的陈设中，怎么样做好做到精致才是现代设计融合中式传统的最好解释。

第七章　传统视觉符号于室内设计之应用方法

（三）空间尺度与形态对陈设的要求

在一个整体中的大小长短关系，体现其在整体中的美感，从视觉或是形态上看上去很舒服就被在一个整体中的大小长短关系，体现其在整体中的美感，从视觉或是形态上看是去很舒服就被看作是个完美的尺度。欧洲早在公元前就创造出了黄金比例，这个比例至今让被使用着，在人们的生活中也都充实这些比例，他包含着建筑、绘画还有我们常用的桌椅等等。当然那一个人做比较的话，比如这个人长得漂亮，但其肢体的比例要是不协调或是上身或是下身过长或是过短都是不美的。在这个空间设计中这个空进的位置比例是否合适放下一些装饰性或是有更多与应用性的家具或是装饰配饰，这个时候比例这个就显得尤为关键了，从实用上讲我们接触最多的桌椅板凳到小的日用品都是有他固定的尺寸比例的，如果超出了现有的比例或是尺寸使用起来会极其不舒适，这是在应用层面上说的东西，在装饰上这个空间放什么样子多大的东西从形态上和色彩上符合与这个空间，从欣赏或是使用者的心理上能给与对这个事物没得赞同，能不能再同样的区域内给人以欢快愉悦的心情比例是个很重要的因素。每个形态自身都有着相应的尺寸，尺寸的合理性并富有美感，就会引起人们心理上精神舒适，自然看起来很舒适的尺度我们给它定义为黄金比例，他的特点是比例适中人们从感官和使用起来都非常舒服，其次还有超大尺度，超大尺度特殊尺度不是一位的扩大，而是同比例的，适合人类使用的或是观看舒适的尺度放大。这种尺度我们也叫人机工程学，实际中陈设的大小恰巧就是需要这样的科学理论才可以让人舒适的使用。

（四）中式元素陈设设计在酒店中的语言表达

新中式元素的兴起快速被人们所接受，在现代的陈设风格汇集了传统的艺术精华。新中式的形成不是见到两个事物和元素碰撞在了一起那样的简单，这里对传统文化的理解和分析是透彻的，对现代的事物怎么能更自然都融合进传统也是必须经过仔细推敲的。经过设计者的考量重新创新设计把原来古老的家具进行现代变革，变换功能使用需求。通过创新的设计把太师椅的繁琐雕花简练化，用现代的有机玻璃或是白钢材质所体现出来，进行家具的再造赋予新的生命，也有把传统的家具用些鲜明亮丽的颜色所表现出来，通过局部材质的变化，色彩的变换使传统风格用异样方式表达出来。当代中国传统文化意境空间的营造，文化气质的再续离不开传统文化的灵魂，这里边的每个符号都标志这传统信息的结合，这些元素美意个都是一个单独的存在，它们有的是相互依存的，每一个都有这自己的单独的个性和气质。"以虚带实，以实带虚；虚中有实，实中有虚"的"虚实结合"是意境美学的重要指导思想在中国传统美学中虚虚实实往往是大家最常用的艺术手法，借景取景的艺术手段来表现意境。新中式陈设设计中想要把视觉感官作为第一基础,将事物的自然表现出精神的层面,表达出对生活的看待和品位的追求。这种来自于情感和意境的体现作为新的主体表达出来,有着新的创造性和设计性室内陈设是美的体现,是视觉心灵的心理需求,其所符合艺术的美学规律,在这固有的规律内针对不同的美感追求强调其自身个性艺术,这种既要表现个性的同时又要有美的规律约束,表达出自身在室内空间中形式美的形象。

(五) 中式元素与主题酒店统一性

中式的元素里不开载体,家具则是这个元素的最大载体,家具在生活中是人们离不开的,我们生活里每天都在使用家具,一个人一天24小时里大概有三分之二的时间里都在使用家具,而家具在我们的生活空间里也占到空间面积的百分之四十左右,家具是一个空间中的重要组成部分,在室内也算是陈设的重要组成部分。酒店空间内家具陈设品在空间的比重还是很大的,往往酒店空间的家具使用率要高于其他空间,当然这也是因为酒店的特殊性所造成的,所以在酒店这样的空间里就更应该考录到实用性与视觉美的相互协性。在元素的借鉴与应用上如何让实用功能和精神性的需求更好的结合,

在保证空间的规划分类的基础上更要结合空间氛围来装饰,把家具本身附有的文化内涵也融入到空间中去。空间中用带有中式符号的设计隔断或是柱体等手法把一些酒店中相对私密空间做出划分,也可用一些石材曲径的手法进行人流导向等,通过这样带有中式元素的艺术手法装饰把酒店的空间进行规划串联,从而达到风格统一,当然这种相对意义上的统一还是不够,还要在一些公共空间区域进行大比重的装饰,通过中式元素的演变形态进行切剖,从空间的比重均衡得到统一。

在家具如何选择上也要根据主题的空间所要表达的意思进行到选,酒店空间中功能各异,每个空间所要表达的东西也不一样,所以在选择中式的元素上也有有所不同,要想展示酒店空间的多样性,又不至于造成风格上的雷同,就必须打开思路,以酒店空间的主题性作为指导,在加剧的选用上多方面考虑。家具的选用也要有主次之分,在主要的家具摆放位置要有其代表性和突出性风格强烈的家具。在其不大主要乃至次要的地方则可以摆放些中性的或是风格特异的家具样式,当然无论选用那种形式方法都是为以空间的应用性服务,把握其家具的主次关系,这样才能更好地为主题酒店空间塑造烘托气氛。

(六) 中式元素与主题酒店均衡性

在文化已经贯通相互渗透的当代,欧美日韩的文化已经渗入到了我们每个年轻人的心中,本土室内设计风格的保留与融合已成为一个必须迎合的趋势,混搭已成为全球当前的设计主流之一,逐渐成为一种新的风格。传统空间意境的搭建

渲染并不是简单的套取传统元素的形态，而是要把握形态的同时揣摩其意境。在主题酒店的这种有主题划分空间划分的设计里传统和现代中式要相互融合，已达到一个在体盘上得到平衡，色彩上的到稳重，形态上能够使空间功能应用得到满足为第一基本，更注重美感。从而达到不是从形式上的表面停留，在其文化与使用中寻求均衡空间与主题中寻求均衡，一切为中所用，更好更长远的传承文化脉搏。

（七）中式元素陈设艺术审美与功能兼顾原则

依据中国的传统文化精髓，不论是对人还是对事物的评价，"中庸"一般视还是中国人侧重遵循的原则。其实质就是在面对问题时，始终保持一种从客观实际出发，秉持中性、中和、中正态度，去发现和寻找如何解决问题的组织方式、方案和途径，极力避免过分地突兀和走极端，完全肯定或完全否定某方面。本文所提的"时中"是基于"中庸"，却又高于其意义层次之上的原则，"时中"更突出"适时"的重要性，在纵观全局发展，明晰各种不稳定、对立、片面的、极端的要素，综合对立的双方性质之后，在最合适的时间，提出最恰当的方法来解决问题，求得平衡与全面。尽管人们过去经受了较为激进的西方思潮和文化影响冲击，又身处社会主义市场经济和社会改革的大法潮中，却始终秉持坚守着自己的前进脚步、价值观和审美观，"中庸"这种理念常隐埋在人们心里的最底层，却又在生活的具体细节中时常闪现。适中原则，是规避片面，纵览全局，将最优的办法落实在问题的实处。在室内设计中，如果不具体情况具体分析，只是过分地去追求形态上的怪异、去张扬性格上的差异，都只能沦为媚俗的，缺乏长期性的不健康也不成熟的行为。只有相对符合传统形式美法则，达到平衡，平和，静谧同时又充满着情感和性格的室内陈设形态，才能成为恒久的健康之作。

陈设产品设计的基本要求就是其功能属性。而物质功能及精神功能内在要素二者相加，形成了"新中式"室内陈设的内容整体。这其中的物质功能表现在人在室内空间中的行为的范围需求与生活需求；而精神功能涵盖的则是更为复杂，层次更为丰满的需求，情感方面的只是基准，更包含生理需求及安全需求。所以在设计时，要视物质功能和精神功能为一个整体，将两者至于同样的高度，因为功能主义设计原则在社会需求和工业化存在的和理性和必要性已经经受住了设计历史的考验。

人本主义就是将人作为设计的根本出发点。要做到室内空间为人所造，室内陈设为人所用，"新中式"陈设设计要时刻牢记设计是人的设计，始终把握人对空间和环境的需要，将物质和精神融合，意识到他们之间的平等及重要性。设计的同时不仅要考虑人的生理和心理需要，更要综合协调好人与人之间，人与环境之间的各种关系，要处理使用功能、舒适美观、环境氛围等各类问题。这一切都与人们的行为心理感受紧密相关，需要我们进行深入的研究。

第六节 传统视觉符号在室内物理光学环境设计的应用方法

住宅室内环境设计不仅要满足基本的生活需要，而且要创造节能、环保、满足精神生活需要的舒适环境。住宅室内环境设计与光照、装饰材料的质与色、家具等的选择密切相关。在光照下，室内的形、色、质融为一体，能够赋予人们以综合的视觉心理感受。只有合理地选择室内光照形式、光源色温、灯具造型、装饰材料的质与色等，才能得到令人满意的效果。

一、光的物理特性

光的传播方式有辐射、反射、折射等，它的量度有光通量、发光强度、照度、亮度、色温、显色指数等技术指标，这里重点介绍色温和显色性。

1.色温

不同的光源有不同的光色，所产生的环境气氛及其表现的环境艺术效果也不一样。红、橙、黄色的低色温光源，给人以热情、温暖、兴奋、动态之感。住宅的起居室是家人共聚之地，采用低色温光源的照明，可使起居室的生活气氛更加浓郁温馨。蓝、绿、紫色的高色温光源，能给人以宁静、凉爽、幽雅之感，适合用于读书、写字等室内空间，以提高人的注意力和工作效率。

2.显色指数（Ra）

光源对物体的显色能力称为显色性。在光源的照射下，使人们对物体表面的颜色能正确识别，住宅照明光源的一般显色指数（Ra）在新标准中确定为宜大于80以上。

二、装饰材料的光学特性

房间内某处的照度值大小、照度的均匀度、眩光等，不仅由室内照明灯具直接照射形成，而且还包括由于室内壁面对光反射所致。室内壁面装饰材料表面不同的光滑程度和颜色对光线的反射、吸收程度不同，而且会导致光在分布上发生不同的变化，从而导致室内的光环境有所不同。例如，粗糙装饰材料表面会使光线发生漫发射，使室内的光线更均匀；光滑装饰材料表面会使光线发生定向发射，有可能造成眩光。又如颜色深的表面，反射的光通量少，室内照度值由反射提高的较少；反之，浅色装饰材料表面的反光系数大，壁面反射会提高室内的照度，可节约能源。

三、住宅室内光环境设计

住宅光环境的营造出了要满足基本照明功能外,还要与室内装修布置和家具风格相协调,形成有利于提高工作效率、增进身心健康的舒适室内环境。基于光学原理进行住宅室内环境设计,一般包括两方面内容:一是光源和灯具选择及布置;二是装饰材料的选择。

1.光源及灯具的选择

住宅内可供选择的灯具很多,如花灯、壁灯、筒灯及射灯等,尽量选择高光效、长寿命的光源、以及较高利用系数的灯具。住宅照明中应优先使用高效光源的灯具替代白炽灯,如紧凑型荧光灯,目前已成为替代白炽灯最适宜的光源。它比白炽灯节能80%,寿命长达12000h,光色从暖到冷可满足不同应用需求,使用三基色荧光粉的紧凑型荧光灯,其Ra达85以上,使被照物体更真实、更自然。

(1)玄关在室内和外界的交界处,一般都不会紧挨窗户,必须通过合理的灯光设计来烘托玄关明朗、温暖的氛围。一般在玄关处可配置较大的吊灯器或吸顶灯作主灯,再添置些射灯、壁灯、荧光灯等作辅助光源。

(2)起居室既是家庭人员的活动中心,又是接待客人的交际场所。其灯具布置一般可在顶部设置吊灯(花灯、水晶灯),四周边缘设置下射灯,墙壁设置花式壁灯。光源种类与颜色要根据住户的家具摆设、装修的颜色来确定。其照明宜采用分组控制的方式,效果很好,也有利于节能。

(3)卧室的一般活动照度取75lx,可在天花板上安装二次反射的吸顶式日光灯,以防止眩光,使室内充满恬静和温馨。睡眠时光线要低柔,可以选用床边脚灯,并加装遥控开关。对于睡前有阅读习惯的人,可设置床头灯或壁灯来配合局部照明。

(4)书房是工作学习的场所,必须有足够的照度。可用吸顶灯来提高整体的照度,在需要重点照明的写字台上,用可移式灯具作为局部照明,或者使光线来自人的左后斜方,照亮写字台。

(5)厨房一般面积较小,烟雾水汽较多,应选用易清洗、耐腐蚀的灯具。厨房要求照度值为100lx,可采用吸顶式日光灯,工作台上要求照度值为150lx,应设置局部照明光源。

(6)卫生间的照明应能显示环境的卫生和洁净,应设置乳白罩防潮吸顶灯。在现代住宅中有很多暗卫生间,北方的家庭使用浴霸上的照明灯照明即可。为营造良好的环境,在洗脸架上方安装一盏镜灯,同时用来调节卫生间的照明。

2.装饰材料的选择

室内壁面装饰材料宜选择适宜的表面光滑程度和颜色。

（1）玄关墙面色调是视线最先接触，氓，缤纷的色彩能带给人不同的心境，也暗示着室内空间的主色调。玄关的墙面装饰材料颜色最好以中性偏暖的色为宜，能让人很快从令人疲惫的外界环境体昧到家的温馨。玄关处是人们短暂停留的过渡区，墙面装饰材料的质感不宜太光滑，以免在光的照射下，墙面强烈的反光让人感觉刺眼。

（2）起居室装饰的材质不宜采用非常光滑的表面，以达到光线比较柔和的感觉。尤其对于大面积的电视墙面，为了体现其装饰效果，常常会采用射灯直接照射此墙面，太光滑的材质表面肌理会产生定向反射，造成刺眼或使此墙面失去装饰的立体感。

（3）卧室的颜色宜采用暖色调，显得温馨舒适，材质不宜采用非常光滑的表面，给人以冰冷的感觉。

（4）书写阅读照度要求为300lx，书房可以选择表面比较光滑而且颜色较浅的装饰材料，在照明灯具提供照度的基础上，室内壁面的反光增加室内的照度值，创造更为明亮的环境，提高人的学习工作效率。

（5）厨房和卫生间墙面装饰材料一般选用白色或浅色的轴面砖，反光系数大，而且易于清洗、防潮防水。

室内照明艺术将直接影响到室内环境气氛，在进行室内照明设计时，应视根据室内空间环境的使用功能和视觉效果，使光照形式、光源色温、灯具造型与室内装饰材料质与色有机结合并正确使用，创造出室内空间环境彼此协调一致的气氛和意境，达到提高室内照明艺术和生活质量的目的。

第八章 人文语境下室内设计中的个性化设计

第一节 室内设计的人文语境

一、地域文化对室内设计的影响

地域文化对室内设计的影响非常深远。所有的室内设计从设计理念开始都是人的主观行为,而人的思想受制于其自身的文化素养、环境限制等因素,以及所在族群文化的影响,最终的实施都会与周围的环境相互交融,不会有太多差异与出入。研究地域文化是做好室内设计的第一步,过于超前或者前卫的设计都是不负责任的。

不同区域人们在住房环境、住房条件、住房风格、住房特色等方面都与地域文化息息相关,室内设计在很大程度上体现了地域文化的相关特征与元素。因此,随着建筑室内设计人文语境理念的不断发展,室内设计与地域文化的融合问题将成为设计师们在设计中重要的考虑对象。

(一)地域文化的概念

地域文化指的是在某一个区域空间里延续并发展的文化现象,具有鲜明地方特色的区域文化,反映了人们在特定区域里的风俗习惯和精神形态。它是特定区域的生态、民俗、传统、习惯等文明表现,是一个区域的人们在长期的生活过程中形成的生活习惯、价值取向、审美观念、文化信仰等方面的总和。简单说来,特定区域的地理环境构成了地域的称谓,地域性在某种程度上比民族性更具有专属性、具体性并具有较强的可识别性。文化是人类在历史实践过程中所创造的物质财富和精神财富的综合,人类在特定区域的文化行为与文化产物称之为地域文化。

地域文化是开放性的,广义的地域文化是指世界范围内的不同国家的文化差异,并不是一成不变的,随着时间的推移和历史的演变,在不断吸收有益的外来文化和摒弃自己的文化糟粕,逐步形成和丰富自己的历史文化底蕴。它建立在乡土文化之上,是一个国家整体、一个民族群落核心文化的分支和基础,比乡土文化系统完整,又比核心文化具体可感。

1. 地域文化与当代室内设计的关系

在全球化的进程中,地域文化曾经一度弱化甚至消亡,强势的全球文化进逼,似乎是一种必然的趋势。传统的、地域的、民族的特色文化逐渐被放弃,自身的地域文化特点慢慢消失。很多室内设计模式单一化,模仿、雷同随处可见,同样的色调、材料、家具款式甚至陈设装饰品被生搬硬套到不同的室内空间中,导致这些设计元素和地域文化主题之间格格不入,体现不出当下时代的鲜活文化,导致设计效果大打折扣。在室内设计过程中,深入挖掘本土文化特点以及地域特征,结合现代化设计理念,凸显本土地域文化特色,紧跟时代潮流,是设计和创新的根本。

因此,很多有志之士呼吁地域性文化理念的回归,地域文化室内设计受到社会政治、经济的影响,并结合地域特色和自然环境是作为地方主义设计的重点。如何在全球化的背景下保持优秀民族文化,是设计师思考的问题。研究国外当代地方主义设计的特征,表现方式与思维,可以提供积极的借鉴意义。

2. 地域文化对室内设计影响的表现方式

室内设计是人类文化的发展缩影,不同时期的文化赋予了室内陈设不同的内涵,加之地域差异性,造就了风格多样的室内设计艺术。室内设计在地域文化的影响下,呈现出了风格迥异、形式多样的室内空间环境与风格,反映出了地方文化与地域特色。格调高雅、造型优美、具有一定地域文化内涵的室内设计能够让居住者享受舒适温馨的室内环境时,更为赏心悦目,此时室内设计就已经超越了其本身的功能,而是具有更加深厚的文化内涵。地域文化影响到室内设计的方方面面,主要表现在以下几点:

(1) 地域文化对室内陈设的影响。室内陈设是为室内空间服务的,如果能够使地域文化与室内陈设完美结合,不仅能够大大提升室内的功能性,更能体现出独具特色的地域文化内涵。室内陈设是针对室内的家具、灯具、器皿等的设计,以满足室内功能性。陈设品的合理选择与巧妙摆放能够更好地烘托室内环境氛围,加强室内环境风格的形成,同时陈设品本身的造型、材质、纹饰和色彩等都带有一定的风格特征,可以进一步加强室内环境风格的形成。

室内陈设深受地域文化的影响,表现出了丰富多彩的风格。如在座椅选择中,

第八章　人文语境下室内设计中的个性化设计

江浙地区深受明清文化影响，多选择明式或清式古典实木家具；广州福建地区潮湿闷热，夏季时间长，选择竹藤类椅子；北方地区冬季寒冷漫长，以炕代替坐具，农闲时大家围坐在炕上一起闲话家常。而在西藏，人们喜欢在家中陈设银质器具，这是因为西藏在地理上更接近西方伊斯兰国家，深受伊斯兰教文化影响。

（2）室内陈设设计受地域文化影响的表现。室内陈设使室内空间符合居住需求，而室内装饰使室内空间具有观赏性和艺术性。室内装饰是室内设计的重要组成部分，室内陈设是对室内空间功能性的设计，而室内装饰是对室内空间艺术性的设计。如汉族具有源远流长的历史，拥有代代相承的传统和习俗，有大量龙凤题材的图饰纹样，寓意龙凤呈祥；蒙古族以狼作为图腾，彝族以葫芦作为图腾，这两个民族会将图腾陈列于居室的神台上以示崇拜。

不同的地域文化、风俗习惯会产生不同的室内装饰。这一点在布艺的传承上得以很好地体现，布艺具有集传统文化和时代特性于一体的纺织品特性，能够控制整个室内环境的氛围，是室内装饰中最常用的材料。布艺在室内空间的使用范围非常广，如窗帘、床单、桌布和沙发套等，其花纹、材质、色彩和剪裁都是影响室内环境氛围的重要因素，布艺能够更加完善室内空间的实用性、舒适性和艺术性，同时也深受地域文化的影响。因此，只有将室内装饰设计与地域文化相结合，才能够设计出品味高、人情味浓、艺术感强的室内环境。

（3）不同的地域文化在室内设计色彩表现形式的差异。色彩是室内设计的灵魂，是室内环境的空间感、舒适度、氛围和使用效果的综合体现。色彩是室内环境中最先闯入人们视线的感官体验，具有很强的感染力，对人的心理和生理具有很大的影响。

地域文化对室内设计的影响也表现在色彩运用方面。地域、习俗的不同，色彩运用大不相同，以此来反映不同地域的审美情趣。如江南大多采用黑白灰作为装饰色彩，以体现建筑与室内环境的清净淡雅，如苏州博物馆，室内墙体采用白灰色，并用黑色勾勒墙边，更是在室内营造了水墨画般的湖石与池水，与周围的苏州园林相得益彰，是江南建筑的典范。上海多采用明快、跳跃的黄色等暖色调以展现国际化大都市的特点，如上海地标建筑金茂大厦，室内以黄色为主色调，并采用黄色的照明，给人以温暖的视觉感受和心理体验；西藏建筑的室内则多采用褐色、白色和明黄色，如布达拉宫，室外采用白色和褐色作为墙体颜色。室内墙体以褐色为主色，装饰颜色多采用明黄色，具有典型的西藏民族特征。因此，不同的地域运用不同的色彩以表现独特的风格，饱含了浓郁的文化特色。

除此之外，设计者还可以充分应用具有地域文化的符号元素来进行个性化的居室设计，这些符号是经过历史沉淀所形成的一种相对稳定的文化积淀和审美意义，反映出了不同地域文化的风格特色，为我们提供了丰富多彩的设计元素，把这些元素应用到室内设计中，就能创造出个性化的设计风格了。设计者只有在继承传统文化精神保持本身地域特色的基础上，从不同的文化背景、地域风格中汲取营养，才能创造出适应时代需要，富有文化意味和地域特色，适应人们自身生理和心理要求的舒适环境，让地域文化在室内设计中更好地得到表达与传承。

（二）全球化背景下地域特色的表达

建筑设计的含义就是根据建筑物的使用性质、所处环境和相应标准，运用物质技术手段和建筑美学原理，创造功能合理、舒适优美，满足人们物质和精神生活需要的环境。这一含义，明确地把"创造满足人们物质和精神生活需要的环境"作为建筑设计的目的。当然，在建筑设计中，研究地方意识和民俗风情也是必不可少的一个环节。在研究传统建筑设计时,我们并不只是研究它的具体做法，重要的是，研究建筑空间的组织和功能分布，以及它们是如何被优胜劣汰的。因为任何建筑在历史潮流中都只是一个片段，真正有价值和生命力的建筑才能经受时间的考验而被传承下来。只有用动态的方法研究，才能将传统与现实联系起来。在全球化这个动态的过程中，融入地域风格才不会显得生硬和牵强。

1.注重民族、民间特色

全球化对包括中国在内的全世界产生了深远的影响，波及到了无数大、中、小城市。特别是在中国经济不断发展的今天，各城市的基本建设速度之快让人来不及思考.在如此的背景下，欧陆式、法国式、美国式、现代式、古典式等等的设计如法炮制般地在不同建筑设计中表现出来。这些只注重表面形式而忽略建筑内涵和地域文化的设计是经不起时间考验的，是没有生命力的。让我们横向看国外，如日本、印度、俄国等，都曾受到过外来文化的影响，但最终还是本民族的文化成了主流文化。诚然，中国当前所呈现的文化是多元的，与传统的文化形态有很大的区别，但是随着中国经济的不断发展和繁荣，笔者相信，发扬本民族的传统文化精髓，开放地与世界文化交流，不断汲取营养而发展壮大，这是不可抗拒的历史潮流-在经济、人文环境、思想、价值取向及审美观等方面发生很大变化的今天，现代中式风格的建筑设计，应是传统的中国建筑空间与现代建筑空间的整合，与现代美学观和地域文化的统一。建筑师如果不想随波逐流，照搬或千篇一律，就必须在地域文化、民族、民间特色中汲取灵感。民间文化是一切艺术之根；是母体的艺术、本元的艺术，有着深厚的民族文化底蕴。每个地区和民族都有独特的文化特点和建筑风格。例如：上海世博会贵州馆的建筑设计，它汇集了贵州侗族的风雨桥、鼓楼，苗寨的银饰和贵州自然的山水瀑布等贵州特有的视觉因子，在建筑形态上将贵州少数民族少女的银质头饰做了大胆的夸张，充分展示了贵州的自然民俗特色，代表着人文与自然在贵州城市发展中的和谐融合。

2.注重与自然环境的和谐统一

随着时代的进步，人们生活水平的不断提高，人们对建筑设计好坏的评定，除了满足其功能要求外，更注重以人为本的生态设计理念，注重建筑空间与自然环境的交融，满足情感的需求。在不同地域文化、传统文化、民族特色表达的基础上，创造出与自然环境的和谐统一，既富有神韵和内涵，又富有情感的建筑空间，以满足人们对建筑设计的更高要求，应是当代建筑师追求的目标。

自然环境是人类环境必不可少的组成部分；因此，建筑设计对自然要素的引用成为必然。在高科技飞速发达、生活节奏不断加快的今天，人们对建筑环境的期望不仅是类似"小桥、流水、人家"诗情画意般的情感慰藉，也不仅是环境中的情调渲染，而是渴望建筑环境中加强人与人的情感交流，消除人与高科技之间的情感对立，找回人与自然之间的情感寄托优美的风景、清新的空气既能提高工作效率，又能改善人的精神生活，提高生活质量。不论是建筑内部，还是外部，也不论是住宅建筑，还是公共建筑，其绿化和绿化空间所展现出的幽雅、丰富的自然景观，日久渐长地给人产生重要的影响。

因此，在建筑设计中应提倡多用木料、织物、石材、藤、竹等天然材料，把自然界中的植物、水体、山石等引入到建筑环境艺术设计中，让材料的纹理透显出清新淡雅，体现自然的亲切感，表现出悠闲、舒畅、自然的田园生活情趣。例如：上海世博会西班牙馆的建筑设计，整座建筑采用天然藤条编织成的一块块藤板作为外立面，整体外形呈波浪起伏的流线型，阳光可透过藤条缝隙，洒落在展馆内部，使人们不仅满足生理上的需求，同时也带来精神上的愉快，让人们在生存空间中最大限度地接近自然。

在全球化的背景下，对地域文化与建筑设计的研究表明，在地域文化、功能、形式与技术的总体协调下，通过物质条件的塑造与精神品质的追求.以创造人性化的建筑空间为最高理想和最终目标。将时间和空间有机地结合起来，塑造出一个既符合时代潮流又具有生态文明的高品质生活环境，体现出建筑设计的情感追求，使建筑空间更富有内涵，不断满足人们日益增长的需求。

二、民族宗教对室内设计的影响

对于我国的民族宗教来说，佛教与道教的影响尤为深远，其他宗教如伊斯兰教、基督教等影响因时间短、范围有限，所产生的影响没有佛教与道教范围广。其中，道教作为我国独有的传统宗教，与我国的传统文化息息相关，多种思想已经渗透到社会行为的方方面面，在室内设计方面更是有着不同层次影响佛教在我国一千多年的发展历程中，与我国的道教文化、儒家文化相融合，形成了独具中国特色的禅文化，诸多佛家思想在室内设计方面影响之广，与禅文化在我国的广泛传播密不可分。

（一）禅文化对中国室内设计的影响

禅文化在中国影响深远，是中国文化的精髓它从唐代开始，到五代时候已经达到极盛时期。可谓在中国人的生活当中产生了深远的影响。现今，随着人们生活节奏的加快，人们对于生活希望回归到宁静致远中，而这正是禅文化的精髓与人们生活息息相关的室内生活空间成为人们最为关注的地方，故而禅文化在室内设计中也产生了重要的影响.本文从禅文化在室内设计兴起的原因，再论及禅文化在室内设计的影响体现，最后对我国的设计提出的设计意义要求，希望禅文化能够在我国室内设计有更好的发挥。

禅文化作为佛教传入中国的本土化，在中国人心目中一直有着较高的地位，并且在现代人们的生活中，特别是室内设计等方面扮演着日益重要的角色匚如何使禅文化能够在室内设计上得到充分的运用，也成了众多设计人的思考点。

1.禅文化在室内设计兴起的

事物的兴起都是因为该事物在某种程度上面能够契合人的身体和心灵的需求，对于禅文化来说同样是如此。禅文化提倡的就是"寂"与"静"，正如佛法所云"心是菩提树，身为明镜台，明镜本清净，何处染尘埃？"探究禅宗文化对设计风格的影响。禅文化自身的文化精髓能够抚平心中的"尘埃"，更好的生活在自己的理念生活中。

（1）生活节奏的加快。随着改革开放的步伐加快，现在人们像是一台机器一样不断高速地运转，人们唯恐稍微慢一步就会输掉了别人多少倍。于是，人们就像是绷得紧紧的弦，不知道该怎么样去释放自己的压力。于是近年来众多关于生活的说法，比如"慢生活"、"森女"等，这些人都是希望能够生活慢下来，追求天人合一的境界。

禅文化从兴起开始，就是倡导一种宁静的生活。人们对禅文化的兴趣，是对快生活的厌恶。在人们无力从根本上面扭转这一种局面的时候。在家中，人们希望得到另一种释放，家是避风的港湾，人们希望在家中得到与生活中另外一种别样的体验，于是在室内设计的时候禅文化成为了众多人选择的对象，禅文化成了一种在工作外的另外一种生活状态。在这个大的时代背景下面，人们快节奏的生活状态是能变化的。但是人们可以在自己的私人空间追求一种"慢节奏"的生活理念，无疑，禅文化是一种很好的诠释。禅文化在室内设计的时候也慢慢地成为人们的首选。

（2）设计自身对禅文化元素运用。室内设计的创意来自于设计师的一些灵感与个人喜好。设计师本身是社会中的个人，他们对生活的追求和喜好来于对生活

第八章 人文语境下室内设计中的个性化设计

中的观察。国内和外国的一些顶级的设计师对生活都是有很强的敏锐感知能力的。在一些著名的设计师中,在中国服装、建筑等设计上面都有一些禅文化的追求者。这些人一方面是对禅文化的喜爱,另外一方面是对人们的感受的敏锐观察。

国内著名的设计大师林志宁也是禅文化的爱好者。北京东城区的一家以"东方禅"命名的餐饮的室内设计里面,处处凸显着禅文化。在这个设计中,以一些天然的树枝塑造一种宁静致远的感觉一室内的黄土地的装修颜色,处处凸显的是人与自然的淡泊宁静,人与大自然的和谐相处,处处透露着一种禅文化的要义。林志宁在设计这家餐饮的室内设计的时候,无不谈到自己对禅文化的喜爱。在国外有著名的佐佐木敏的"禅系列"的家具,具有非常大的知名度,这一系列的家具是让人们在使用的时候能够有一种恬静的心态,能够充分感受到禅的深远意境。从以上来看,禅文化在室内设计上的运用也是因为设计者本身的一些推广,这样的一些灵感创意源于设计者的用心,并且得到人们的认可。

(3) 和谐社会的文化倡导。中国人提倡的是以和为贵,"和"在中国的文化中有着很重要的地位。无论是在什么样的方面中国人讲究的是一种和。而在现在的和谐社会建设过程中,中国遇到了各种各样的问题,如何妥善解决各种问题,这是在和谐社会中所要考虑到的问题。中国的室内设计曾经觉得以西方的审美来审美,

而现今,随着中国经济的崛起,中国文化的自豪感也加强,中国传统文化也一直是外国所羡慕的。禅文化在中国室内设计的运用也是与和谐社会文化所倡导的相符合。

什么是禅文化?禅文化追求的是一种简单朴素。在室内设计的时候遵循的是一种至简,室内的整体是带着一种简单的美。在禅宗中,万物由繁归于简,简是他的原则和谐社会的建设中,我们国家的资源在不断减少,有资源浪费的现象存在,而一种至简与中国现在提倡的节俭也是相符合的。那么,禅文化的适时出现是对和谐社会的一种文化支持中国人坚持的是一种"和",那么禅文化的宁静是在和谐社会中的另外一种和。

总之,在室内设计中禅文化的运用,是中国文化的一种传承。文化需要传承,文化的发展,需要在不同的现实生活中得到体现,于是禅文化在室内的设计上面,就是这样的情况下的一种对和谐社会的一种拥护1

2.禅文化对室内设计的影响与体现

禅文化在几千年的传承过程中,一步步地渗入到人们的生活当中,在每个时期,人们对禅文化的喜好,都是源自于人们对禅文化的一种需求,禅文化在室内设计上面,处处体现着它独有的思想和情怀,主要是表现在以下的几个方面:

(1) 设计理念上的天人合一。禅宗的最终理念是:天人合一,超越自然。在

设计中，我国的一些设计由于从亲近西方的"哥特式"到近年兴起的一种至简形式，都是对大自然的一种回归性的拥抱。在设计理念上面，我们不再是一种简单的模仿，而是一种追求人与自然的和谐与相融，天和人之间达到高度的相融性。

从美学的思想来看，在室内设计的一种禅文化的应用，是人们厌倦了繁复的审美，人类从本性来说，还是习惯简单式的美感，就像中国的审美从一开始的简单线条，那样的一种审美体验是适应人类的。这样的一种天人合一是对大自然的一种情怀，是在繁杂的尘世间的一种包袱的放下。禅文化有这样的功效：一方面既借自然景色来展现境界上的形上超越，另一方面这形上境界的展现又仍然把人引向现实生活的关怀。这便进一步扩展和丰富了心灵，使人们的情感、理解、想象感知以及意向、观念得到一种新的组合和变化，可见，天人合一的设计理念是室内设计师在现代生活下追求的另外一种情怀，是心灵休憩的一个最佳场所，禅文化在室内设计的运用，是对现实生活的另外一种映照。

（2）室内整体设计：简约性。禅文化提倡的是一个词：简约。在生活上，禅文化是对繁杂生活的另外一种回归，要求人们的淡泊宁静，而这在室内设计上面处处体现着这样的一种思想。任何一种东西的设计都是体现着某种的思想，对于禅文化的室内设计同样是如此的。室内整体设计的简约型表现在这些方面：

首先，从整体布局来看。在禅文化的影响下，室内设计从整体的布局来看是一种简单陈设。不同于现代的摩登设计，处处体现着高科技与智能。而禅文化的室内设计是回归到以往的简单。在物品与物品的陈设之间，都是以一种及其简单的视觉美感，而不是繁复的。其次，从室内整体的光线来看，禅文化追求的是一种心境，我们可以看到在这样的情况下，一般室内以灰色调为主，以黑白为主导色，成为众多禅文化

室内设计的首选，在这样的颜色下，人们再浮躁的心也能够得到一丝的安慰。所以，无论是从室内设计的摆设到光线的运用，处处体现着禅文化的简约性。这对忙碌的现代人来说是非常重要的。

（3）禅文化符号的充分运用。在室内设计上面，禅文化符号的运用到处可以看到，比如在室内的一些物件上面，我们可以看到禅文化的符号，在室内中的一些桌子、椅子、凳子、茶几等等，这样的一些符号在家具中的运用，是室内的整体布局设计的不可或缺的一部分。室内陈设的物件主要是从这几个方面体现了禅文化的运用：首先，我们从物件的质地来看，比如桌椅等等，一般都是色泽沉稳、质地坚硬的木质材料构成。这样的一种材料一方面是大自然的一种融合，另外一个方面也是契合禅文化在生活中的"天人合一"。此外，家具的整体上来看给人的是一种大气、安静之感，人们在运用这样一种物件的时候，心境也会自然的发生着变化。其次，从室内摆设的一些禅文化的东西。比如，在室内设计的时候，为

了凸显对禅文化的运用,在室内往往会挂字画,这些古典字画往往透露着文雅的气息。"禅"字也在心中,这是现代人在禅文化的室内中所要追求的最高境界之一。那么,禅文化的摆设,是恰到好处的画龙点睛。

从上面来看,室内的一些元素也是充分运用了禅文化的精髓。禅文化的影子深入到室内设计的各个方面中,最后与整体融为一体。

3.禅文化对其他设计的意义

禅文化是中国室内设计的一种文化的体现,这样的一种文化体的完美展现,不仅能够使得人们在精神上能够达到一种愉悦感,同时也是展现中国文化的一个很好的平台。设计,其实就是体现着某种思想。禅文化在室内设计上面的成功运用,一方面要懂得如何更好的运用这一文化精髓,另一方面,也是在其他设计中的典范。禅文化在室内设计上的成功应用,也对其他设计有着重要的意义,那么如何使得在设计上有更大的作用,主要从以下的几个方面入手:

(1)善于运用中国传统文化。上下五千年的悠悠岁月孕育了中国文化的博大精深。一代又一代的中国人在神州大地这一片沃土上面,传承和发扬自己的文化。中国文化正因为其厚重感而得到其他国家的学习,很多外国人更是对中国文化有着一种深深的敬佩感。怎么样使得中国文化为我所用,使得中国文化得到更大的发扬?那么是无论哪个行业都要想的。

中国的文化可以体现在多种的设计当中,禅文化的成功运用对其他设计有着重要的启迪意义。那么在其他设计中,我们同样可以看到禅文化的成功运用。比如在陶瓷的设计上面,同样可以看到禅文化的设计身影,瓷器一般是以白色为主,但是现在有的瓷器是一种青青绿绿的翠竹,尽显禅文化的幽静。

(2)坚持符合人的需求。禅文化在室内设计的运用,这是一个发展的趋势。为什么这样说呢?在现在都市人高强度、高速度的工作环境下面,人们想要找到一种截然不同的生活方式,但是又要对现有的生活是不冲突的,那么必然体现在一些物体的设计上面,于

是室内设计的禅文化成了人们的一个热衷,所以,禅文化是坚持符合人的精神需求而出现的。在现在人们的物质得到极大的丰富下,精神饥饿的程度却在大大加深,人们在钢筋混凝土中找不到释放的自我,人们的需求是什么,在设计中最重要的是坚持人的需求。

人的需求有多种多样的,一般是分为精神需求和实际的物质需求。在精神需求上面,比如文中在室内设计上面充分的运用禅文化,这是其他设计应该学习到的。在广告设计中,同样也可以运用中国的一些元素使人们的心灵得到舒展,某则公益广告"鹤我白沙,我心飞翔"充分体现了禅文化在这里的运用,整个广告画面是一种舒展的宁静之感D在物质的需求上面,更要坚持的是符合人的需求、

但是一般体现的是一个创作，设计的美观上面是以需求为主的，比如在去年的春运期间，设计者们设计的一种可以在火车硬座上使用的神器叫做"硬座宝"，其整体的构架是符合人的实际需求的：总之，从禅文化的角度来看，文化在另外一方面也是一种功利性的需求，所以无论在室内设计还是其他的设计中都要以人的实际需求为出发点。

禅文化是中国文化的精髓，在室内设计上的成功运用，一方面是对中国传统文化的传承，同时也是对人的精神需求的体现，禅文化以后如何更好的服务于室内设计及其他的设计，这是设计者们需要考虑到的。"天人合一，追求自然"这是人类的最终情怀，也是在设计理念上的理想之一。

（二）道家思想对室内设计的影响

以老庄的思想为核心的道家哲学，在中国文化史和哲学史上占有重要地位，道法自然是道家思想的精髓，并且已经渗透到美学和文学、艺术等各个领域。而室内设计中的中式风格，作为中国特有的空间设计文化，不论是在空间处理上还是在用材上，也深受"自然"的影响，成为现代室内设计流派中重要的一支。

1.道家思想中的"自然美"观——自然和空间设计的和谐

人们常说"儒家重礼乐，道家贵自然"。在《道德经》有："人法地，地法天，天法道，道法自然"，我们知道"自然"是道家思想的核心内容。在这里，老子认为"自然"与"道"是几乎相同的，即"自然"具有"道"本体的品格，"道"的本性是"自然"0道家在哲学上以"自然"为叙述中心，在审美观上则表现为对自然美的追求和对浮华矫饰的反对。崇尚"自然"、顺应"自然"是老子美学意蕴的主要源泉。在美的自然观基础上，老子又谈到"素""朴""淡""拙"等，这些延伸出来的见解后来也都对美学领域产生了重要的影响。

谈到室内空间设计，这几十年来，随着我们社会的发展和科技的进步，以及人们的生活水平的提高，都促使着人们对室内居住环境的要求也越来越高。现代的家庭居住环境已不仅仅是人们生活的固定场所，更是人们精神的家园和栖息地：在设计风格百变的今天，中式风格依然是不少家庭室内装饰要求的首选，比如我们常常会看到尤其老一辈的家庭里，

他们的布置就相当有中式风格：整套的红木家私，墙面上或天花板上随处可见到中国式图案的修饰，这种中式风格的产生绝不仅仅是个人怀旧或者设计风格的循环，其产生的原因可能是属于一种个人习惯，一种业主在中国文化熏陶中不由自主的选择。

随着社会的发展，新的艺术观层出不穷，室内设计利用历史的、文化的传统内容在现代空间反复应用。复古和怀旧的情调、传统的地域性风格与现代设计形

成了强烈的对比,强化了人们的感受,而现代室内设计中式风格受到道家思想影响,它不再是盲目的复古,不再是"古老"和"刻板"的代名词,反而表现为亲近自然、朴实无华、简约却更赋有内涵意蕴。表现在实际的设计应用中,设计师往往会去掉以往中式风格中过于繁琐的装饰图案,取而代之的是一种清新的追求极其简练的线条和现代视觉符号,造型反而更自然生动,更容易为现代人所接受和喜欢。而在家具的陈设布局上,现代的中式装饰风格更加注重家居用品和现代建筑格局的结合,而不仅仅是把旧的中式家具不经变化的直接搬用到现代建筑的居住格局中。主要表现在以下几个方面:

第一,中国旧时的中式风格,在家居用品的布置方面,往往多是"成套"设置的。而现代室内设计中的中式风格受到道家自然观影响,表现为更加尊重每一个个体本身的价值,可以作为一种设计元素在某一单独空间内,以"个另厂和"单独"的形式独立出现,增加了整个室内装饰风格的多样性和选择性G

第二,中国旧时的中式风格,在空间设计布局方面,讲求"整齐"和"对称",以体现封建等级的种种观念。而现代室内设计中的中式风格受到道家自然观影响,表现为更加尊重每一个空间本身的价值,而不仅仅是拘泥于形式,现代中式风格根据现代建筑空间功能划分的不同,根据客厅、卧室、书房、厨房等不同的功能分区,以及按照两室一厅、三室两厅、复式楼或别墅等建筑格局的不同,其对中式风格的运用可以是更加"自由的、不规则的",能表现出更多的方式和魅力。

第三,中国旧时的中式风格,在装饰风格方面,讲求"单一"和"统一",以体现封建道德思想的权威性等观念。而现代室内设计中的中式风格受到道家自然观"道生一、一生二,二生三,三生万物"的影响,表现为更加尊重自然中的"变",认为唯有在"变"中才会产生和谐,富于和谐。即现代中式风格不论在家具造型、质感和色彩上都要突出其特定的美感,它可以从"混合"与"复杂"的设计理念出发,运用"对比"和"强调"的装饰手法,从"变化"中得到"和谐"的美感。

2.道家思想中的"无为"观——淡泊宁静的生活审美观

道家思想强调"师法自然",在现代室内中式设计风格中将此观点发挥的淋漓尽致,特别在家具的设计上表现的最为突出。道家主张顺其自然,他力求天和人的相互依存,相互统一,既不主张以天制人,也不主张"以人灭天"。正是受这种主张的影响,在近年来在中式风格的设计中,明式家具受到现代人的喜爱,这是由于明式家具所表现出来的自然美态,不矫揉造作,与现代空间设计所崇尚的简洁,清爽的

观念不谋而合。明式家具造型特点主要表现在对线的运用上.家具制作处处以

线入手，既有直线也有曲线，充分表现自然万物的各种形态，这些线的运用实际上是对道家思想的广泛运用。在材料的选择上，均以自然界的木材为主，不加涂饰，外观大方简洁、不粉气，并且反衬石材、陶瓷等硬度刚性材料的冷淡、生硬的特点，这也完全符合了现代中式风格的对自然美的意境造诣。

道家思想以其独有的魅力深深的影响到中国的艺术领域和设计领域，特别是在现代室内中式设计风格中，不管是对于材质的运用空间的理解，还是对人与居住环境和谐共处的认识，它都对我们具有很好的启示作用。所以，对于我国古代优秀传统文化的学习在现代设计中都显得尤为必要和重要。

三、民俗文化对室内设计的影响

民俗文化是传统文化中最鲜活的一部分，民俗学及其理论的普及，不仅有其自身的学术意义，也有用它来指导某些文艺创作、设计人的生活、乃至规范某些社会行为等意义。从民俗文化与设计学之间的有机联系来具体分析民俗文化在室内设计中的现实意义，用以为现代人设计满足功能与精神需求皆备的空间提供依据。

伴随着民俗理论研究的成熟，以及政府和社会各界对民俗保护的重视，人们对民俗文化表现出更加客观的认知态度和更大的认同感，甚至出现当前的"民俗热"，在互联网时代通过大众传媒特别是网络的快速传播，使民俗学成为时下流行文化中活跃的因素。相关的一项调查结果显示，大多数青年对传统文化在当今社会的应有作用表示肯定。年轻人对传统文化及民俗文化的认知度和认同度，对民俗文化的保护和传承提供了保障。

民俗文化是产生并贯穿于人类社会各个方面的言论、行为、习惯的文化。中国是一个民俗文化大国，民俗宝库丰富多彩。但是，民俗文化（包括民俗文物）又是很脆弱的文化遗产，我们应该像保护生态环境一样，保护人们赖以生存的文化环境。现在"民俗文化"正在成为一种新的时尚，这种情况一方面反映了中国传统文化的恒久魅力，另一方面也证明了传统文化是可以与现代文明并存的，并不断地以新的形式和外在表现适应着现代人的审美和对文化层面的需求。民族元素是一个取之不尽用之不竭的宝藏。设计师在学习西方先进设计理念的同时也应充分着眼中国传统文化，努力挖掘几千年来影响中国人生活方方面面的民俗文化所具有的新鲜活力和历久弥新的符号形式。特别是室内设计师更可以在民俗文化中寻找适合表达的各种符号来设计人类生活中重要的组成部分——"住"。"住"在中国人的传统观念中历来就是一件大事，从房屋的格局、风格、装饰、色调、陈设品等方面入手，将民俗文化中的人文观念带入生活，在居室生活的每个细节中体味文化，最后完成中国情结的回归。

（一）设计师要有明确的责任感

作为设计师不仅要具有严谨的科学态度，设计合理舒适的空间满足人类居住使用的生理需求以及心理需求，还应该充分考虑到空间对于使用者的教化功能的体现，引导使用者关注中国几千年的文化积淀，起到正确价值导向、道德导向、文化导向的作用。在努力提高人们审美水平的基础上提升他们的文化修养，激发起更多人特别是年轻人对祖国伟大文明的崇敬之情，潜心研究其丰富精湛的内涵，在设计中加以运用与创新，将民族的珍宝运用于设计生活中。室内设计师也有责任和义务为保护民俗文化做一点现实意义的工作，通过对空间的设计将中国传统文化浓缩在固定的空间之中，通过显性或隐性的因素对接或潜移默化的影响着使用者的文化观，唤起更多的人士对民俗文化的深切关注。

（二）地域风格流行

在今天的设计界，地域因素成为设计师关注的焦点，新地域风格应运而生，这种设计风格充分发扬了当地的风情面貌，使设计作品能够从平凡中脱颖而出，面貌亲切而独特，从建筑到室内设计都洋溢着强烈的民族气息，而这种设计风格也受到社会的肯定。例如皖南地区的一些建筑物，就巧妙地将皖南民居传统的粉墙黛瓦的色调、高高的马头墙等建筑结构造型运用在建筑设计和室内设计中，使得建筑和室内风格具有皖南地区特色，与周围的环境十分相宜，又是符合现代功能需求的现代建筑与空间。再如内蒙古地区，出现了很多以蒙古族风情为特色的建筑设计和室内设计，这些设计宛如一个地区的标志，有自己独特的城市特色，可以将游客的认识立即指向内蒙古的地域特色。例如内蒙古大学的主楼造型采用了蒙古包的造型特点，显示了蒙古民族天人合一的生态哲学。再如巴彦德乐海饭店，从店面设计到室内设计都充斥着蒙古族的民俗特色，处处彰显着蒙古民族的风情。蒙古包中的结构部件、马背民族生活的元素、对祖先成吉思汗的崇拜、马头琴、四胡等民族乐器的陈设都在室内设计中体现出来，加上蒙古族传统饮食和民俗表演等经营内容，将草原文化集中展现给顾客。可见地域文化以及地域特色成为最佳的卖点和打动人心的法宝。继承民族传统，寻觅中华民族传统文化之魂，寻觅中华民族生生不息的民族精神是设计的追求。

（三）民俗符号的再现及新生

传统民俗是我们中国人的文化符号如何利用传统民俗符号，如何通过符号将情感与空间建立联系是室内设计师需要认真思考的问题。民俗符号作为民俗表现体，是用某一个民俗事物做代表，并在相应的背景中具有一定的象征意义。民俗符号在室内设计中往往具有极强的现实意义，如皖南地区传统民居一般都在中堂下方条案上摆放座钟、花瓶和一面镜子，取"终生平静"之意；苏州园林往往在步入厅堂的门前用条石做成云朵的样子,意寓"平步青云"或"连升三级";山西传统民居的门楣上雕刻白菜的形态,意寓"日进百财";书房的窗子往往采用菱形图案也就是传统的"冰裂纹",告诫学子"冰冻三尺非一日之寒",有的还加上梅花的图案,清楚明白的述说着"梅花香自苦寒来"。这些传统民俗符号在今天仍然被现代人所接受,人们"求吉"、"求平安"的美好愿望是千古不变的。

室内设计可以将这些显性的传统民俗符号直接地运用在空间设计中,将民俗符号较为系统有序地使用,也可以通过改造将传统符号赋予符合现代人审美理念的新的符号形式。直接使用民俗符号的手法比较简单,适用于格调比较怀旧、整体具有民族特色的空间,如可直接使用意寓"富裕"的双鱼造型、象征品格高洁的竹子的造型、象征高寿的松鹤组合图形等等。这些传统民俗符号的使用也要具有一定的规律,在室内空间中宛如在讲述一个完整的故事情节,而令人回味无穷,体味传统文化的魅力所在。将传统民俗符号赋予新的形式是比较创新的手段,这种做法有利于民俗文化的传承和保护。由于一些传统符号并不能适应现代人追求简约的风格而显得比较繁复,而太过抽象,所以设计师可利用传统民俗符号的内涵改造解决这些问题,利用现代构成的手法将民俗符号重新组合,以新的形式展现传统魅力。例如前文提到过的以座钟、花瓶、镜子的组合来表达"终身平静"的希冀,这个组合意义可以用符合现代人审美的镜子、花瓶、钟表来构成,镜子不在是过去那种古香古色的形制,而采用几何抽象的形态,花瓶也不必是传统陶和瓷,可以是各种颜色、材质、造型的后现代风格。再如表达"平安"的愿望,可以结合地域风格使用马鞍和花瓶的组合来实现。书房门窗的"冰裂纹"可以用抽象的手法局部放大或缩小来使其特征更加夸张。以现代设计手法改造传统符号的外在形式是一种新的尝试,但也不失为一种对传统民俗文化积极探索的一种方法。

(四)情感的回归——符合中国人审美的意境

室内设计的功能是第一位的,但功能需求只是简单低层次的要求,当代人对于环境的概念越来越倾向于精神的家园,因而室内设计最终还应将精神生活领域的要求作为设计的归结点,营造出一种超于事物表象的意境。中国传统文化一贯追求意境的表达,在几千年的文学创作和艺术创作中总结了不少方法和理论。叶朗先生说"从审美活动的角度看,所谓'意境',就是超越具体的、有限的物象、事件、场景,进入无限的时间和空间,从而对整个人生、历史、宇宙获得一种哲理性的感受和领悟。"传统民俗文化对中国人的影响是弥散性和历时性的,具有至深至巨的强大惯性力量。受这种力量影响的中国人更容易通过传统民俗符号,引起与客观外象的共鸣,产生对意境的联想。运用传统民俗符号等手段进行空间设计比西方的结构主义等设计手段或艺术流派更适合中国人的思维习惯，更符合中国人的审美观念，也更容易接近中国人向往的精神家园。

综上所述，民俗学只有解答了现实社会所提出的问题之后，才能更加体现出自己的价值和声誉。将民俗学引入具体的学科研究，贴进现代生活，不仅为民俗学的研究和发展提供了新的研究方法，也为如室内设计等学科提供理论支持力量和具体实施方法。在中国设计师进行空间设计的过程中，充分学习借鉴民俗文化的内容，可以使设计更加具有文化内涵和较高的艺术品位，因此民俗文化在室内设计中具有不可忽视的现实意义。

第二节 人文精神在室内设计中的重要性

一、人文精神概述

"人文"在词典中的解释为人类社会生活的各种文化现象，是科学范畴的"人文"概念。在设计领域中，"人文"应展开理解为深厚的文化性内涵以及带有广泛意义的人性化的设计要素。"人文精神"是指人类在历史演进过程中，尤其是在当代社会物质世界呈现出精神上的无限膨胀性的复杂状况下，秉承历史、文化、艺术、生命、存在等人类永恒基础产生的精神与心理的体验。它体现在室内设计方面，就是遵循以人为本的设计理念，将人的心理与生理的需要，通过相应的科学技术与设计手段，合理的展现到室内设计中，并以此作为设计的出发点与归宿。

人文精神是人类以真善美价值理想为核心，不断实践对人的本性、自由、平等、关怀和精神追求的尊重，通过人自身以及对人、自然、社会的恰当把握，实践人、自然、社会之间和谐的一种文化精神。人文精神是文化的灵魂，它不是一成不变的，而是与时俱进。人文精神本质上是一种文化精神，科学精神是近代从人文精神分衍出来的一种文化精神，是人文精神的特征之一。它的其他基本特征是时代性、民族性、实践性。

（一）人文精神的基本内涵及其意义

人文精神内涵具体表现在以下几点：人就是人本身、个人的自由和尊严、人的理想人格、追求和谐之美等。主要应包括三个方面，即人文精神的价值理念、人文精神的理想追求和人文精神的科学性本质。这三个方面相辅相成，缺一不可，从而构成了人文精神的科学内涵和科学体系。这正是人文精神之所以可贵，而且能够代代相承，不断扬弃、发展、完善，并需要大力弘扬的原因所在。

以人为本是人文精神的基本要素、价值基础和出发点。以人为本，就是一切要从人和人类的利益出发，要站在人的立场上看待物，要以人的根本利益为核心来评价人类的行为。要求看重人、尊重人、保护人，崇尚人格、尊严、理想、道德，为人的健康、自由和全面发展而创造，为建设一个合乎人性的人类社会而劳动，这样的创造和劳动才是有意义有价值的。由此理念出发，一切损害人的丑恶、邪恶、虚妄都是人文精神的敌人。人类历史，在这个意义上可以看作是不断探索如何尊重人、保护人、优化人、提高人，从而达到人的自由全面发展这一理想境界的奋斗史。没有人，没有人的发展就不会有物的发展，不会有人类社会的发展。人文精神中，人本思想的核心地位是它的根本内涵。

人与自然，人与人，人与社会的关系一样，也是人达到全面、自由发展不可缺少，也不能缺少的组成部分。这在当代更为世界所共识，并且正在积极进行多方面工作。这不仅是因为人与自然原本就是相互依存的有机整体，而且是因为，造成阻碍人类更好发展的困境，许多是由于人类不能将人文精神放大扩展到对待自然，在强调人的权利的时候，没有或者是疏忽了自然存在的权利，只把自然当作索取对象没有更多的去关爱、保护它，结果自然回报人类的不是绿荫而成了灾害。目前在人文精神的讨论中，可以看到，不仅古代中外人文主义者对人与自然的和谐统一有许多论述，而且当代的许多著名学者的观点也非常精辟而有启发性。这说明，保护环境，关爱自然已成为人类可持续发展的科学认识、道德价值和必须起而行动而不是坐而论道的人文问题。

人文精神的真理性在实践中不断得到检验。人文精神追求的是人的需要、人的价值、幸福和为达此目的的不懈努力。人类历史已经证明，无视人和人本身价值，将大多数人视为牛马、奴隶、机器的时代和社会必然死亡，不平等、不公平、不人道、不民主的反人文行为同样受到了世界人民的谴责。虽然，当今世界局部地区在这方面仍然存在着严重的问题，科学技术压倒人文精神，科学迷失人文方向的情况也令人担忧，但总的来说，人文精神的真理性价值已经得到认可。绿色环保、灾害救助、文化多样、物质丰富、科技发达、教育普及等等，有利于人的发展的人文行动，在人文精神的照耀下已在多方面展开，当然世界的问题，中国的问题，不是仅靠张扬人文精神就能解决的，但历史将会证明，人文精神永远是激励人类社会进步的精神动力和终极价值目标。

正因为人文精神具有以上的科学性、真理性，才具有了价值意义和张扬的必要。以上方面的内涵，有其内在的必然联系和相互影响。在人本基础之上又围绕这一核心，通过三位一体协调发展的理想道路走向终极目标，而人文精神的科学性本质正是达到终极目的的内在保证。

（二）人文精神在中国文化的地位和作用

我们生活在经济高速发展的时代，但是经济和科技的高速发展并不意味着人类真正、全面的进步。环境问题、人口问题、文化冲突等困扰着整个人类，理想失落、价值迷途等让我们失去了精神的家园。当代人类的生存和发展遭遇从未有过的历史困境和精神危机，把人类命运和人本身的问题提到引人注目的地位。如何建构当代人文精神，成为当前我们社会主义市场经济面临的重大问题和时事热点问题，具有极其重大的现实意义和理论意义。

人文精神是中国传统文化的核心，中国传统文化的人文精神主要体现在以人文本、天人合一和人文思维三个方面。中国传统文化的这种人文色彩对现代西方的人文主义或者人本主义有很大影响：中国历史发展过程中，曾因人文精神在农耕经济时代的先进而化成天下，也因人文精神在商品经济时代的落后而陷入百年黑暗。因此，人文精神作为社会发展的精神动力除因时代、民族不同而变化，更应把握时代脉搏，使之与历史实践相结合，从而发挥推动人类社会发展的积极作用。人文的思维方式还有一个特点，那就是它具有很大的随意性，就是说它是处于不断的变化中的，可能现在是这个样子，突然就会变成另一个样子。因此我们就要马上改变自己应对的方式。

中国文化的人文思维方式是一种强调个性的思维，因为它是动态的、整体的、联系的、随机的、综合的。我们知道科学的思维方式追求的是一种普遍适用性，只有普遍有效才是科学。人文是考察人文的思维方式，会更多地注意个性、个性化的东西。这是我们在了解中国传统文化的人文精神时，必须要重视的一个问题，因为一种文化的思维方式，可以说决定了这种文化的发展方向。

二、室内设计中的人文精神

室内设计就是遵循以人为本的设计理念，将人的生理和心理需求作为设计的出发点和归宿。设计师通过对室内空间的组织和界面的设计将人性化的设计要素和人文的设计理念注入其间，使其具有情感、文化、个性和生命的灵动，它体现出一种更高的设计境界和精神内涵，是无法用具体的指标来进行量化的。正是这种看似"虚无"的"精神态"设计理念，撇去"物质化"设计主义的表面浮沫，积极地引导人们在心理上产生对情感的认同和归属。

自从人类有了建筑活动，室内就是人们生活的主要场所。随着社会的进步和发展，人们对室内环境的要求也在不断更新发展，鲜明的个性化特征和人文气息已经成为现代人对室内空间设计的最高追求。因此，综合运用先进的技术与手段，考虑四周环境等因素的作用，充分利用有限的空间资源和有利条件，积极发挥创作性的思维，创造一个既符合生产和生活物质功能需要，又符合人们生理与心理要求的室内空间环境，这已经成为当代室内设计的重要任务。

（一）室内设计中人文精神的发展趋势

当今社会中，人们在物质追求得到一定程度的满足以后，便开始寻求精神和文化价值的体现；开始在建筑中呼唤人文、生态、环境和可持续发展的设计观念。室内设计作为建筑设计的延续和完善，是建筑设计的有机组成部分，它的发展自然偏离不了建筑设计的航向。室内设计不同艺术风格和流派的产生、发展和变换，既是建筑艺术历史文脉的延续和发展，具有深刻的社会历史发展和文化演进的内涵，同时也必将极大地丰富人们在室内活动时的精神生活。现代生活中，人文精神已经不自觉地渗透到了建筑室内设计的各个领域，因此，注重人文关怀，解读人文精神，体现人文精神，实现室内设计的人性化，是室内设计的出发点和归宿。

近些年来，随着社会经济水平的提升，现代的科学技术手段较之以往有了很多新的突破。伴随着各种新思潮的出现，使现代人的生活发生翻天覆地的变化，呈现出多元化的特征。人类的生活离不开房屋，室内设计作为一种学科与应用科学，它一直在不断的发展着，为人类提供更新更广阔的生存空间。新材料与新技术的运用，使人们在满足其最基本的功能外，更加重视让其具有鲜明的个性与人文的气息。

（二）室内设计中的人文精神体现

室内设计中的人文精神主要体现在两个方面，一方面是人性化的设计方面，另一方面是充满中国人文特征的设计方面。对于室内设计来说，设计中的人文含量越高，越能反映一个民族灿烂的文化传统，使该设计独具魅力，让使用者身心愉悦，陶冶人的高尚情操。设计中的人文内容越多，其设计成果就越能满足使用者的文化精神需求，以便产生环境与人的对话，增加人与环境的和谐度，放松使用者工作中带来的紧张状态。设计中的人文渗透越深，越能提高设计的文化品位，满足使用者的审美需求与精神需求。

要在人文视野中建构科学理性，发扬科学精神。科学技术不是万能的，但是没有对科学技术进行人文的驯化，人类将必然走向灾难。在全球化视野中沟通和把握人本身、人与自然、人与社会的关系，创造出新的适应人类生存和发展的人文精神，创造出适合人类居住的室内人文环境。

加强人文教育是建设人文精神的具体途径。新的人文精神只有通过人才能建立，是人的主体意识的觉醒和完善的过程。提高民族文化素质，加强人文教育，这是一条从个体出发来解决人类人文精神问题的可操作的道路。

真正关注人类的生存和发展，找到人类精神的家园。寻找精神家园并不是要寻找精神的麻醉剂，而是要在人生艰难的处境中寻找生活的信念和依据，是我们心灵对人的自由的向往和追求,是我们追求真、善、美精神旅程中不断的超越和升华。

我们创造一个室内空间就是要把美的环境传达给身临其境者,因此,一位优秀的设计师必须懂得空间形象的心理效应,了解不同地域的生活习惯、文化传统、民族精神、风俗人情、宗教信仰以及个性的人生哲学、兴趣爱好等,并且对不同的心理效应进行合理的安排和调度,恰如其分地运用到设计中去。总之,现代人文思想已成为时代前进的必然,只有在室内设计中处处体现以人为本的思想,体现民族精神和时代风尚,设计师才有不竭的创作源泉。

所以,室内设计就应该体现人对环境的把握,创造人性化的空间,处理好人与环境的最佳关系。同时,室内设计的审美层次也进一步从单一的形式美转向文化意识,更重视艺术风格、文化特色和美学价值的追求以及环境的创造。现代室内设计的审美重心也从建筑空间转向时空环境,开始强调以人为主体,强调人的参与和体验。体验无处不在的人文关怀,感受充分细致的文化韵味,是室内设计的最终目标。

三、室内设计中人文精神的缺失

随着改革开放的深入进行,我国的社会经济进入了飞速发展期,各地建筑也如雨后春笋般快速涌现,相对应的室内设计也快速发展。然而,快速发展的社会经济与快速发展的室内设计不可避免的存在不少弊端,人文精神在社会层面、在精神层面、在社会各学科之间的缺失不容忽视。同时,也要明白,人文精神危机问题是中国社会转型时期面临的复杂情况和遭遇的反映。当代人文精神不是整体性的失落,而是部分或者表征上出现病理特征。中国当代人文精神危机不是现代化的陷阱,它也孕育另一种挑战和机遇。

当今社会人文精神缺失最突出的表现是物质生活和精神生活的失衡。在不少国家和地区,现代工业提供了高度的物质文明,却使人的心灵和情感变得十分枯燥。人们追逐着实利和金钱,精神荒漠化,很少去思考人生的意义和价值。当人的内心不自由,不能自觉地实现自己的自由意志时,他就不可能成为真正意义上的实践主体,也不能成为具有人文精神的审美主体。

当今人文精神缺失的另一个表现是大众文化的蓬勃发展、大众文化机械复制压倒个性创造,形象包装压倒意义追寻,给受众的感官刺激压倒精神启迪。大众文化背景下的艺术平面化、意义缺失是不争的事实。大众文化批量生产、机械复制,取的是大众平均化的审美趣味,不可能考虑到作为大众的一份子的个性要求,大众文化是缺乏个性的审美文化,这样的艺术对象生产出的主体,陶冶出的受众只能是缺乏审美个性,缺乏审美原创力和想象力的精神侏儒。

当代人文精神缺失的再一个表现是在全球化的声浪中，人们在享受异域文化新奇的快感时，民族文化、民族精神的淡出。随着全球经济一体化进程的加快，不同文化区域和族群之间的文化交流与对话不断扩大，发达地区、经济强势民族的文化如潮水般涌向欠发达地区、经济薄弱地区。不少第三世界国家、甚至一些发达国家的精神界精英惊呼民族文化有被外来文化吞噬的危险。优秀的传统文化受到外来文化的冲击，发展举步维艰，几近湮灭，传统文化蕴含的民族精神受到挑战。于是，反文化现象泛滥成灾，人们无法实现自我民族的同一性，逐渐麻木了对"只有民族的，才是世界的"这一真理的认知。

人文精神缺失的表现集中起来，就是人不能正确的对待人生，对待人生的目的、意义、价值。反映到室内设计方面就是我国室内设计行业的发展不可避免地受到国外不同文化和建筑思潮的冲击。生硬的"拿来主义"和缺乏深入思考的"应急性"方案以及物质生活丰富了的人奢华环境的追求使我国的室内设计走向了两个极端，即"极少主义"和"过多装饰"。"极少主义"是以混凝土、钢筋和玻璃材料为代表的现代主义建筑方式，它的设计原则是只强调功能使用而缺少装饰，其外观虽工整有致，却冰冷而缺乏人情味，它的发展使整个世界不分地域和文化成为统一的模式，造成了地域性和民俗文化的丧失。而走向其反面的"过多装饰"则在室内空间中大量运用装饰材料，盲目堆砌古典装饰造型元素.尤其以近年来"欧陆风"在我国的盛行，这种肤浅的表面装饰造型手法让人感到表面的矫揉造作，根本无法实现设计的人文价值和人们内在的精神体验。具体有以下几种体现：

（一）片面追求豪华的倾向

有的家庭装修把豪华宾馆中的设计手法和材质选择加以搬用，这样就会使装修效果"跑题"，甚至有人提出住宅装修要"宾馆化"的错误提法。家是属于自己的私人空间，是人们放松心情摆脱疲惫的场所，是家人共同生活的天地是温馨幸福的。宾馆是人们暂时逗留的地方人流不断，同一个房间你住我住他也住，怎么可能存在家庭气氛？怎么可能和家庭相提并论？这是有碍家庭装修观念正确发展的。总之，这些做法只能说是多花了钱，却得不到家庭的温馨，是值得大家深思的。

（二）片面追求高档材料的倾向

在家庭装修中，质量的好坏不完全取决于材质档次的高低，而更多的应以高超的设计质量与施工技术取胜。没有好的设计与精湛的技艺，再好再名贵的材料也是白搭。不仅做不出好的效果，反而造成了极大的浪费！

（三）随意堆砌装饰成品的倾向

在室内装修中，有时需要一些装饰性的线脚、贴脸、花饰等。但是，在装饰材料市场上却供应着大大小小似是而非的成品，有的单位不负责任随意购买，任意在装修中拼贴乱凑，如大尺度的顶角线、粗烂的门套线、超尺度的园型顶棚线等等，因为细部是超尺度和杂乱无章的，所产生的后果既缩小了本来不大的居室空间，又失掉了典雅大方的气韵，更别提家庭装修应有的温馨品位。

人文精神在室内设计的缺失不是一天造成的，想要唤起人文精神的回归，需要一个过渡的时期，需要从设计层面到社会层面对人文的认可与实施，其中，中国传统文化的作用不容忽视。中国悠久的文明历史创造了与西方古典主义完全不同的建筑体系。中国古建筑群体所特有的空间组合变化，演化出室内动静统一、内外交融、含蓄变化的丰富的空间内涵；尤其是古建筑室内的木构架结构使室内空间分隔灵活多变，如传统的隔扇、罩、架、格、屏风等。这些木构件除了具有界定空间的作用外，其自身所具有的丰富的图案变化还成为中国传统室内独特的表达语汇，而各种架、几、桌、案和富有象征含义的对联、匾额、字画更是将中国的传统室内文化体现得淋漓尽致。中国广阔的地域、众多的民族使其传统的室内设计文化也背负着深刻的文化印迹和浓厚的人文精神要素；正如建筑领域对文化精神的呼唤一样，充分重视文化传统，探求民族特色，激活本国特殊的文化价值已成为国际性的建筑思潮之一。

因此，室内设计在经历了行业发展初期的千篇一律的模仿和毫无内涵的装饰后，人们逐渐回归到对人性本位和文化价值的追求，对于如何创造出具有中国气派与文化底蕴、历史精神与民族风貌的室内设计以及如何在设计中反映个性所独有的精神层面和文化追求，成为设计师和使用者共同探寻的目标。现在人文精神的缺失使得我们远离了这人生的理想境界。现在我们倡导室内设计的审美回归，就是要帮助人们寻找那些失落的精神家园，让室内设计更符合人文精神的正确发展方向，创造优美的环境，创造完美的人生。

四、创建室内设计以人为本的途径和方式

人是室内设计的主体和服务目标，人对环境的需求决定着环境设计的方向。21世纪，人们的生活日益规律化与程式化，由于人们大部分的生活和工作都将在室内环境中度过，因此好的室内环境设计能激起人的归宿感、安全感、认同感，是否有人性化特征，将直接影响到人们工作与生活的质量以及内心当中的精神体验。而当今社会人们对室内环境的需求，表现出回归自然、重文化、高享受和多元性、自娱性与个性化的倾向，因此希望拥有和谐统一、完美、舒适、宜人的生活空间。

随着科学技术的发展，新材料、新工艺的出现和运用，中国现代室内设计由过去讲究实用这一最基本的室内空间环境要求向现代舒适性进而个性化的方向转

变。同时，随着人们对传统民族文化与地域文化的重新认识并发掘出新的内涵，将传统文化元素包括外来文化在内的各种其他文化元素广泛运用于室内装饰设计之中，成为新的设计理念，"轻装饰，重文化"的理念越来越受到现代室内设计界人士的普遍认同，文化元素在室内装饰设计中的地位正在日益凸显。由此可见，将文化元素和人文精神蕴含在现代室内设计中，将是我国现代室内设计的主导理念和发展趋势。

（一）室内设计人文精神发展趋势的表征现象

现代室内设计人文精神体现文化本身的积淀性、扬弃性，完全不同于科技的革命性和创新取代性：科技以不断推翻陈说、标新立异而高歌猛进；而文化却不能完全丢掉自己立足期间的历史和传统，相反，它步步退却（寻根），不断返回存在的本源去发现生活的意义。要将文化元素和人文精神在室内设计中得到很好的体现，在现代社会中发现蕴含在生活中的文化精神，就要寻求文化元素和室内设计的结合点，具体说来，现代室内设计中的人文精神可以通过以下几方面体现出来：

1. 回归自然化

随着环境保护意识的增长，人们向往自然，渴望住在天然绿色环境中，在住宅中创造田园的舒适气氛，强调自然色彩和天然材料的应用，采用许多民间艺术手法和风格在此基础上设计师不断在"回归自然"上下功夫，创造新的肌理效果，运用具象的抽象的设计手法来使人们联想自然。让人在虚拟的环境找到与自然亲密接触的机会。

2. 整体艺术化

随着社会物质财富的丰富，人们要求室内各种物件之间存在统一整体之美。室内环境设计是整体艺术，它应是空间、形体、色彩以及虚实关系的把握；功能组合关系的把握；意境创造的把握以及与周围环境的关系协调许多成功的室内设计实例都是艺术上强调整体统一的作品。

3. 高度现代化

随着科学技术的发展，在室内设计中采用一切现代科技手段，让以人为本的智能化室内设计理念得以充分体现，在设计中达到最佳声、光、色、形的匹配效果，实现高速度、高效率、高功能，创造出理想的值得人们赞叹的空间环境来。

4. 高度民族化

经济的发展带动了生活水平的提高，人们虽然提高了生活质量，却又感到失去了传统、失去了过去。因此，室内设计的发展趋势就是既讲现代化，又讲传统。许多新的环境设计反映了设计人员致力于高度现代化与高度民族化结合。

（二）如何有效实施以人为本的设计理念

要实现上述的这些标准，把室内设计的人文精神实现，设计师的文化素养与艺术修养，以及敬业态度是很重要的因素，与室内空间拥有者的相互作用与沟通，让室内设计的人文精神得以完美呈现。

1. 提高设计师整体的传统文化素质和艺术修养

中国拥有五千多年的文明历程和深厚的文化底蕴，我国所特有的文化和生活方式缔造了中国特有的室内设计文化。设计师在对传统文化的继承和精神内涵的追求上如果仅仅停留在对传统文化形式和设计元素的生硬搬用上，如用现代的装饰材料模仿古代的工艺样式，或者仅仅追求表面装饰形式和视觉效果上的相似，就无法真正抓住中国传统建筑文化的精华。因此，设计师只有自身拥有深厚的文化底蕴，深入理解和体悟中国传统文化的思想观念和审美取向，才能在室内空间中真正体现民族文化的神韵。

由于生活方式和文化而产生的室内设计理念是地区、地域的产物，是区域文脉的体现。面对全球化与文化趋向问题，室内设计师们必须植根于本国、本区域的土壤，吸收外来的文化精华，诠释不同地域的现代的民族文化，建立不同的科学构想。它为室内设计师提供崭新的创作思维方法和更高的人文素质要求。因此，设计师除自身应具备深厚的文化底蕴外，还要善于用设计语言去展现不同地域的文化历史和风格，将中国传统建筑文化中的点、线、面、色彩及肌理等设计要素进行重新的组合排列，将传统与现代文化和谐地结合在一起，充满创造性的继承和发展。反之，如果设计师自身对历史变化只是表面肤浅的认知而没有深刻、系统的理解，他的作品是不可能完成高水平的诠释的。

2. 设计中与物业拥有者与使用者实现有效沟通

现代室内设计文化与人们的消费观念、生活观念等都息息相关，室内空间不仅仅是物质的生活空间，而日益成为现代文化的重要载体。室内设计师是具备专业知识和技能的专门人员，他们在设计技能及审美眼光上具有专业水准的能力，而业主虽然在技术方面是门外汉，但在生活情趣和文化品位上却因各自的生活经历和背景不同而不同。因此，在设计的过程中如果设计师能够与使用者实现有效的沟通，将使用者的审美需求、文化层次及生活情趣等融入到设计元素中，并且能够运用自己的专业技能，在设计中融入个人的艺术思想和人生哲学，将人文因素贯穿于设计语言的表达之中，让文化的血液赋予它们灵魂，才能创造出经久不衰、耐人寻味的优秀作品。

现阶段要实现设计者与使用者的有效沟通和交流，需要设计师和居住者双方观念上的共同转变。首先，作为设计师应充分认识到人文因素在设计中的重要性。在方案设计初期阶段，设计师需要对居住者进行大量的了解和接触，力求将居住者的文化层次、审美取向、个性情趣融入到设计中去。

我们在实施人文精神在室内设计的过程中，要明白室内设计是一种物质文化和精神文化的双重载体，它是一种文化现象在空间中的物化。因此，一个成功的设计能够通过对设计元素的文化性与设计秩序的文化性的整体的结合，完整、准确地体现设计者所要表达的设计意味，并营造出相应的文化氛围，从心里唤起人们的共鸣。作为设计师只要充分重视设计作品中以人为本的人文精神的体现，并且有意识地将自己的设计理念对居住者进行一定的引导，才能最终达到设计师与使用者在审美趋向的一致，使得人文精神在室内设计方面得以充分发挥。

第三节 个性化的室内设计

经济的快速发展，时代的不断进步，高品质的生活需求，让人们对生活环境和生活品质的需求日益提升。在室内设计方面，人们对自己居住环境和空间的舒适性、放松性和自我性的要求也更高。尤其是我们现在所处的网络时代，人们的生活、生存空间缩小，越来越需要给自己生存的物质空间环境赋予感性意义，要求一个有人情味、能抚慰人心的生存环境。心会

对室内空间设计由早期的物质层次满足转化为精神层次的追求，越来越注重空间本身所蕴藏的文化内涵，在审美品位上的要求越来越高。人们这些变化从整体方向上引导着室内设计行业的变化与发展，促进室内设计越来越个性化与多元化，并且将会继续发展、扩大和延展现今个性化与多元化的范围。一个好的室内设计应该是为该空间的居住者提供一个有意味的主题空间，让人置身其中感受到舒适与协调，室内环境效果所体现的文化氛围能与人的情感产生共鸣，营造出一个有特征、有气氛、有归属感的环境，使居住者真正步入一个与自己的工作、兴趣、爱好相吻合的生存空间。

在这种情况下，现代室内设计不仅要具备个性化的情调和理想化特点，还要具备居住者自身的性格品味，使得居住空间能够给居住者带去高品位的享受和自由，这样的生存空间有益于升华人们的精神生活和生命价值。

一般来说，个性化的室内设计有很多种表现形式，这里介绍最重要的两种实现形式：

一、标榜个性的室内陈设品

个性化产品和手工打造产品已经成为衡量生活方式和生活品质的关键标准在追求个性化解决方案的时代，消费者对产品的每个细节都会有自己的看法和上一代人相比，如今的年轻人，接受的教育更加良好高等，所处的环境也更加国际化，

他们更加关注生活中的个性化和流行趋势他们渴望将更多的流行元素融入到自己的家居产品中他们希望产品不但能实现功能性的作用，同时要求这些产品拥有舒适的体验，并且充满设计感，体现个性化，能够带来美学上的愉悦感。

创造个性的室内空间，最大的困难一般来说是建筑竣工之后，其固有空间几乎能改变的地方不大，只有通过室内"元素"的变化来对空间氛围的营造，赋予空间的弹性，来满足不同生活方式和个性，室内陈设品正是这样一个最灵活，也最能显著展现效果的设计因素，不仅可以营造个性的环境，而且易于改变与调整。

各种文化形式的家居环境设计，无论是繁琐或简洁。古典或现代，只要能反映出居住者文化层次、爱好、习惯等.都可归结为独特个性的直接表现。陈设品的设计对于新一

代消费者来说，在很大程度上满足了他们的个性化需求。比如一些设计者将办公橱柜或者家具制作成可以自由组合的大小、色彩、形状不同的部件，给消费者留下二次创作的空间，充分满足他们的不同愿望，表现出独有的个性。

二、独具一格的室内陈设布局

个性化的设计理念，以人为本的设计理念的兴起，使室内陈设的布局发生了巨大的变化。在现代消费理念下，标榜个性化已不仅是设计师创意的专利，已经成为市场的消费动力，也标志着消费从"满足消费"时代进入到"满意消费"时代。渴望摆脱束缚、享受多彩生活的愿望不断加强，作为传递个性特征的重要载体，室内设计一方面需要设计者与使用人群建立直接的共享机制，完成相互协作、相互激励的设计过程；另一方面，设计者要创造灵活开放的设计格局，并与多样、变化的市场相适应的设计机制，不断提升设计的应变能力。设计者在设计室内陈设时应充分考虑陈设的灵活性、消费者的参与性等等方面。

比如有人喜欢享受洗浴的时刻，将洗浴的空间放到阳光充足、空间开阔的地方，在洗浴的时候充分释放自己，让无拘无束的个性展现在室内陈设布局上，将洗浴变成一种特殊的体验与享受，而非仅是生理卫生的需求，以此来彰显个人喜好。还有就是如家庭SOHO的出现，形态的空间要求体现住宅和办公的双重功能，传统的陈设布局显然不能满足此种需求，要求在原来居住的基础上增加办公的功能区域。将空间通过陈设布局联系私密空间和开放空间，满足特殊功能之间的转换，形成一种独具个性的室内陈设布局。

在未来的几年里，个性化不仅是人们对居住环境的要求，也是设计师做设计的新理念。人们将更加重视生活品质，对自我空间的要求将更多，更追求变化，所以厚重不可移动的家具将会大量减少或成为房间的固定空间，而简洁流畅可拆卸的家具将成为主流。以及鸿儒大家的诗文字画，古色古香的装饰版画，含蓄隽

永的竹卷窗帘类家具陈设，是人们追求个性化饰物、个性化设计的一个方面，它们在保留传统形式的同时，体现了文化的传承，成为中国文化的重要载体。

总之，室内设计是为了人们更好地生活，达到物质需求和精神层面的满足，甚至达到心灵归属的高度。个性化的室内设计正好充分满足与之相关的各方面条件，而从更大的范围来说，所有的个性化都与其所处的时代、地域以及接触的文化紧密相连，是某个族群的个性化反应，从这个意义上来说，每个个性化的背后都有其特有的本土文化、民族文化甚至个人信仰的综合体，是人文语境在室内设计方面最有说服力的具体表现形式。

第四节 绿色设计理念在室内设计中的应用

一、绿色设计的概念

绿色设计又被称之为生态设计或可持续性设计，是指在产品的整个生命周期内，着重考虑产品的可拆卸性、可回收性、可维护性以及可重复利用周期等属性，并将其作为设计

目标，在充分考虑环境因素的同时，保证产品应用的功能、寿命及其质量等要求。

美国设计理论家VictorPapanek在《为真实的世界而设计》一书中表示："我们大部分的设计只满足了当前的需求和欲望，而人类真实的需求常常被设计师所忽视。"他强调设计应该认真考虑地球有限资源的使用问题，而不是无限制地消耗。旗帜鲜明地提出"生态设计"即"绿色设计"的概念，他指出："设计的最大作用不是创造商业价值，也不是包装和风格方面的竞争，而是一种社会变革中的元素"。帕帕纳克的思想在70年代美国"富足"的社会背景下被嗤之以鼻，然而，"能源危机"的爆发，让生态意识开始深入人心，绿色设计成为设计界探讨的热点。

二、绿色设计的出现意义

随着环境恶化的加剧，人们重新审视与自然世界的关系，提出了新的设计要谋求与自然和谐共生的绿色设计。现代设计作为工业文明的产物，其出发点是以人的自我利益为中心，在哲学基础、指导思想以及价值取向等方面表现的尤为突出，因此导致了人为世界与自然世界的矛盾和冲突。

工业文明时代，人们过于重视自身的需求，对周围世界进行无休止的索取，缺乏对自然价值体系的认知，更缺乏对社会永续发展的规划。并且在工业文明的

进程中，随着科技的进步，人类将自然世界纳入到人为世界的范畴，凡是人类力量所能企及的地方，都深深地打上人工的烙印。脱胎于工业文明的现代设计随之渗透到方方面面，并随着人类改造自然世界能力的提升，在全球范围内造成生态系统的损伤和生命维持功能的下降，导致了危害人类生存与发展的"生态危机"的出现。

绿色设计作为对现代设计秉持的"人类中心主义"和"消费至上主义"的反思和超越，致力于从生命循环与人和环境的可持续发展来思考设计，强调借助生态理论来建立人为世界与自然世界的整体联系，并通过减少人的行为对自然环境的干扰和破坏，使设计重新回归到符合自然规律、顺应自然发展的轨道上来。

三、绿色设计的积极影响

绿色设计作为现代设计观念的变革，打破了工业化时代下的现代设计只注重满足人的单一需求，而忽视人与环境协调发展的重要性。这不仅是传统思维和发展模式的变革，更是标志着新的设计时代的开始，从源头上解决了人的行为对自然世界的坏的影响它的出现对于修正和完善现代主义设计的理念与方法.以及促进现代设计沿着健康、持续发展的道路前进具有重大意义。

1.促使传统观念的转变

观念是种根深蒂固的理念，是以一种习惯方式影响人们行为与语言方式的社会整体行为，对人们的生活方式、消费方式影响很深，因此只有人们的观念转变为绿色设计时才会促使绿色设计的产生。这里的观念转变有两个方面：一方面是设计者观念的转变。很多经典的设计作品对社会的影响很大，有些会成为引导设计消费的风向标。设计师的行为既能为人类创造高质量的生活环境，也能加速对能源与资源的浪费与消耗。在绿色设计者们那里，他们会主动审视自己的社会职责和社会价值，让设计多一些实用与回归自然，少一些无用的奇特噱头，多关注人的实际需求，多关注自然发展的设计，多做改善人们生活环境的设计。

另一方面是消费者观念的转变。消费者对设计产品具有决定性的作用，所谓的经济基础决定上层建筑就是这个道理。消费和使用的观念转变是决定绿色设计能否被认可的关键因素，增强消费层面的绿色意识，转变传统的消费观念，破除过度消费和滥用能源的陋习，让社会各阶层对绿色设计有深入思想的认知，建设简约生活和低碳生活的新型社会消费模式。

2.加快整体设计观的建立

绿色设计是复杂的整体工程，整个过程涉及到设计、制造、流通、使用、维修和回收利用等不同环节，是各方面互相作用的综合体.设计如果要实现生态、绿色效应，就必须建立整体设计观，将组成设计的各个环节视作一个封闭循环的整体，在构思阶段严格遵循减量化设计，减少对资源和能源的消耗；在生产过程中尽可能采用绿色与可循环使用的材料，最大限度地减少废弃物可能对人、对环境的危害。只有从总体上把握整体设计观的原则，绿色设计才能真正变成现实。

3.促进了资源的再生利用

在人们观念转变的基础上，在整体设计观的建立上，资源的再生利用得以实现自然世界的生态系统循环是以新陈代谢的方式迭代运行，整个过程中产生的"废弃物"，只是暂时的能量不适应所在的场域，换个地方就能再次将能量释放。绿色设计就是将一些"废物"变废为宝，再次发挥它们的自然属性，即在设计和制造环节就要考虑废弃物的"后续生命"及其利用方式。

总之，绿色设计作为人类对自然世界的补偿和自我救赎，是实现人——经济——社会——环境可持续发展的必然选择。要用正确的设计观做好设计，不能只看设计所取得的经济效益，还要综合考量其环境效益，做到如先秦时期楚国大夫伍举在论章华台之美时所言："夫美也者，上下、内外、大小、远近皆无害焉，故曰美。"简言之，就是美是诸多元素和谐共生的结合体。努力让绿色设计重建人与自然的和谐共处方式，保持生物共同体的完整、稳定和美丽，促进社会健康幸福、永续发展。

第五节 室内设计智能化

室内设计智能化是指利用系统集成方法，将计算机技术、通信技术、信息与室内空间艺术有机结合，通过对设备的监控、对信息资源的优化，使室内空间具有安全、高效、舒适、便利和灵活特点的现代设计理念。智能化是科学技术在发展进程中先进信息技术与空间艺术不断完善的过程，人类要利用这种技术手段，来提高生活质量。

在现代建筑内部采用智能化设计方案，有效降低了室内能耗，通过在室内设计理念中加入科学信息化设计风格，使室内风格突破了原有的设计风格。这种智能化的设计类似数字化信息功能，人们可以根据自己的需求对其发送指令，而

室内的内部通过数字信息自动运行，减少了以往繁琐的操作过程。良好的室内环境不仅为人们提供舒适的居住环境，也将单一的居住风格扩展到多功能室内环境，在如今迅速发展的信息时代起到非常重要的作用。根据这一发展态势，智能化的应用必将引领设计领域，并成为时代变革的重要力量。

一、智能化设计理念的开始

国际智能住宅经历了初期、推广和应用三个阶段。在1984年.第一座智能型

建筑在美国哈特福特市诞生，很快在欧美以及日本等经济与科技发达地区愈演愈烈，成为一种建筑思潮。我国最早的智能化设计理念都停留在理论方面，实际应用的案例很多都是伪命题，打着智能化设计的噱头而已，但这也从另外一种层面加快了智能化设计在室内设计的推广。进入到90年底后期，我国经济在快速发展，智能住宅理念在国内开始出现，特别是随着雾霾天气增多、互联网技术的应用加快，以及人们对新型住宅的需求加大，智能化设计在我国经济发达省份迅猛。如上海浦东新汤臣一品样板房，就是将最新的智能科技成果运用其上的典型之作。*

二、智能化在室内设计的运用

随着全球经济的飞速发展，人们生活水平也逐渐提高，对居住环境也有了非常高的要求。面对这样的环境，现代室内智能化设计以新型姿态进入了社会市场中。这种新型的学科满足了当今人们消费水平，也改善了其居住环境，为了在快节奏的社会环境下的人群提供了非常舒适的生活环境。尤其是进入到21世纪后，随着国际智能建筑技术的引入，以及无线通信技术的发展和智能化家电的普及应用，智能型室内设计已经走进普通大众的家庭，成为一些工作场合的标配，成为工作和生活中的有力帮手。

具体说来，智能化室内设计所涉及的智能化家电、智能化界面和感应装置是三位一体的，其中，智能化界面是一个主控制台，这样从安全便利的需求满足逐步涉及到人的情绪思维心理以及行为的满足，以达到深度智能的体现。不同的使用空间、不同的使用功能，决定了智能化室内设计的方向。

1、办公场所

除了安全便利舒适等最基本的设计之外，还应该充分考虑到工作人员的行为、心理、情绪设计，如何设计出让工作人员充满想象力、充满激情的空间环境是十分重要的。总之，要遵循技术为智能化服务，智能化为设计服务，而设计为人的行为服务的原则。

2、餐饮娱乐场所

娱乐是人类超出生存的满足性消费，其消费数额较高，使得娱乐场所的智能化设计应用比较齐备，在酒吧、酒店、KTV、会所等时尚娱乐场所中，把握住对智能界面的运用是极为方便的，通过各种显示界面创造出不同的室内色彩风格、营造不同的意境氛围，通过图案、色彩、光线、音乐、气味等元素的变化去充分刺激人的感官情绪以及心理状态，从而影响到人的情绪。

3、学习场所

如在中小学的教室中，大多数孩子的学习压力是很大的，长期趴在课桌上看

书学习，久之会因为离书本过近造成眼睛

近视，或者脊柱弯曲的现象，智能化的课桌设计中可以引入红外感应装置，当孩子长时期距离过近，及时进行提醒或警示，也可以将智能界面引入其中，创造这种设计的形成：充分体现设计发现问题进而去解决问题的过程，而技术（智能化作为其中的一个重要组成部分）应该充分的去为之服务。

其他智能化室内设计的应用在大数据时代越来越广泛，增加了更多的可能性和新的发展方向，其中值得我们继续研究的是，如何能够将智能化进一步为室内设计服务，进一步为人的深层次需求服务。

当前，智能化设计推广应用的阻碍方面，就是价格的因素，整体智能化昂贵的购买成本和高昂的售后维护，让智能化设计只是在极小的范围内使用，并没有真正的惠及大众。智能化的设计理念要达到真正意义上的人性化，就不能是高高在上的小众产品，而要从人们生活中的方方面面进行探索与思考，使其包含的面更宽更广，让更多的人有机会享受到智能化的便利与舒心。

基于智能化的室内设计对设计师提出了更高要求，要具备整体设计观念和超前设计意识，注重各个项目的沟通和了解，做好智能化配套设计。同时，智能化的室内设计要行之有度，不能过度甚至不当使用智能化设备，要与周围环境、实际需求进行适当或是略微超前的设计。并在设计的过程中结合室内装饰的新材料、新技术为人们营造一个"舒适、安全、高效、绿色"的真正智能的室内空间环境。

第六节 室内设计中的私密性设计探究

近年来，个人隐私问题受到越来越多的人的重视，甚至许多国家已经设立了《隐私法》，用以"促进和保护个人隐私"。中国目前虽然尚未颁布专门的"隐私法"，但公民的隐私权在宪法、刑法、民法等法律条文中均有所体现。鉴于目前人们对于隐私的关注度和个人权益意识的认知的逐渐提升，在工作生活各个方面保障隐私成了每个人的现实需求，只有充分认识和理解人的私密心理要求，并在环境设计中给予应有的重视和恰当的处理，我们的生活才能更融洽、更美满。

在进行室内设计时，不仅要突出私密空间的使用价值、观赏价值，更应注重采取科学合理的方式来满足人们的私密性诉求，在室内空间美化时，突出室内空间的个性特征。妥善恰当的私密性设计处理能够充分的满足居住者的私密心理，更能够使我们的工作与生活更加融洽美满，充分尊重人的私密性，并在室内设计中进行科学合理的私密性处理，更加突出个性化的室内设计理念已经成为众多室内设计者所关注的热点话题。

一、私密性的概念

不同学科对"私密性"有不同的定义，但大致可分为两种：一是比较侧重于强调引退、退出和规避与其他个人或群体发生交互作用；还有一种是比较不重视引退，但却暗示私密性牵涉控制自我对他人的开放和封闭以及选择的自由。从环境心理理论角度看，私密性体现为拥有控制、选择与他人交换信息的自由，即在需要独处时，可以起到隔绝外界干扰的作用；需要共处时，也可以实现与人共处。室内设计私密性探讨的是环境与心理私密性的问题。

私密性如今已成为人们所熟悉的名词，总的来说可以概括为行为倾向和心理状态两方面：退缩和信息控制。退缩包括个人独处、与其他人亲密相处、或隔绝来自环境的视觉和听觉干扰。信息控制包括匿名，即不愿意别人对自己有任何了解；保留，即个人对某些事实加以隐瞒，如人们常说的隐私权，当然不包括对犯罪的隐瞒；不愿意多交往，尤其不欢迎不速之客。由此可见，私密性是一个复杂的概念。私密性要从动态和辩证的方式去理解环境与行为的关系。独处时人的需要，交往也是人的需要，人们可以通过多种方式表达这些需要，包括言语表达和非言语表达。

二、私密性的影响因素

从客观物质的角度来说，室内空间的私密性影响因素包括建筑结构、室内装修、尺度、材质、色彩、照明、声音、温度、湿度、空气、家具等。从人的角度则有人际关系、规章制度、环保要求、舒适度、私密性等，这些多变的元素共同构成了复杂的室内环境。

对室内私密性造成影响的因素主要有视线、声音、陌生人或不受欢迎的意外闯入等。除了以上几种比较主要的元素，照明照度、空气质量、温度湿度、声音音场、空间色彩、物品材质、环境尺度等，这些在公共办公空间内的一系列元素也对在其中进行各项活动的人产生影响。这些元素，在不同程度上都对室内环境起着作用，并且其相互之间也会交叉影响。

三、室内私密性设计注意的基本点

在人类所处环境中，不同的空间功能不同，对私密性的要求自然也不尽相同，室内私密性空间的设计要根据实际情况进行有针对性的设计。室内私密性设计分为公共场所的私密性设计和家庭场所的私密性设计，其中公共场所的私密性设计要注意相对私密和绝对私密的设置。

1.公共场所的私密性设计

从人的角度出发，通过对办公空间及其内部各要素的空间组合形式、布局和秩序等进行探讨，从它们在环境中的发展演变过程以及格局的成因，了解人文精神、文化内涵对该空间的影响，该空间环境反过来又如何作用于人的行为等因素；并在尊重发扬这些特征的基础上，考虑私密性空间作为联接、融合或强化各种方式的信息交流，如何在开放的同时保护个人的私密性，使其更有效地发挥作用。

人都有需要独处和与人交际的时候，所以要在宽敞的公共办公空间内，给予办公人员一定的独立空间感，这也就是为什么卡座家具的出现，这种形式的办公家具，可以给每一个员工限定一个属于他自己的小空间，而这个小空间又从属于大的空间，员工在卡座内工作，这就是一个独立办公室，站起来甚至是大声说话马上就可以与周围的同事或其他人员进行交流。

私密性有助于建立自我认同感。儿童变为成人的第一步就是建立区分自己与他人的能力，这是一个自我认识的过程。面对日常生活中的各种活动，私密性还有助于个人建立和保持自律，从而增强独立性和选择意识，失去自律也就失去了社会环境相互作用的控制感。

2.家庭场所的私密性室内设计

在家庭场所的私密性室内设计中，不同的房间功能不同，且对于私密性的要求也不相同。例如：像卧室对于私密性有着较高的要求，因此在进行空间分隔时，应当主要采用绝对分隔，使得空间更为鲜明，既能为居住者提供安静、私密的环境，也具有一定的抗干扰的能力。

在对卧室进行私密性设计时，主要应注意如下几个基本点：首先，进行室内私密性设计时，要控制视线范围内卧室门洞的设置，特别是床的位置；必要时，可以设计有过渡的空间，这部分可适当的安排用于换鞋、挂衣、整衣（挂整衣镜）、贮藏等实用功能如此可增强入口处相对的门户的私密性。

其次，室内厅室空间比较大，因此具有良好的视觉效果，但是应当避免与浴室、厕所和厨房的门相对，既可以保持良好的视觉效果，也满足业主的私密性需求，减少不雅及干扰。·此外，例如卫生间等地方是室内中私密性要求最高的地方，既要保证与起居室或是客厅之见的相互联系，又要避免起居室或客厅的视线的干扰，以保证卫生间等地的私密性要求

再次，各卧室之间应保证相对私密性的要求。各卧室的门不宜近距相对开设，各卧室之间不应开设供间接采光和通风的高窗。

四、室内设计对私密性的处理

实现空间为人所用，满足人们对于室内的使用要求、审美要求以及私密心理要求，是空间使用者和室内设计者所共同追求的目标。而空间是室内设计的主要

内容，因此，科学合理的对空间进行划分和利用，对于发挥空间的功能和满足空间使用者私密性需求有着十分重要的作用。

具体的分隔方法：

（1）用各种隔断、结构构件进行分隔（梁、主、金属框架、楼梯等）；

（2）用色彩、材质分隔；

（3）用水平面高差分隔；

（4）用垂直围护面凹凸分隔；

（5）用家具分隔；

（6）用水体、绿化分隔；

（7）用照明分隔；

（8）用综合手法分隔等。

常用的空间私密性处理方法有如下几种：

1.家具物品的区隔功效

室内设计中，家具是分隔空间最有效的一种方法。一般常用的家具隔断，主要有橱柜、搁板架子、博古架、桌椅等。家具是一种具有使用概念的物品，更是兼具使用价值与观赏价值的家居物品。为满足人们的私密心理要求，可以采用家具分隔室内布局，使其成为构成建筑物的一部分。但是，当前家具的制造、选材、结构设计等方面仍然沿用着传统的设计理念，仅限于表面的装饰与雕琢，缺乏对材料研究、结构设计等实质内容的突破。

2.屏风分割的心理私密环境

我国传统室内设计中，屏风分隔法使用较多。屏风分隔主要有适应性强，易于搬动的特点。用屏风进行分隔作用在于使人感觉心情舒畅，增强生活私密性，使人们拥有了一个彻底放松的居家环境。

3.植物区分的空间私密性

室内空间中，在适当的位置摆置植物，不仅可以给人们以回归自然、陶冶情趣的感觉，更能够对空间进行分隔，满足人们对私密性的要求。例如：可以充分利用植物的高度来遮挡一些不必要的视线，实现私密空间与其他环境的隔离。

绿色植物不仅能给人以清新的感官享受，同时也是一个巨大的空气净化机。由于环境的怡人，人的心理状态就不会过分紧张，从而释放了工作带来的压迫感，个人空间的尺度较大，心理防范领域较小，即使办公人员众多也不产生紧张感。

在室内，可以根据私密性的程度，选择不同品种、大小的植物对一些必要的空间进行遮蔽，给人以安全感。例如采用1.2m～1.5m的植物便可产生一定的私密性，如果植物高度超过1.5m，其私密性便更强。

4.其他一些私密性处理方式

除前面提及家具、植物、屏风以外，还可以采用其他的方式，例如装饰物、帷幔以及地面落差等进行私密性处理。采用装饰物，不仅可以烘托艺术气氛，更能表现出一些奇特的效果。采用帷幔进行分割，在保证私密性的同时，又具有活动性强，少占空间、使用方便等特点，同时易于营造艺术效果。而铺地材料的应用，主要表现为一种视觉上的缓冲，产生一种空间界定、营造一种私密的空间。而地面的落差则是人造瀑布、光效应墙体等方式使空间具有多变的特点。

总之，私密性设计作为室内设计的一个重要组成部分，也是室内设计者进行室内设计研究时所关注的重点课题科学合理的私密性处理，可以使空间使用者在必要时远离视线、噪音等干扰，满足对私密性的需求。当下，人们在进行室内设计时，不仅要求室内设计具有好的实用性、观赏性，更要求其能够满足科学合理，保证必要的私密性和神秘性室内设计的私密性问题将会随着科技进步和人类更高要求的物质享受和精神诉求而更加重要。

第九章 消费文化对室内设计的影响

第一节 消费文化时代社会观念变化对室内设计的影响

消费文化的发展伴随着社会形态、观念的改变，在这样的背景中当代室内设计的发展亦受到社会观念变化的影响。

一、福利与民主意识发展对室内设计的影响

在人们对于自己的房屋和其他消费行为的场所进行设计时，大多表现出对某些物品的共同需求，这种需求有时候不一定是必要的，仅仅是周围的人拥有这件东西或是周围的人选择了这种材料或风格。这种表现除了趋同消费心理、攀比消费心理的影响之外，当代社会福利与民主意识发展的影响也是不容忽视的。有关福利的认识是一个复杂的社会问题，我们不求分析、解决福利问题而是要了解当前福利变化对于室内设计潜移默化的影响。在当代不论社会形态是否相同，福利都是人民向往和倡导的。在所谓经济社会、消费社会之中福利制度正在扮演着代表"人人平等"的民主主张的角色，人们生活在社会之中，正在被各种福利所包围着，如假期、住房、就医、教育等。鲍德里亚对此有精辟的论述"福利革命是资产阶级或简单地说是任何一场原则上主张人人平等，但未能或未愿意从根本上加以实现的革命的遗嘱继承者或执行者。"福利所表现出的民主是形式化的民主，而真实的民主如权力、责任、社会机遇、幸福等平等并没有真正的实现，它们悄悄地转变成了物，以及其他幸福的标志。在这种情况下，人们的"幸福需求"则会大大增加，"需求反映了一个令人心安理得的目的世界，这种自然主义的人类学，为普遍的平等奠定了希望的基础。其明晰有力的论证是在需求和满足原则面前人人平等，在物与财富的使用价值面前人人平等但在交换价值面前并不是人人

平等，而且被分化"。"福利与需求的互补神话，对不平等客观的、社会和历史的决定性，具有一种强有力的吸收与消除意识的功能，福利国家和消费社会里的所有政治游戏，就在于通过增加财富的总量，从量上达到自动平等和最终平衡的水平，即所有人的一般福利水平，以此来消除他们之间的矛盾。"鲍德里亚的论述指明了福利是消费社会物质欲望极大发展的重要原因之一。① 我国社会福利的完善有一定的局限性，但既便是这样它也表现出了鲍德里亚所描述的福利特征。在这样的条件之中，催生了人们对于物质生活平等的渴望。如鲍德里亚所讲使用价值面前"人人平等"》大家崇尚同一种时装风格、看同一类电视节目大家一起去地中海度假。在被福利与民主的意识培养下的当代人对室内设计的要求也就不知不觉地表现出追求物质层面平等的需求，这种状况多数情况是非理性的。电影《一声叹息》中徐帆所扮演的家庭主妇在对自己家进行装修过程中的表现就能够充分说明大多数人对于室内设计的态度，徐帆在电影中大喊一声"拆"，多么富有代表性当然我们不能把造成这种局面的原因全部推给"福利、民主"等因素发展所造成的社会状况对于人们的影响，这其中还有审美、文化、性格、消费心理等其他的因素，但消费社会中的福利制度对于人们室内设计消费的影响似乎相对于其他方面还没有足够的认识，这也是本文提起此方面的用意之一。

二、对幸福与享乐的追求

当代室内设计中人们往往喜欢将许多物质化的信息展现在室内空间之中。如旅行中的纪念品，购买的艺术品、古董，家人的照片，乃至有特色的家具等，这些信息传达出主人生活的幸福、美满。这种具有物质化表现的幸福观与传统幸福观比较是有区别的，在传统文化意识中，人们的传统幸福观是家庭、子女、工作、健康等方面的平安、顺利，当这几方面达到了心里的目标之时，人们则会感到十分幸福。但在当代社会，幸福观念不在仅仅是个人为实现自身追求的一种倾向，从社会发展的角度而言，追求幸福更多的掺杂了民主、平等等政治意味十分强烈的因素。如果说传统意义上的幸福观具有某种个人化的、宿命的意味，在消费文化背景中的幸福观则带有明显的革命精神，当代社会人与人之间几乎不再有贵族与平民的先天差别，地主与佣人也不再是社会的阶层特征。

因而从阶级、伦理中解放出来的人开始大规模式地向所谓"幸福"发起冲锋，这就造成了一种耐人寻味的后果，因为幸福是要表达所谓平等的、无阶级化的，那么这种具有神话般色彩的幸福观就具有比以前时代更多的物质化的特征，以看

---

① 崔笑声著.消费文化·室内设计［M］.水利水电出版社，2008.09.

起来至少表面平等为一定的准则,这样幸福就变成了"可测之物","你有、我有、全都有"的精神使幸福可以用物、行为等指标"测量"出来。平民通过劳动获得财富之后,可以通过消费而得到以前心目中上层人才能拥有的某些体现身份的物品,这也就达到平民心里的某些愿望—即"幸福"的追求。这种幸福观念是民主社会的特征之一,是''社会命定性的消亡和所有命运的平等"的体现。而传统意义上那种内在、不需要所谓"证据"的精神幸福感、满足感则被消费社会的人们放置在一边。这种"可视"标准的幸福导致人们不断地追求物质以表现出"幸福的样子"。对于室内设计的消费也不知不觉地成为这种幸福追求中的重要表现。

接下来,再让我们了解一下在消费文化中表现十分活跃的因素享乐。当前,我们的日常生活正在被享乐事件包围着,电视剧有"戏说乾隆",娱乐节目有"欢乐中国行""超级女声",书架上有各种流行书、旅游指南、娱乐大全,各地区有名目繁多的节庆,还有大量的娱乐场所、时尚酒吧……,似乎享乐的气氛、享乐的名义成了生活的主旋律。在消费文化中人们对于娱乐、享受的观念似乎正变得理所应当。在传统的社会生活中,人们以追求高尚的品格、辛勤的工作为生活的真谛,现在情况变化了,人们不再以享乐为羞耻而是积极地投身到享乐之中。"消费者把自己看作处于娱乐之前的人,看作一种享受和满足的事业"。不仅如此,在国家与社会的运行之中,为了达到发展经济的目的,领导阶层试图提醒人们尽可能地消费、享乐,并以政策的方式鼓励人们积极的、快乐的购物、美食、娱乐、旅游,借此带动经济的发展,所谓拉动"内需"。当代室内设计作为一种消费行为则是拉动经济的重要环节。在这种全社会的潮流运动中,人们没有必要羞于面对享乐、享受,这就像是在传统社会中人们同样不羞于面对生产与劳动一样。"当代人越来越少地将自己的生命用于劳动中的生产,而是越来越多地用于对自身需求及福利进行生产和持续的革新,他们应该细心地不断调动自己的一切潜能,一切消费能力"o比如在工作环境甚至是工作方式方面越来越多地表现出享乐的味道、自由的工作空间,弹性的工作时间、无等级的员工制度等,享乐式的工作方式现在比比皆是,原本严肃、紧张的工作环境已经如此,更何况其他的行业呢在此我们可以分析一下享乐式室内设计的特征首先,享乐式室内设计表现出一种极大的好奇心。如一句美国话语""意思是"尝试一下,耶酥"当前消费者总是怕错过什么,怕错过一种享受的可能。室内设计为了迎合消费者的好奇心就创造一些新奇形式或行为方式以求刺激消费者。"这里起作用的不再是欲望,甚至也不是品味或特殊爱好,而是被一种扩散了的牵挂挑动起来的普遍性—这便是娱乐道德其中充满了娱乐的绝对命令,即深入开发能使自己自我兴奋,享受、满意地可能性"。

其次,享乐式室内设计从深层意义上讲并不是对传统设计规律的革命,它只是过去是同一体系中的变化。在一般人看来,享乐的室内设计违背了传统的观念和设计规律,是对传统设计的一种"划清界线"。但事实并非如此,这只是一场表面的革命,实际上它是一种内部替换,是在设计系统范围中一种换汤不换药的变化,用一种符合时代需求的设计体系来取代另一种相对变得不流行的设计体系而已。

再次,就是享乐式的室内设计在社会生活中表现某种被动性,其在当前社会生活中的变化是十分频繁的。在享乐形式的催促、鼓动之下室内设计师调动各种器官、各种渠道、各种关系来适应其变化。而享乐式的室内设计缺乏设计的理论根基,表现出浮萍一般的状态。假如室内设计师忘了追求新的享乐式设计,就立即会有媒体提醒设计方式过时了。所以不能不说它是被动的,否则这种室内设计就陷入安于现状或与社会不相适应的舆论之中。因此在处于以享乐为准则的社会背景时室内设计被动的投入其中,以免被认为与潮流发展相背,这是当代室内设计面临的误区之一。认为传统的设计经验在当代已经过时是目光短浅的。正是因为这种表面的、肤浅的享乐观念的唆使,使当代室内设计参与到享乐之中反而隐约有一种被强迫感,消费的规律迫使它要这么做。①

第二节 消费文化的相关概念

一、消费文化概述

(一)消费文化的概念

文化是人类社会的创造性的并经过实践检验的优秀成果的结晶,是社会文明的内在本质。然而很多人把一些非文化、反文化的东西归结为文化,这是非常荒谬的。消费文化是指在一定的历史阶段中,人们在物质生产与精神生产、社会生活以及消费活动中所表现出来的消费理念、消费方式、消费行为和消费环境的总和。消费文化包括物质消费文化、精神消费文化和生态消费文化,它是社会文化一个极重要的组成部分,是人类在消费领域所创造的优秀成果的结晶,是社会文明的重要内容。政治制度、经济体制、经济发展水平、人们的价值观念、风俗习惯,居民的整体素质等都对消费文化有重要的影响。

要理解消费文化的概念,先要充分认识、理解"消费"的含义。在过去,消费一词一直被定义为浪费、挥霍,被理解为一种经济损失或一种政治、道德价值的沦丧。从世纪后期开始,消费开始作为一个技术性的、中性的术语被人们使用。

---

① 崔笑声著.消费文化·室内设计 [M].水利水电出版社,2008.09.

消费并非是物品的买卖那么简单，它是一种关系，真正的消费不在于物品的物质性，而是物品之间的差异性。这样以来，我们便可以将消费置于一定的社会、文化之中去认识，判断这些社会关系或文化关系是否具有消费的特征，从而便可以得出关于消费文化的理解。就消费文化而言，很明显"实物商品及其生产、交换、消费，需要放在一个文化母体中加以解释"。并且由消费所引发的问题，如过剩、失序、片段、竞争等等都表明了文化问题的凸现。由此便可以这样认识消费文化的特征，首先，它应以商品的生产、交换为前提。其次，人们通过社会差别的表现与拥有商品的自身心理满足构成某种社会地位，其三，它表现出人们对消费的欲望、情感、快感。由此而形成的种种文化现象则可解释成消费文化。王宁先生对消费文化的属性进一步论述：①消费的具体内容是历史决定的，并构成一个民族、一个群体或一个区域的独特的文化。②许多消费活动与文化活动是合二为一、不可分开的，如结婚典礼、佳节宴会等。③消费观念也是一种文化或文化要素，它同一定的信仰、价值和人生哲学相联系。④消费商品的制造和生产不但是物质生产的过程，而且也是一个文化生产和传导的过程。再者由以消费为主体的各种事件、现象以及日常生活所构成的社会形态，则可以称为消费社会。本文论述时根据上下文的需要可能将两个概念交替使用。

（二）消费文化与消费主义、消费主义文化的区别

1.消费主义

消费主义是在西文国家曾经出现过的一种消费思潮，它极力追求炫耀性、奢侈性消费，追求无节制的物质享受，并以此作为生活的目的和人生的价值所在。这与消费文化恰好是背道而驰的，是反文化的东西，是"文化垃圾"。因此尹世杰教授专门撰文指出："要为消费文化正名，要弘扬消费文化、反对消费主义、要充分发挥消费文化的作用"。"消费文化"是指在一定的时间段内，人类在物质与精神生产、消费过程中，消费理念、方式和行为集合于一体的总和，是人类物质文明和精神文明的综合表现。如今，伴随着经济持续增长，我国也成为全球范围内增长最快的消费市场，并一跃成为世界最大的消费国.在此契机之下，国人的消费理念、消费结构和消费行为也发生了翻天覆地的变化，并形成了一种全新的消费文化。消费文化作为一种特殊的文化形式，广泛地渗透于社会生活的各个领域之中。在经济日趋发达的环境中，人们越来越重视自身的生活环境，室内家居消费程度越来越明显，而室内设计作为人类生存不可或缺的条件之一，作为经济社会的商品之一，其也必然被消费文化所影响。

2.消费主义文化

消费主义文化兴起于20世纪20、30年代，二次大战以后在西方资本主义国家迅速得以蔓延，是当今西方资产阶级道德的重要组成部分。以对物品的绝对占有和追求享乐主义为特征。它是一种有关消费的价值观念和生活方式，把消费当作唯一目的，为消费而消费。消费主义背离了消费是满足人需要、促进人发展的手段，是一种极端的文化现象。但消费主义文化也是资本主义从生产型社会向消费型社会转型时期的一种影响深远的经济与社会文化现象。

（1）产生：消费主义文化兴起于20世纪20、30年代的美国，50、60年代扩散到西欧、日本等地。主张追求消费的炫耀性、奢侈性和新奇性，追求无节制的物质享受、消遣与享乐主义，以此求得个人的满足，并将它作为生活的目的和人生的终极价值。消费主义文化是西方国家进入消费社会后所出现消费文化最初形态。是资本主义从生产型社会向消费型社会转型时期和阶段所形成的一种能影响深远的经济与社会文化现象。而70年代以后所形成的后现代消费文化则是早期现代消费主义文化的进一步延伸和发展。尽管消费主义文化的出现是诸多经济、社会、文化因素共同作用的结果。但现代媒体在传播与建构消费文化的过程中却发挥着独特而不可替代的作用。20世纪初美国福特主义的出现带来了大规模的生产和大规模的消费，但30、40年代，资本主义经济危机的爆发和随后出现的第二次世界大战，在给国家和人民带来了经济萧条、饥饿、动荡的同时，也把整个人类带进了战争痛苦的漩涡，为了摆脱危机，以美国为代表的西方国家采用了英国经济学家凯恩斯开出的药方：鼓励消费、增加投资，从而使鼓励消费的经济政策在资本主义国家得到了广泛的重视和实施，经济大萧条与战争给人们带来了痛苦与不安，但寻找快乐，创造快乐，享受快乐的本能追求，使人们并没有在萧条和战争年代只盯住饭碗和枪杆，相反，由于传播媒介本身具有传递信息、监视社会、引导舆论的功能，使它不可避免成为这一时期加速消费主义文化传播，建构消费主义文化，联系现代与后现代的桥梁。

（2）影响：伴随着二战后西方资本主义经济的长期稳定和繁荣，人们对消费的态度发生了根本性的变化。消费主义和享乐主义，作为企业借助广告等大众传媒手段而传播的意识形态，成为西方发达国家消费生活中的主流价值观。随着信用或信贷消费的出现，花未来钱，及时行乐和享受，成为二战后西方大众消费者时髦的消费生活方式。而卢卡奇曾指出：消费文化是一种肯定文化，它为社会提供一种补偿性的功能，它提供给异化现实中的人们一种自由和快乐的假象，用来掩盖现实中的真正缺憾。幸福被等同于消费，幸福的"大小"取决于物品的"大小"。但消费果真能给人们带来自由与幸福吗？西方马克思主义者的回答是否定的。他们认为，在当代资本主义社会，人们的消费也是受控制的、被操纵的。从表面上看只要有钱就可以随心所欲的消费。但实际上，人们是按厂商的意图，按广告上的意旨来消费的。在消费领域中如同在劳动中，人们也不是自由的。然而随着消费主义和享乐主义的生活方式对环境和能源的负面影响日益突出，要求改变消费主义的呼声也日益高涨。绿色主义、环境主义和生态主义的运动兴起，也构成了一股遏制消费主义的社会力量。唯物史观认为，理想的消费文化应该是以人为本，以人的享受和发展需要为中心，不断提高在满足人类需求的消费品、消费环境和消费生活中的文化含量，不断提高消费文化和质促进人的面发展

3.消费文化

消费文化是文化在消费领域的渗透与发展，消费文化是一门全新的学科，它的提出，具有十分重要的意义。进一步加强对消费文化学的研究，进一步发挥消费文化对消费从而对生产、对经济发展的引导作用，促进社会、经济、文化的全面发展，促进人的全面发展，是我们今后的重要任务。

（三）消费文化与文化消费

1.消费文化

"消费文化"，是指直接进入文化消费领域、满足人们日常文化需要的产品和活动，也包括为了直接消费而进行必要的再生产（复制）和辅助性创造活动。

2.文化消费

"文化消费"是人们用于文化、娱乐产品和服务等相关方面的支出和消费活动，是促进社会文明、构建和谐社会的重要组成部分。文化消费是用文化产品或服务来满足人们精神需求的一种消费，主要包括教育、文化娱乐、体育健身、旅游观光等方面。在知识经济条件下，文化消费被赋予了新的内涵，呈现出主流化、高科技化、大众化、全球化的特征。文化消费的内容十分广泛，不仅包括对专门的精神、理论和其他文化产品的消费，也包括对文化消费的工具和手段的消费；既包括对文化产品的直接消费，比如电影电视节目、电子游戏软件、书籍、杂志，也包括为了消费文化产品而消费各种物质产品或文化设施，如电视机、照相机、影碟机、计算机以及图书馆、展览馆、影剧院等。文化消费是指对精神文化类产品及精神文化性劳务的占有、欣赏、享受和使用等。文化消费是以物质消费为依托和前提的。文化消费需求的增长总是受制于社会生产力的发展水平，因而文化消费水平能够更直接、更突出地反映出现代物质文明和精神文明的程度。这里指的"文化消费"，并不只是一般所言的对文化的消费，或者说仅仅是消费某一样被标示为文化的东西，文化并不是一系列的课题或文本，而是一个不断创造与生成的过程。从经典社会学家有关文化消费的理论入手，可试图表达这样一种观点：文化消费是一个社会行为，永远都受到社会脉络与社会关系的影响，人们在文本与实践的消费中，也在创造文化。因为在文化消费的过程中，进行消费的个体，并不是抽象的单一的个体，他们有着不同的文化背景、消费经验和不同的理解能

力,正像马克斯·韦伯所说的:"每个人所看到的都是他自己的心中之物。"因此文化消费决不是文化创造的终结,而仅仅是刚刚开始。从这个角度去理解,文化并不是先制作好,然后被我们"消费";文化是我们在日常生活的各种实践中创制出来的,消费也是其中之一。文化消费就是文化的创制。文化消费的历史在西方可以追溯到50年代末与60年代初。在这个时期中,欧洲与美国首度出现相对来说足够富裕的劳动大众,有能力不再只是照顾"需要",而可以从"欲望"的观点去进行消费——电视、冰箱、汽车、吸尘器、出国渡假,都逐渐成为常见的消费品。此外,劳动大众在这个时期开始利用文化消费的模式,去关联出他们的认同感。正是在这个时期,"文化消费"开始成为一个重要的文化课题。

文化消费的内容十分广泛,不仅包括专门的精神、理论和其他文化产品的消费。也包括文化消费工具和手段的消费;既包括对文化产品的直接消费,比如电影电视节目、电子游戏软件、书籍、杂志的消费,也包括为了消费文化产品而消费各种物质消费品,如电视机、照相机、影碟机、计算机等,此外也需要各种各样的文化设施,如图书馆、展览馆、影剧院等。文化消费是指对精神文化类产品及精神文化性劳务的占有、欣赏、享受和使用等。文化消费足以物质消费为依托和前提的。文化消费需求的增长总是受制于社会的生产力水平的发展,因而文化消费水平能够更直接、更突出地反映出现代物质文明和精神文明的程度。

"文化消费",并不只是一般所言的对文化的消费,或者说仅仅是消费某一样被标示为文化的东西,文化并不是一系列的课题或文本,而是一个不断创造与生成的过程。从经典社会学家有关文化消费的理论人手,可试图表达这样一种观点:文化消费是一个社会行为,永远都受到社会脉络与社会关系的影响,人们在文本与实践的消费中,也在创造文化。因为在文化消费的过程中,进行消费的个体,并不是抽象的单一的个体,他们有着不同的文化背景、消费经验和不同的理解能力,正像马克斯·韦伯所说的:"每个人所看到的都是他自己的心中之物。"因此文化消费决不是文化创造的终结,而仅仅是刚刚开始。从这个角度去理解,文化并不是先制作好,然后被我们"消费";文化是我们在日常生活的各种实践中创制出来的,消费也是其中之一。文化消费就是文化的创制。

文化消费的历史在西方可以追溯到50年代末与60年代初。在这个时期中,欧洲与美国首度出现相对来说足够富裕的劳动大众,有能力不再只是照顾"需要",而可以从"欲望"的观点去进行消费——电视、冰箱、汽车、吸尘器、出国渡假,都逐渐成为常见的消费品。此外,劳动大众在这个时期开始利用文化消费的模式,去关联出他们的认同感。正是在这个时期,"文化消费"开始成为一个重要的文化课题。

二、消费文化兴起的原因

1.消费文化兴起的历史条件

从20世纪90年代中期开始,我国开始实行一周工作五天的作息制度。从2000年起,一年法定的节日天数从6天增加到10天,并因此而形成了每年三个"黄金周"制度。制度性休闲时间的增加,大大激发了城市居民参加休闲活动的热情,休闲消费文化也因此在城市广为流行。从全国各大景点汹涌的旅游者大潮,到花鸟虫鱼、奇石怪物的玩家,从网吧的网上冲浪者,到餐馆酒楼的美食家,从像章、粮票、邮票的收藏者,到攀岩和漂流的爱好者,无不说明,居民休闲活动已经高度分化,休闲花费也大大增加。可以说,休闲消费文化的兴起,构成我国社会变迁的一部分,它是现代化历程发展到了一定阶段的必然结果。

2.消费文化兴起的必然

从社会学角度看,休闲的产生,根源于休闲与工作的分化。而休闲与工作的制度性区分,则是工业化的产物。在传统社会,工作与休闲之间并没有严格的制度性区分。例如,在忙的季节(如收获时期),人们的休息时间被减少到极限,而闲的时期(如冬季),则整个季节都可能是休闲。在这里,人们的活动服从的是自然节奏。随着工业化以来机器的大规模使用,人的活动不再受自然节奏(如农作物生长的自然周期)的限制,而是服从于机器的节奏,于是,人与机器的结合,导致新的制度性时间安排和崭新的社会节奏的形成。在这种节奏中,工作和休闲发生了制度性分化,各自有了不同的时间边界。与此同时,工作与休闲被赋予不同的功能。工作是劳动力的使用,而休闲则履行劳动力再生产的功能。

伴随着社会劳动生产力的提高,西方发达国家休闲时间有了大幅度增加,并在二次世界大战后步入了"普遍休闲"时代。有人说,当今发达国家的居民现在实行的是三个"38"制度:一周工作38小时,一年工作38周,一生工作38年。由于工作时间大大减少,休闲时间大大增加,休闲也被赋予越来越重要的意义和功能。休闲不再仅仅履行劳动力再生产的功能(恢复体力和精力),还承担了促进个人全面发展的角色。

3.消费文化兴起的作用

休闲时间的增加,提高了人们的生活质量和幸福感。但是不能由此得出结论说,工作时间的增加就必然导致生活质量和幸福感的下降。事实上,工作与生活质量和幸福感有着复杂的关系。根据法国社会学家鲍德罗特的观点,对于一个适龄人来说,没有工作(如失业),既不但意味着生活水平的下降,而且也意味着自己被社会所抛弃,成为"无用"或"多余"之人。因此,工作是幸福感的一个必要的前提条件或元素,但它却未必是幸福感的充分条件。

休闲对于生活的意义，必须结合它同工作的关系才能得到说明。美国社会学家帕克认为，根据休闲与工作的关系，可以把休闲分成三类。第一，休闲与工作构成对立关系。在这里，工作常常给人带来一些负面的体验（或者是工作压力较大，或者是工作比较沉闷和无聊）。与之相对应，休闲具有补偿的性质。例如，工作压力大的人，常常从事一些使人精神放松的休闲活动。而工作比较沉闷无聊的人，往往从事一些比较刺激性的休闲活动。第二，休闲与工作构成中性关系。人们不是根据工作的性质，而是按照自己的爱好来选择休闲活动。第三，休闲与工作构成延长关系，即是说，休闲是工作的继续。在这里，工作本身就有如休闲，因此可以从工作时间延长到业余时间。例如，艺术创作，作为一种职业，它是工作，但作为一种体验，它又仿佛是休闲。

休闲消费文化在我国的出现，意味着休闲已经在人们的生活中占有重要地位，并被赋予重要意义。随着改革开放以来"铁饭碗"的打破和竞争压力的加大，休闲已经从一种低层次活动（如恢复体力、消遣），变成了具有补偿功能和解压功能的活动。休闲需求的满足方式，也越来越从自发活动转变为一种消费活动。之所以发生这种转向，是同国家的休闲供给政策的转变分不开的。

在计划经济时代，休闲设施和产品的供给仅仅被看作国家所提供的福利，而不是产业，休闲供给由国家垄断，并被限定在较低的水平，休闲供给的种类也很少，选择范围十分有限。不仅如此，在国家看来，职工的业余生活也是意识形态的战场，"无产阶级不去占领，资产阶级就会去占领"，因此，休闲生活被高度意识形态化了。尤其是在文革时期，受意识形态的束缚，休闲供给几乎到了凋零的地步。很显然，既然休闲供给是一种福利和意识形态，休闲活动也就无法采取市场消费的方式。

伴随着经济市场化改革的步伐，国家的休闲政策发生重大变化。休闲的意识形态色彩被淡化，休闲的经济功能被加强。一方面，休闲供给不再被看作仅仅是由国家提供的福利，而是看作一个产业。国家允许并鼓励私营部门进入休闲供给领域。休闲供给市场化的结果，使休闲服务和产品变成了必须通过市场交换才可以获得的消费品。与此同时，由于市场部门对居民的需求更敏感，因此所提供的休闲产品更符合居民的需求。这也就是为什么居民愿意花钱从市场获取休闲消费品的原因之一。

三、消费文化的产生

研究消费文化时代的室内设计问题，首先应了解消费文化的形成及特征并在此基础上分析其对于室内设计的影响，从不同的角度认识使室内设计在此背景中的状态，为进一步认识、分析作相应的准备。

1.消费文化的发展历程

以一种历史的眼光来看消费文化不仅仅是世纪的产物,消费文化是伴随社会、经济发展而逐步形成的,其早期表现为贵族享乐模式,比较明显的发展始于世纪的英国伊丽莎白时代。世纪消费规模进一步扩大,"它与资本主义经济和社会体系之间存在着一种长久的互动关系,它直接参与了近三百年来的西方现代性的历史建构是西方在其现代化过程中逐步发展起来的一种占支配地位的文化再生产模式。它与支持西方现代性的许多核心的价值观念有着千丝万缕的联系"。近年来的历史研究表明"消费革命"早于工业革命在欧洲社会中发生了,其原因归纳为其一,地理大发现和随着之而来的殖民掠夺,许多新的商品源源不断地流入当时的社会。这些新的商品大大扩大了西方人的消费规模,改变了他们的消费内容与消费习惯。其二,"在当时,一种新的时尚体系和消费风气逐步在社会内部形成"。"西欧资本主义导源于一种以城市享乐生活为特征的高度世俗化的性理论,这种性文化在当时各个社会的阶层中蔓延,使追求感观享乐的奢侈之风日益昌盛。正是这种奢侈消费有力地促进了较大规模的工业和贸易的产生。最终导致了资本主义生产方式和消费方式的出现"。其三,"消费革命的又一征兆,是世纪伴随着消费规模的扩大,新的商业形式和商业组织的建成和完善,它们不仅构成了消费文化的物质和制度性支撑,而且促成了消费观念的转变"。近代消费社会的发展在罗钢、王中忱先生主编《消费文化读本》一本中有较明显的解释"消费社会究竟始于何时这是一个非常复杂的问题,但对这个问题也可以提供一个非常简单的答案,它始于年福特汽车公司设在密西根德尔明的生产流水线隆隆驰下第一辆汽车之时。"由此可见世纪消费社会的形成、发展与以福特主义为代表的大规模工业生产方式有关系,在资本主义的发展中生产与消费关系的变化是十分重要的影响因素。在当时的社会状况下,旧的生产与消费的关系正好走到了极限,需要某种新的方式取而代之以适应社会的需求。正在此时福特发明了依靠非熟练工人在中心装配线上安装零部件的大规模生产线,它改革了工人的传统工作模式,工人的剩余时间被大大压缩,在精疲力尽地回家之后再也没有精力从事家庭生产活动,由此以来生产劳动与家庭生活被完全割裂开来,工人们的生活消耗品则必须依赖于购买商品。大规模的生产使消费生产与消费领域发生变化并带来了社会关系的重新调整,消费社会便随之兴起。但福特主义在世纪一年代以来暴露出日趋僵化的问题,为了克服福特主义的死板、僵化,一种称为"后福特主义"的灵活积累模式出现了。后福特主义的生产模式表现出了极大的灵活性,同时也给大众日常消费领域带来新变化,它进一步扩大消费的范围,加快了消费的步伐,刺激、控制、引导消费的形式,为当代消费文化的发展提供了新的动力。

在世界范围内现代室内设计风格的迅速变化发展也是在后福特主义兴起以后

的事。因为在福特主义的时候对应的是所谓现代主义的观念,倡导大规模的机械化生产,此时的室内设计缺乏丰富性。而后福特主义时代的"灵活积累"方式正好为室内设计多元化发展提供了社会环境。

从我国的历史发展来看,消费文化的发展并不是十分明显,但消费文化的表现在中国的社会生活中古已有之,官宦、豪绅们所表现出的行为多具有炫耀的特征,显示出消费文化的属性。消费文化在我国真正发展则是在近代西方列强打开了中国的大门之后,被动的、不平等的商品贸易在一定意义上促进了我国消费文化的发展,旧上海的十里洋场便是早期消费文化泛滥的一个典型场所。

接下来消费文化在我国的又一次发展要推至改革开放以后,市场经济的政策与国际经济发展进一步接轨,在国际范围内已经流行多年的消费文化逐渐影响我国的市场和大众。特别是东南沿海的经济发达地区,在很短的时间之内就表现出消费社会的特征。

2.消费文化的理论背景

西方消费文化的理论研究主要集中在上世纪的60—70年代,这一时期正是西方社会发展的重要转型期,即所谓后现代语境正在形成,工业生产领域、文化思想领域、经济政治领域都在经历着关于后现代问题的认识与分析的过程。在此其间消费文化的研究可以作为后现代理论研究的一个重要部分形成发展起来。消费文化研究的代表人物为法国学者鲍德里亚,他从一个全新的

与室内设计相关的消费文化理论可以参阅鲍德里亚的博士论文《物体系》。书中以物为论述对象,研究其存在方式与人以及社会的存在方式之间的内在关系。在鲍德里亚看来,通常对于物体的分析方法或者是对物进行分类,或者是描述物的功能、形成和结构的历史演变,或者描述物的技术结构变化促进物体变化,这不能回应人对物的真实生活体验。他将"物"分为两个层次一是作为技术结构的直接意指,一是作为文化体系的含蓄意指。物的分析在今天"唯一能够说出真相的并非技术的合理一致体系,而是实践对技术的影响模式,或者更精确地说是技术被实践卡住的模式"。此句话描述了物的体系变化对于技术的影响是由于物的含蓄意指对于直接意指的影响,形成了物体系结构性的变化,比如家具的演变、厨房器物的演变等。家具是鲍德里亚分析物体系的主要例证,传统家具的摆设不是几件物体集中在一起就可以的,而是一个时代的家庭和社会结构的反映。家具的摆放位置、尺度传达家庭成员的血缘、地位的关系和社交礼仪的规格与制度,因此家具摆设的变化又可以折射出社会生活的变迁,现代室内设计中家具的摆放关系与传统室内空间的家具摆放关系就有质的变化。

鲍德里亚在《物体系》一书中从三个方面对于消费社会中物的结构进行分析:其一物体的功能性分析。其二,物体的主观论述。其三,物体的意识形态体系。

在三个层次的论述基础上，鲍德里亚借鉴另一位著名学者罗兰巴特的符号学观点指出在消费社会中物的结构走向了功能的''"零度化"罗兰。巴特语，即功能的随意改变使物体之间的象征意义消解了，变成了一种功能性的符号体系。由于物体向符号的转变使由"符号物"创造出来的关系成为人们自我认同的中介，比如人们对室内空间中各种物品的追求，已经远远不是功能需求的问题，更多是将这些物体作为一种符号来表达自己在社会关系中的位置，同时得到人们的认同。

英国学者迈克·费瑟斯通所著《消费文化与后现代主义》一书以较全面的视角展现了消费文化与后现代社会中的诸多要素之间的关系。书中阐明消费文化研究将"消费与文化"这在过去一直都是附带性的研究题目，直到最近仍是"被认为是派生性的、边缘性的、女性化的，是生产与经济这些更男性化的中心领域的对立物"。带入到社会又文化认识分析的中心。"我们已经进入一个消费与文化在社会组织内或社会组织间处于关键地位的新阶段"。费瑟斯通在后现代含义、消费文化、大众社会、日常生活审美化、文化变迁与社会实践、生活方式与消费文化、城市文化与后现代方式、消费文化与全球失序等方面论述。

后现代社会不仅是一个以消费组织起来的社会，其特征不再是产品的消费而是符号与影像的消费，这与鲍德里亚的观点是相似的。由此传统社会中存在的诸多等级差异特征在消费社会中被淡化了，社会地位、身份特征失去了原本的特殊意义，现实与想象之间的隔阂消失了，过量的符号与影像信息产生了一个"仿真"的世界，在这个世界中人们的意识被消费文化分成一系列碎片，时间性也变得断断续续、跳跃不定。

四、中国当代消费文化现状和发展态势

消费文化是人们在长期的经济生活中所形成的对消费的一种相对稳定的共同信念，即约束居民消费行为或消费偏好的一种文化规范.每个国家，民族甚至地域都有自己独特的消费文化，而且随着时代的变化，消费文化也呈现出不同的时代特征。随着我国改革开发的深入和经济全球化进程的推进，我国消费文化在继承和发展，传统和现代，本土和西化的交织中呈现出以下时代特征和发展趋势。

（一）中国消费文化的民族特异性和全球趋同性并存

1. 消费文化的全球趋同性

"消费全球化"的支持者认为，随着经济活动全球化的发展，越来越多具有共性特征的文化物质被不同国家，民族的文化所选择，吸收，渐渐规范化，制度化，合理化，并被强化成为人的心理特征和行为特征，而另外一些传统的，带有强烈的排他性的文化物质被抑制，排除，扬弃，甚至失落了整体意义和价值，从而出

现趋同的全球消费文化.经济全球化使得跨国公司在满足全球市场需求的同时，在一定程度上培育了一种全球趋同的消费文化，使得不同文化背景不同国家的消费行为出现了相似性.国外许多学者通过对经济全球化背景下的各国消费者行为的经验研究，验证了这一现象.麦当劳通过跨国经营将一种具有共性的价值理念——"清洁省时"在全球市场上广泛传播，从而培育了一种共有的洋快餐文化。经济快速发展的中国已经崛起，成为全球经济最具活力最有潜力的市场，中国经济已经融入世界经济的一体，中国已经成为世界各国跨国公司努力进入的市场，中国市场已经发展成为全球市场的重要组成部分.在这种背景下，中国消费文化势必要受到外来文化的冲击，出现被"西化"的倾向也是在所难免的.在我们的调查中发现，不管在城市还是农村，中国消费者在消费观念，消费方式和消费物质等方面都显示出全球性消费文化的特征：如消费者在消费过程中越来越注重体现个性的自我选择，不管是年轻人还是老年人，不管是城市人还是农村人，都在追求一种个性消费注重自我的感受；在城市，消费者已经习惯并喜欢到大型超市购物，而且随着超市在中国广大城镇和部分发达地区农村的兴起，超市购物正在逐渐被广大消费者所认识和接受，在我们的调查访谈中发现农村消费者对此购物方式表现出极大的兴趣并流露出向往和羡慕之情；曾经被中国人视为"不会过日子"的信贷消费已经被城市人尤其是工薪阶层的年轻人广为接受；咖啡，面包，健身等带有鲜明西方特色的消费物质已经或正被中国消费者所接受甚至追捧.这种全球消费文化趋同的现象在中国城市尤其是发达的大城市尤为突出，上海的海派消费文化就是一个典型的实证。

2.消费文化的民族差异性

消费区域差异论认为，不同国家和地区有着不同的文化，作为文化内核的价值观，信念等文化要素并不会轻易改变，它们将长久地影响着本文化群体成员的态度和行为。同一国家或地区的消费者在购买目标，购买动机，购买组织，购买渠道，购买时机等方面会表现出共性，但不同国家或地区的消费行为模式则表现出很大的差异性.中国的现实证实了这一点，尽管在全球经济化条件下的中国消费文化显示全球消费文化趋同的一面，但几千年传统文化所形成的中国所特有的消费文化显示出巨大的生命力，在全球消费文化趋同的过程中尤其显得重要和珍贵，并将长期影响人们的消费行为。与具有强烈个人主义色彩和消费先行的美国消费文化相比，中国传统消费文化具有强烈集体主义特征和储蓄先行的消费倾向，这种文化的差异使得两国消费行为模式具有很大的差异性。在调查中，60%的受访者表示在搜寻商品信息时会更注重亲戚，朋友，同事对某产品的意见，并且他（她）在做出购物决策的时候会综合考虑家人的意见，有时甚至会为顾及家人的意见而压抑自己的购买偏好。

3.消费文化的民族特异性和全球趋同性的共容性

在中国市场上,中国消费文化的将长期并存,共同影响人们的生活和消费,使得中国现代消费文化由单纯的中式消费文化向中外合璧消费文化变迁。随着全球经济一体化的加快,跨国界的贸易,旅游,文化交流等活动日趋增多,特别是国际上跨国公司大量涌入我国,其独特的管理模式和新颖的企业文化等无不通过其消费文化渗透并影响着我国的消费者群体。有中国特色的消费文化在新时期出现了新的景观,主要表现:一是异域消费文化在我国的登陆,并被追求时尚和新潮的一代所追捧,在某些商品的消费领域,西方消费文化甚至还成为当今社会的消费主流,如服饰文化的变化,西服成了各种正式场合的服装;洋快餐在中国快餐市场上的统帅地位;不管大人小孩,凡过生日者必有生日蛋糕,但很少有人知道它的来历和寓意.二是中外合璧的消费文化氛围逐步形成.追求高效率,高享受等的消费文化则伴随着跨国公司品牌文化,产品文化逐步融合到我国的消费者群体中.三是在中国市场国际化的过程中,中国本土文化以其五千年的文化底蕴和与西方文化的巨大差异性,成为国外消费者追寻和喜爱的"洋文化%中国人眼中的土产品正是吸引外国人纷纷来华求购的"洋产品"。例如,在中国年青人视饮咖啡为生活时尚时,外国人却对中国绿茶所体现的茶文化,健康自然元素产生了巨大的兴趣并加以热捧。

(二) 中国消费文化的民族共性与地域差异性

并存几千年的历史传统和文化的积淀凝炼出了中国民族消费文化的核心内容——传统的民族消费价值观,形成了一套相对固定的整个民族共同遵守的价值取向和行为规范标准,如中国人在消费中注重"礼尚往来",讲究面子;注重家庭观念,"根文化"根深蒂固;注重储蓄,崇尚节俭消费等观念体现了中国消费文化的民族共性.同时由于中国地域广大,亚文化圈数量众多,不同地域由于自然环境和社会环境等因素的制约和影响,形成了不同的区域消费文化特征。如北京人和上海人在消费观念和购买行为上就存在很大的差异,北京人和上海人虽然都看重商品的品牌,追求高档和名牌;但北京人偏爱国产商品而上海人喜欢洋品牌;北京人在消费上注重精神享受和文化品位,对价格的敏感度不高,而上海人小资情调浓厚,对价格敏感度较高。随着经济的发展和人口的流动,富有地方特色的地域消费文化将互相影响互相渗透,形成异地文化融合和共容的趋势。突出表现在一是地区特色文化的异地传播。我国地区经济发展不平衡导致了人口的大量流动,这就为地方特色文化的异地渗透创造了条件。我国是有着几千年历史的文明古国,地方文化丰富多彩,人们的消费习惯,消费方式,风土人情,审美情趣等各不相同,流动的人口将其原居住地的文化习俗带往新居住地并在异地扩散。二是地域文化相互交织。随着我国市场经济体制的建立,地区间的经济活动和交流日益频繁,经济的交流带来的不仅是经济的共荣,也导致了地域文化的相互交流和共同繁荣。对于企业的市场营销者来说,不仅要从宏观上把握中国消费文化的整体方向,而且还要有针对性地分析相关区域市场的特色消费文化,从而准确把握市场和消费者的需求方向和特征,制定合适的市场营销战略和策略。

(三) 中国消费文化存在城乡差异并将长期存在

千百年来,同根同源的中华传统文化造就了华夏民族大家庭共同或相似的消费文化的核心——消费价值观,形成了不因地域和民族亚文,如黜奢崇俭,重礼厚福,敬老爱幼等传统价值观深深地影响一代又一代中国人的消费行为,成为中国人共同的行为信念.尽管中国消费文化在传统消费价值观的层面上显现出整个中华民族的共性,但由于受经济,政策,历史,教育,地理等因素的影响,长期以来中国的城市和农村在消费文化特别是在消费文化的物质表层上表现出巨大的差异性,形成两大不同的亚文化群体.从文化类型来看,我国的城市大致可归于松散型复杂型文化,追求个性化的消费文化有了生长和成长的条件和沃土。而我国广大的乡村和大多数小城镇基本上还是属于严密型简单型或中等复杂型文化,严密的文化往往容易使个体形成集体自我,而处于简单的文化背景中的人的行为准则又很容易形成固定行为模式。严密的趋于简单的文化使得人们易于形成相似的消费价值取向,选择趋同的消费品来满足其相似的消费需求,追求集体认同感的攀比消费或趋同消费才会大行其道.我们在江苏和湖北农村的调查证实这一点,在两地受访者中分别有80%和79%的农户表示,洗衣机和电冰箱对他们没有多大的用途,买了也不会经常使用,因为用不上或不习惯,但他们都表示买了或打算买,即使暂不打算买的人也表示出对这些产品的向往和对拥有者的羡慕.问起原因,他们均表示,城里人都有洗衣机和电冰箱,那是现代化和生活富裕的象征,而且"我们村子某某人家儿子结婚时彩电,洗衣机,电冰箱样样都有."当所谓的现代化生活方式涌入这种文化的社会,在趋同消费文化的作用下,易于生成随大流赶时髦的对某种产品的消费热点。从消费文化的内容来看,中国城乡居民的消费文化在展示共性的同时也显现出差异性.在调查中我们发现,不管是在城市还是农村,只要是中国人都很重视"根文化",都肯为"根"的兴旺和延续而消费,只是消费的形式和消费的指向有所不同罢了。例如,在中国农村,虽然子女教育的支出在不断上升,而且把跳龙门的希望寄托于子女的教育,但把为儿子娶媳妇盖房子看成是人一生中最大的责任和最重要的支出的"根"消费观,仍然根深蒂固.同样是"根文化"消费,而在城市则有不同理解和不同的消费取向,如很多人选择为子女的教育和事业发展而购买才艺素质教育产品,长期或假期出国留学或语言学习等相关产品。另外，从我们的调查中发现，在中国的小城镇和农村，中国传统消费文化仍然是影响人们的消费行为的主导因素，换句话说，一个家庭的大部分消费决定和消费支出是由传统消费文化的作用引起的。在中国的小城镇和农村，人们更注重人情和面子。根据我们在江苏农村的调查情况反映，一个普通的农户家庭人情消费往往要占到整个家庭的总支出10%以上。

（四）消费主义文化倾向已经出现并呈扩散趋势

尽管中国社会整体无疑任属于发展中国家，经济能力依然应当使相应的消费方式适应于生产社会，但由于受到消费主义文化的影响，中国居民的消费观念与消费行为又在追逐消费社会而出现明显的消费主义倾向，且这一倾向呈现出从高收入阶层向中低收入阶层，从城市向农村扩散的趋势。消费主义文化不同于经济意义上的消费，它是指这样一种生活方式：消费的目的不是为了实际需要的满足，而是在不断追求被制造出来，被刺激起来的欲望的满足。换句话说，人们所消费的，不是商品和服务的使用价值，而是他们的符号象征意义。合理满足消费的使用价值与无度占有符号意义的消费是基于两种不同类型的生活伦理，观念，价值的生活方式和生存状态。消费主义的特征之一就是由大众传媒推动和扩散，把越来越多的人（不分等级，地位，阶层，种族，归家，贫富）都卷入其中的消费生活观念和消费方式，它创造，刺激和再生产着人们的消费需要和消费欲望，驱使人们不断地追求高档，无止境地向往名牌。据我们的调查和有关文献资料的反映，在我国发达的一些城市，消费主义文化倾向已经实实在在地表现在高收入阶层人群的实际生活和消费中；而在欠发达的城市和广大农村。消费主义倾向更多地还是体现在人们的观念上。

1.实际生活中的消费主义表现

受经济收入条件的支持，中国城市中高收入群体不仅成为消费主义文化观的接收者更率先成为消费主义生活方式的实践者，其主要表现是：注重个人享乐，追求西化的生活方式，讲究消费的洋化，高档化和名牌化。我们对上海和西安两城市190份的问卷调查显示，高收入群体在饮食，服装和耐用品的消费偏好上都有较大的趋同性，77%的中高收入居民在购买衣着时看重服装的"款式"和品位，在"品牌"上表现了较高的关注集中度；而对家电等耐用品的消费上，两城市的中高收入者都对品牌表现了极大的关注度，其中上海这类人群更钟爱洋品牌。中国社会发展中出现的富人群体成为洋消费和奢侈消费的主力军，他们的存在使中国已成为全球高级时装，饰品和其他奢侈品的第三大消费国：购物方式的休闲化和消费场所的高档化。城市较高收入人群占有消费资源丰富，在消费行为上表现为光顾高级消费场所，进行高消费活动，购买高档商品，从事富于娱乐性，技能性与知识性的休闲活动：购买消费的符号象征意义的意向远大于商品本身的使用价值。商品所承载的不仅是商品的使用价值还有地位，品位，身份等符号象征意义，在追求使用价值需要的消费得到满足后，在大众媒介的推动下和消费心理的作用下，人们自然会把消费兴趣转移到商品的符号意义上.所谓象征意义是要通过消费赢得别人的尊重和在社会上的地位，所借助的符号是消费的档次，式样，价格上的区别.为追求符号象征意义而购买商品和服务的行为，不仅是城市高收入人群的专利，其他收入群体包括城市中低收入居民和乡镇农村居民也都有类似的消费行为倾向，只是消费对象的具体指向不尽相同罢了。我们在江苏苏北农村的调查发现，农民之所以有了钱总是要先盖新房，而且不惜代价争取一流，有些经济困难的农户甚至不惜抑制基本的生活开支和背负巨额债务的压力盖新房买"洋高档"，就是要满足面子，赢得尊重和羡慕，表现实力和地位.新房和"洋高档"的使用价值已远远超过其象征意义，我们的调查和访谈证明了这一点，有的农户从来不用洗衣机却购买了洗衣机，洗衣机对于他们仅仅是一种符号种代表财富和现代化的符号。

2.观念上的消费主义表现

通过富人新贵们的示范作用和媒体的推波助澜，消费主义文化意识已经潜移默化地影响了人们的消费观念，使一部分有经济能力的人群将消费主义价值观体现在现实的购买行动上，而那些尚不具备高消费能力的人群则在消费观念上有了一定的消费主义倾向。观念上的消费主义是指，由于经济条件的限制现在还不能实现高消费，但已经在极力追求或模仿消费主义的生活方式，甚至常常超出经济能力或压抑基本需求的满足而去追求心理或观念上的消费。城市青年群体是观念上的消费主义最主要的接收者，他们首先在观念上认同消费主义的价值取向和生活方式，崇尚个人享乐和所谓的个性，向往高消费，洋品牌，把洋品牌与高品位等同起来，把高消费与美好的个性生活结合起来.在与消费主义消费水平相适应的经济独立能力和支付能力还未确立之前，他们更多地是靠逛商店，买假名牌，穿时尚服饰来体验感受，积累经验，为成为现实的消费主义消费者做好观念上的准备。

（五）储蓄先行的消费观念发生动摇

依照我国城乡居民储蓄存款数不断攀高而出现"超储蓄"的现象来看，我国整体上依然还是一个储蓄先行消费滞后的国家，但我们在调查中发现，储蓄先行的消费观念已经发生动摇，并正在影响着城乡居民的消费行为.随着中国经济的持续增长，对外开放程度的不断深入和我国鼓励信贷消费政策的实施，再加上受消费主义文化的影响，中国传统的黜奢崇俭价值观受到冲击，"无债一身清"的消费观念受到挑战，一部分"超前消费者"首先接受"用明天的钱办今天的事"的观念并先行实践信贷消费。通过他们的消费示范，更多的人认识和感受到了信贷消费带来的实惠，也开始认同信贷消费的观念并加入信贷消费者的行列。超前消费观念已不再是陌生的话题，它已化成人们实实在在的消费行动，银行贷款已成为城市居民购房买车的主要付款方式，小额借贷和分期付款也成为农村居民购买生产资料，子女上学和添置大件的资金来源。根据各地统计局公布的城镇居民人均可支配收入，城镇人口，个人消费信贷余额计算，上海家庭债务比例高达155%，北京，青岛，杭州，深圳，宁波等城市家庭债务比例分别达到122%，95%，91%，85%，79%，天津最低为44%。随着个人消费信贷规模的急剧扩大，我国一些大城市居民已经悄然成为高负债一族。这一现象具有一定的代表性，从一个侧面旁证了中国人的储蓄观的改变。我们在上海，西安，湖北，江苏的调查也显示，城市年青人90%表示认同并愿意选择信贷消费，而且收入越高，贷款消费意愿越强，中老年人的储蓄意向则明显高于年轻人。另外，农村居民对信贷消费的认同度虽然低于城市，但较以前有明显的提高。目前在我国尤其在城市，储蓄先行的消费观念发生动摇，信贷消费的观念已经建立，而且越来越多的青年人喜欢这种消费形式。但尽管如此，我国整体上还是一个储蓄先行消费滞后的国家，其原因大致有：其一，中国传统文化和生活习惯的影响。渗透着"养儿防老，积谷防饥"，"看钱办事，量力而行"思想观念的节俭型消费文化长期影响着中国人的消费行为，使多数中国人养成了勤俭持家的好习惯。其二，人民整体经济收入有较大的提高。但城市居民之间，农民与农民之间，城市与农村之间，人们的收入差距拉大。一方面，整体经济收入的增长使得我国储蓄总量保持增长；另一方面，收入差距拉大使得低收入家庭的储蓄愿望增强，而且储蓄总量随着家庭收入的增加而增加。其三，体制转轨带来的不确定因素增加，社会保障体系尚不健全，居民对未来就业和收入不确定性预期增强，也导致了一部分人想消费而不敢消费，因而选择增加储蓄。以上后两个原因直接影响了人们的消费信心，随着这两个条件的改善，储蓄先行的消费观念将进一步发生动摇，人们信贷消费的信心更足。应该说，中国居民尤其是城市居民的信贷消费观念已经建立，只是条件和基础还不足以让消费者有信心将消费先行付诸实际行动。消费文化作为一种消费价值体系，潜移默化地影响着人们的思维习惯，生活习惯和消费习惯，激发或制约了人们的消费需求。我国消费文化在开放的国际化形势下出现了一些新情况和新问题，既有积极向上有利于我国经济发展的因素，也有制约经济发展和不利于社会主义小康社会建设的消极因素。只有了解中国消费文化，正确把握消费者需求变化趋势，政府才能更有效地激活市场消费需求，推动经济的发展和人民生活水平的提高；企业才能以消费文化为先导，建立文化营销的新理念，运用文化营销的手段，满足消费者不断变化的需求，赢得市场竞争的主动权。

第三节 消费文化时代日常生活转变对室内设计的影响

对于日常生活的研究在过去被认为是边缘的、不足为奇的，但在当代社会，消费文化的影响并非以一种文化冲突的暴力方式传播的，而是渐进式的、潜移默化的渗透到日常生活的方方面面，使人们在不知不觉中受到消费的影响，在这种情况下对日常生活的研究就变得十分重要，因为它的表现与变化传达了文化交流与变迁的信息。由此，对消费文化时代室内设计的研究则应关注日常生活的层面。

一、中国传统日常生活模式的特征

我国传统日常生活的结构表现出自发、封闭、重复的特征，在封建社会中，浓重的血缘纽带关系和家法制将人们封闭在家庭、祠堂之中，周而复始的演绎着祖辈的生活，这在诸多电视剧都能找到例子。这种传统的日常生活观念对于室内空间的要求也呈现出某种自发的、有家族感、等级感的表现，在江南存留的大量古村落中能够感受到这种室内空间的特点见图一。在空间的布局上，在室内家具、陈设的摆放与布置上，在室内书画、楹联、匾额的内容等方面可见宗法的影子。但是在现代社会的发展背景之中，我们所处的现代日常生活正在发生巨大的变化。在所谓市场经济的条件中，消费文化在各种社会形态中蔓延，传统的日常生活状态正在被许许多多新型的事物所冲激，日常生活更新、变革的速度大大加快了。在传统的、缺乏创造力的平淡生活中，正涌动着诸多的有创造力的动机，这些动机让日常生活由一种被轻视、被冷落的状态逐渐成了受到广泛注视的一门学问。正是社会转型所带动的日常生活由观念到实践的转变，为当代室内设计的发展提供出一种有实践意义的环境，在这种环境里室内设计应该充分认识，分析设计对象所处的日常生活层面的现象、状态、从而提出一种与之相吻合的解决手段。

我们可以把日常生活归纳概括为"衣、食、住、行"来进行认识，而"衣、食、住、行"也是当代设计所面对的内容，在四个方面中与我们研究的室内设计相关较多的是"食、住"两方面，而另外两方面则较少一些。鉴于本文的论述重点，在进行传统日常生活模式分析时，也主要认识"食、住"两方面。首先来看传统日常生活中的"食"。俗话说民以食为天，可见"食"对于人类生活的重要性。在几千年的发展中，中华饮食形成了以儒家思想为依据的饮食文化，讲求礼仪、涵养，孔子曾提出"十三不食"，即"色恶不食、臭恶不食、失饪不食、不时不食，割不正不食，不得其酱不食"等论语•乡党》。在儒家思想的约束和规范之下发展的饮食文化可以说对于"礼"的关注不亚于"食"的主题。正是在这种

"饮食成礼"的观念之下，中华饮食成为中华文化中的重要代表之一。同时我国地域广阔，因此而形成南、北、东、西不同的饮食特色，表现出地域、习俗、口味等诸多差别。在传统饮食文化的影响之下，发生"食"这种行为的空间也变得十分讲究，从而形成了传统餐饮空间设计重"礼"的观念，这表现在餐桌的位置、摆放、大小，以及室内装饰的繁杂程度，色彩、物品的运用等许多方面。即使是社会发展转型之后的当代，高规格的、礼仪式的庆典活动还沿用传统的"餐饮"格局方式以表达出对传统文化的尊重，另外不同地区各具特色的饮食风格又直接影响该地区餐饮室内空间的特征。

其次是传统居住观念的分析，居住始终是人类日常生活的重要追求目标。中国传统居住方式的形成与发展同样受到儒家思想的影响，受到一定的礼仪、规范的约束，这点在建造规模、形式和材料上都有所表现，从而显示出居者的身份与地位。在中国人的传统观念中，只有生活在同一屋檐下方可称得上"自家人"，所以形成了数代同堂的大院落。在自家屋宅的建造中，古人强调"庭院"，所谓庭者"堂阶前也"院者"周垣也"，即室有垣墙者曰院。在古人看来一个完整的"家"不仅要有妻儿，还要有房子及供人休息、娱乐、种植的院子。由此看来古人的住居形式是与家庭关系联系在一起。所以在家族关系中有"房"的称谓，而妻子、儿子等亲人又被称为"家室"，还有中国传统居住空间多强调中轴对称，同时根据家庭伦理关系又分成许多不同的房子，各种空间按辈分、等级、性别井然有序的排列起来，这种传统生活中的居住文化则成为传统室内设计的基础。[1]

二、当代日常生活转型中室内设计的表现

到上世纪的七八十年代，在改革开放政策实行以来，我国社会发展从方方面面都在发生巨大的变化，传统日常生活也随着经济、技术的不断发展，以及世界文化交流的增加而发生了转变，呈现出与传统日常生活不同的特征和观念，在此状况下室内设计表现出几方面特征：

其一，大规模的工业生产和社会交流使传统日常生活较为封闭的、自足式的模式被冲破，人们开始大量的接触商品，以消费的方式支持生存，这种与消费直接结合，直接受到生产、经济变化影响的日常生活不再是零散的、自足式的，而是自觉的、有目的的社会生活。随着生活模式的改变，室内设计表现出一定的自主性，而非对传统生活空间的模仿。

其二，在当代社会发展变化之中，传统的"几代同堂"的居住模式发生解体，

---

[1] 陈永著.消费文化时代背景下的室内设计[M].长春：吉林大学出版社，2018.01.

取而代之的是"小俩口"、"单元房"的模式，这种转变也导致了室内设计的重大变化，等级、家族的禁锢没有了，因此在当代住室设计之中可以这样认为多数设计成份是无伦理束缚的、自由组织在一起的。

其三，工业化生产、商品的消费使人们的生活离开了长期依赖的土地，大量的人进入城市，在这种复杂的交融与流动之中，人们传统的交往关系变化了，人与人的交往对象不再是亲缘、家族之间有等级的交往，而变成了与陌生人，其他人之间的平等交往，交往的自由空间变大了。因此，当代室内设计对于空间的形式和功能的需求大大增加。

其四，改革开放使大量国际化的技术、观念传入国内，使传统文化与现代西方文化有了大规模的交融。在西方，理性的、平等的、契约式的、自由开放等观念的影响下，新一代的青年人的日常生活方式与观念更加国际化了，他把自己融入了世界大家庭，而或多或少地偏离了传统文化。对室内设计地追求则更加倾向于现代的、西方的风格。

其五，大量的新技术、新兴产业韵空前发展，改变了现代人的社会生活方式和交往方式，比如工、电视、无线通信等技术的普及，使现代人再也离不开它们。甚至可以说，没有它们现代人就不能很好的生活。室内设计地发展也日益依赖数字化手段。

其六，在经过了一段时间的交流甚至是对抗之后，在当代以所谓现代生活方式即西化的、国际化的方式为主导的日常生活社会中，又出现了对于传统日常生活的反思，更准确地说是对传统文化的再认识、再思考。

一部分文化人试图立足国际大背景之中找到中国传统生活方式与当代日常生活的最佳契合点。这种思潮正在表现为当前社会生活的一种令人振奋力量。日常生活的研究在当代学术中的位置已经从边缘走向中央，正在成为文化、历史、哲学研究中的重要部分，其自身受多种因素和学术观点的影响表现出一定的复杂性和挑战性。室内设计是日常生活中的重要组成部分，室内设计的变化能反映人们日常生活观念的改变，从而揭示出深层的社会、文化变革。

第四节　消费文化时代大众传播发展对室内设计的影响

在当代科学技术的背景下，传播的媒介有了质的飞跃，其由传统意义上的口传、笔录、实物、书信往来等手段继而到电报、电话、机械印刷乃至现代的无线网络信息传递技术。科技的进步给大众传播开辟了广阔的空间，打破了各阶层、地区、组织之间的信息壁垒，从而使大众能够最大可能的平等享受各种信息。在目前的社会氛围之中，人们将要对一个空间进行室内设计之前，首先想到的不一定是专业的设计师，而是打开电视、翻开杂志、报纸，在相关的栏目中寻找自己喜欢的样式、风格，然后再去找设计师。在人们准备就室内设计进行消费之前，他们已经在媒介之中进行了有目的的寻找，因此本文有必要分析消费文化时代大众传播发展对室内设计的影响。

一、室内设计的媒介作用

从改革开放到今天，室内设计发展的步伐可以说是紧跟着开放的步伐的。而设计理论与国际接轨的程度得益于传播媒介的进步。回想当年，设计师凭借着仅有的一些从港台地区流入内地的图像信息作设计，到现在从网络可以同步共享世界上任何先进的设计理念。设计师们若干年的成长当然要感谢传播媒介的发展。

在当前的状况中，大量的家居节目、家居杂志如雨后春笋一般涌现出来，为人们勾画着各种各样的美好图景，甚至是十分专业的技术、工艺问题也由美女主持人或精美的插图传播给人们。这样以来人们可以在传媒、信息的帮助下评判室内设计，同时不同形式的室内设计又可以作为媒介信息影响其他的受众。

一般的传播过程有几个要素：①传播者，即"谁传播"；②传播的信息内容，即"传播什么"；③媒介，即"通过什么渠道"；④受众，即"传给谁"；⑤传播效果。这便是著名传播学者哈里德·拉斯韦尔的学说。当室内设计作为媒介体现这个学说的相关内容。下面结合大众传播的观点分析室内设计的媒介作用。

第一，当某种室内设计风格发展起来，它会在一定社会生活中产生出新的设计标准和方式，这种新的设计标准和方式会迅速应用到设计实践当中，随着这种设计实践的广泛普及，一种新的设计风格则被传播开来。现代主义、后现代主义、解构主义风格都是通过作品来传播的。

第二，根据麦克卢汉的理论，在当代社会中室内设计的媒介作用还表现在它是设计师的思想、认识、感觉的延伸。的理解并希望借此与受众进行交流。室内设计承载了设计师、决策者的各种预设的信息，它们可能侧重文化、历史、艺术，也可能侧重技术、经济、政治，甚至可能仅仅是为了炫耀并无更多信息可言。同时它也直接反映了设计师作为传播者的能力与修养。

第三，室内设计在传播领域的认知是一种动态的状态，它本身即可能是传播的媒介，亦可能是传播的受众。当代媒介理论认为在一种媒介产生时，它同时又是另一种媒介的内容。比如文字的内容是语言，而印刷的内容亦可能是文字。在室内设计中，设计的内容是界面、家具、物品，而界面、家具、物品的内容则是肌理、纹样、色彩等。在传播过程的循环中，室内设计作品成为图像、文本的内容而同一个室内设计作品亦是媒介传达某种文化、观念的信息。根据这个观点来分析，可以将我国的室内设计理解为传播的受众，因为从设计观念、设计风格、设计流派等几个方面分析,我国的当代室内设计不能完全认为自己是一个传播者,在这方面我们还没有足够的话语权。①自现代设计兴起以来,我国的设计大都是在通过各种媒介得到信息之后才能有所成长的,当然,这要去除我们引以为豪的传统室内设计精华部分,在这个层面我们是有发言权的。

以改革开放为界,以前由于传播渠道不通畅,我们不能获取十分有效的设计信息,所以设计发展较缓慢。以后伴随着传播技术的发展,大凡新设计观念出现定行动。在经历了一系列的活动、推广、宣传后,一种新的设计风格或是设计作品便深入人心了。即使是你没有消费这个风格,但至少你已经被它的信息所影响,并且它还可能根据市场消费的需求而继续影响一阵子。这就是当代室内设计作为媒介的力量,在你面前会有诸多种类似情况的"信息"存在,这对于判断能力弱的受众来讲是一种令人头痛的选择,于是有人消极的感叹"与其眼花缭乱,到不如别无选择。"便能在极短的时间传到设计师的面前,大量的设计信息的包围使我国的室内设计水平在近几年中迅速提升,各种风格、潮流也如过眼云烟一般转变、更替。

第四,室内设计作为媒介在当前消费意识的影响下表现出些许负面作用,室内设计过程是一种与经营相关的行为,也就会有经营的问题存在。设计师如何将自己的观点通过设计传达出去是十分实际的事情。这种情况下,室内设计作为媒介传播的内容可能会或多或少的失去责任感。也可以说在消费的大环境中大众传播"戏弄"着室内设计的内容与意义。鉴于此种情况有些新的风格、潮流很有可能不是以前那样由几个杰出设计师或者精英创造出来,然后被一小部分人接受而后再风靡世界。很多情况下是某些利益集团为了使自己的设计产品能够有一个好卖的处境而利用传媒制造了一个又一个新时尚、新潮流。要推出一个系列的设计作品,一定要花大力气去宣传,利用尽可能多的媒体去告诉人们这是一种新时尚其实也许仅仅是某种旧样式的新版本,还有各种名目的研讨会、论坛等也都有被某些利益集团利用的嫌疑。一家南方的瓷砖厂家以自己的品牌名义举办了多次设计论坛、展览等等,现在不单单是专业设计师还有许多普通人都知道了它叫"欧神诺"。因此在消费社会中种种被媒介宣传的新时尚、新风格、新潮流与早前的风格、潮流的内容相比较,笔者认为是打了折扣的。

在这种传播过程中大众的判断力是受限制的、他们只有选择的权力,并且许多风格是根本没有经过大众体验的,有时候设计师也会被迫卷入其中,人云亦云。这时候室内设计已经不完全是设计创作的作品,它被纳入商品的体系,受到营销、

---

① 陈永著.消费文化时代背景下的室内设计[M].长春:吉林大学出版社,2018.01.

推广、宣传的推动而进入市场。

下面我们可以用现代大众传播理论中十分著名的社会市场理论来模拟一下设计风格是如何被推广的、要使受众知道所要推广的某个新风格、新设计的存在，这时候最直接的办法就是密集的广告与上镜率。、向特定的目标受众发出信息，比如用研讨会、论坛、展览会等方法。、进一步在目标受众中强化信息，在条件允许的情况鼓励面对面的沟通。培养受众对新风格、新设计的良好印象，加强对象的吸引力。激发受众的兴趣、引诱他们去搜寻信息。在受众知晓了相关信息或对某风格、设计作品有印象后，劝导他们做出所需的决策。在活动中已经被定为目标受众的人们，要激活他们的欲望促使他们决定行动。在经历了一系列的活动、推广、宣传后，一种新的设计风格或是设计作品便深入人心了。即使是你没有消费这个风格，但至少你已经被它的信息所影响，并且它还可能根据市场消费的需求而继续影响一阵子。这就是当代室内设计作为媒介的力量，在你面前会有诸多种类似情况的"信息"存在，这对于判断能力弱的受众来讲是一种令人头痛的选择，于是有人消极的感叹"与其眼花缭乱，到不如别无选择。"

二、大众传播影响室内设计的表现

在大众传播的努力之下世界正在发生着变化。这种变化的光环之下亦有学者感到一定的危机。因为在流行、娱乐、大众等词语的鼓励中，传播在其运行过程中似乎不是十分在乎所传递的信息的影响和其结果如何，它们更关心受众是否喜欢而忽略了责任。鲍德里亚深感此种现状的存在并激进的认为媒介的运行将不再有内容、意义，只是"符号"。他将媒介比作一个符号与信息的"黑洞"，它吸纳着、控制着、制造着信息，这些信息不再传达意义。他曾经用海湾战争作例子，当人们坐在沙发之中，吃着零食，放松地观看着媒体中传播着的那场战争。人们是麻木的，也许在他们看来可能只是媒介制造的超现实图景。的确，利用现代媒介技术完全能制造"二次大战"、"星球大战"、"魔幻大战"等多种超现实的信息，它们与实实在在的信息共同在媒介中传播着，受众难于从中分清实现与超实现。

鲍德里亚的观点对当代大众传播有一定的批判力。从我国大众传播对于室内设计发展的影响角度来分析有可借鉴之处。正是他的这种认识为我们分析大众传播对当代中国室内设计的影响提供了批判性的启示。

首先，由于技术发展的决定性使媒介的内容、意义让位于形式。这正好反映了目前我国室内设计中较普遍的现状，即内容、意义服从于形式，一方面这符合人们只求娱乐的快餐心理另一方面是人们可以利用媒介观察周围所谓流行的设计或是从媒介中广泛了解设计的风格，其中绝大多数都是以新奇的形式、刺激的色彩而存在的，而那些要费尽心机解释文化意义的设计则因为媒介难于传播而少有人关注。这样在设计师的潜意识中便被灌输了一种"无意义的形式主义"更利于传播的认识,设计师们当然会投媒介所好了这里我们应当提到受众的问题,只有当受众的水平提高以后,他们的所谓解码能力增强才能对媒介传播的信息进行主动选择。因此在某种意义上讲,在设计领域发展的关系链当中媒介引导作用是缺乏责任感的。

其次,在消费的背景下,大众传播对文化的传播过程并非原汁原味,而是经过筛选后进行重新包装、组合之后的信息。而那些不具有明显商业价值的元素可能被过滤掉了而这些文化元素往往是有意义的。更有甚者为了取悦于当时、当地的受众,被包装、被筛选过的文化元素还有可能进行戏剧化的描绘、夸张以达到快速吸引受众的效果。大众传播对于文化的筛选同样发生在当代室内设计之中,正是有了媒介的帮助设计师才能尽情在众多信息中肆意挑选、混合、排列,而其中的逻辑性、意义往往被忽视。鲍德里亚借用马克思的论调说''同样的事在历史中有时会发生两次,第一次它们具有真实的历史意义,第二次,它们的意义则只在于一种夸张可笑的追忆、滑稽怪诞的变形—依赖某种传说性参照存在。……文化消费可以被定义为那种夸张可笑的复兴,那种对已经不复存在之事物进行滑稽追忆的时间和场所。"这与大众传播对文化元素的戏剧性抽样是相呼应的。当代室内设计之中''文化的可笑追忆、滑稽怪诞的变形"亦是十分突出的误区。于是像拉斯维加斯赌城中的埃及金字塔、狮身人面像变成了赌场那样见图一,我们把帝王的宫殿变成了娱乐城、足疗中心。完全颠覆了传统文化的内涵与属性,文化变成了供人们享乐的元素而非沉重的知识、修养。试想传媒与受众可能会喜欢这样的设计某个历史年代的空间装饰要素,当然不一定是严谨的照搬,它可以融入其他的文化元素,然后让现代人处于其中,并要求他们回到当时的行为方式去消费或者是超前于当代的行为方式消费,从而引起人们的时空混乱,让人们去幻想,在冥冥之中空间中的文化符号变成许多毫无意义的"诱惑之物"在你眼前舞动,即所谓"在否认事物和现实的基础上对符号进行颂扬"。于是一处流行的娱乐场所便诞生了。从这种现象中可以看出"大众传播将文化和知识排斥在外。它决不可能让那些真正象征性或说教性的过程发生作用,因为那将会损害这一仪式意义所在的集体参与——这种参与只有通过一种礼拜仪式,一套被精心抽空了意义内容的符号形式编码才能得以实现。"

当代室内设计中的"媚俗风格"是大众传播大肆鼓吹"滑稽追忆,夸张复兴"的典型事例。它或许能较贴切地反映消费文化中设计的肤浅表现,在室内设计行业中,"媚俗"也正在成为人们见怪不怪的东西。前几年在三里屯酒吧街就出现了泛着泡沫的啤酒杯状的小卖店,更知名的是某海鲜酒楼墙面上趴着的巨大龙虾,还有滑稽的是在一个娱乐厅的入口处,人们要从一位叉开双腿,翘着屁股,做着

第九章　消费文化对室内设计的影响

鬼脸的少女胯下进入。媚俗、娱乐大众之意丝毫不掩饰。从社会的角度来看，这种设计风格的出现体现出大众在消费文化中建构某个符号以对抗传统审美经验所持有的某种消费特权。在这里大众们创立的"媚俗"设计风格其实质并不在于"美"，而是在于"媚俗"所建立的自嘲式、讽刺式的独特性符号，它的功能是社会性的。下面我们就大众媒介中广告与流行的角度分析当代室内设计。

广告作为一种大众媒介在消费社会中起到了推波助澜的作用，当人们决定对一件内部空间进行设计消费时，多多少少都受到了广告宣传的引导，翻开报纸、杂志、打开电视，在每一个黄金时段、在每一个重要的位置都可以看到精美的广告创造着的"神话"。它们描述了神话般的宫殿生活、神话般的生活方式、神话般的物质诱惑，使人在其描述的世界面前想入非非。用英国学者费瑟斯通的观点看，通过广告和大众传媒方式"消费文化动摇了原来商品的使用或产品意义的观念，并赋予其新的影像与记号，全面激发人们广泛的感觉联想和欲望"。妇鲍德里亚的认识则更明确、深刻，"广告伪造了一种消费总体性"=由此我们认识一下广告对当代室内设计的影响。

首先，当代室内设计风格的形成与发展有赖于广告的媒介作用。广告在对某一个空间的设计风格赞扬的同时不知不觉地将其同类的设计作品加以认同，可以说是广告通过对于一个室内设计作品或一个商品的赞美而涉及了这类作品的总体。广告就是通过一种同谋关系，一种与信息但更主要是与媒介自身及其编码规则相适应的内在、即时的关系，透过一个受众瞄准了所有其他受众。现在有一种现象，受众往往是在广告词中得到了许多室内设计风格的概念，而在专业的设计领域对此并非津津乐道，比如所谓"后极简主义"。

其次，广告在一定程度上动摇了当代室内设计的现实性与真实性。广告媒介创造一个个非真实的事件，而这种非真实的事件在广告的精心安排下有可能转变成新的现实。在真实的生活之中，广告可以按照某种自成体系的方式制造一种''新现实、新风格"。所以广告在当代室内设计发展中充当着一种"新现实、新风格"的"模拟范例"的角色。"人们通过对一些真实线条和要素进行组合而制造出某种范例，人们令他们'推演'某个事件、某个结构或某种将要制造的局势，并从中得出某些策略性的结论并依据这些结论来对现实进行操作"。这便是广告对当代室内设计的现实性与真实性起到的作用。

其三，广告对当代室内设计的操作过程是"超越真伪"的。从一定意义上而言，广告是把某个风格变成一个事件、一个新闻。"广告和新闻就这样构成了相同的视觉，文字、声音和神奇的实体，它们在各种传媒中的承接和交替都令我们觉得自然—它们激起相同的好奇心和相同的戏剧性"。但是与新闻相比广告的真实性被大大淡化了，用博尔斯坦的话说"广告艺术主要在于创造非真伪的劝导性陈述。"可见广告的重要性是自我预言的实现,但在广告的预言面前,人们表现出一种"甘于上当受骗"的趋势,沿着广告指导的方向去走,按着广告提供的模式去做。"广告把借助鼓噪确立自身形象的原理推向极致,使意识的深刻原理,大概就是广告起作用的原因"。如因此在广告的强大影响之下,人们的判断可能失去了方向,人们不知道现实的世界与广告所描绘的世界的边界在哪里。人们茫然迷失在广告世界与真实世界之中。处于消费漩涡中的当代室内设计当然不可避免地陷入其中。比如前几年各种媒体上大加称赞的所谓"极简主义"便是一个典型的例子见图一。极简主义起源于欧洲,是有一定文化背景的,符合欧洲社会发展的趋势的,这样评述极简主义"我们再回到极简主义形成的九十年代早期,这是一种趋势,寻求提供一种在后现代主义和解构主义丰产之后的暂缓。尽管其主旨被理解成多种方面对宗教建筑的继承,对六十年代艺术的演进,对日本的朴素风格的读解。极简主义总是被认为是对同一主旨的物化,即对于空间概念、光与体积的一种精简的艺术。这种追求简单的倾向变成了一种时尚充斥在创作者与消费者之中,灰白色的阴影,精确、微妙、直接的转角,这些甚至作为一种设计策略被用于开发刀柄的设计。"可见极简主义的成因与我们的关系并不十分紧密。极简主义在中国并没有像在欧洲那样真实地成长,我们只了解它的皮毛而并没有了解其根基,所以其走入了一种歧途。结果表明极简主义水土不服并影响了极简主义的"国际形象"。这一事件与广告的作用是密切相关的,广告为人民描述、推广的极简主义只是表面的美丽,使人们迷惑于这个美丽之中,不曾想其根基与生长的条件在中国是不完全具备的,它与人们的生活方式相抵触。

中国人的生活习惯必须留有储物的可能性,广告中简洁到极致的极简主义作品误导了设计师,所以我国设计师的极简主义作品多数没有考虑储物的空间,这使中国特色的极简主义室内设计中看不中用。

接着我们再来认识一下流行对当代室内设计之提升到有说服力的高度。广告的作用与洗脑程序完全一致。洗脑这种猛攻无设计的影响。流行是大众传播与消费文化共有的特征,流行的事物在当代社会中司空见惯,流行艺术、流行语言、流行色、流行风格、流行款式……,正是大量的流行事件才让当代社会中的人们有追逐的乐趣。在传统的意识之中流行是与经典相对应的,因而也就或多或少地出现了等级上的差别。当社会进入了20世纪,在工业生产、复制技术大量普及应用之后,事情的状况就不是像传统社会那样了。在消费文化的背景中物品的内在象征意义正逐渐"丧失",物品经过大量复制以后,其象征关系与独特地位被消除了,它完全是外在的、表面的,成为了生活的一个符号。所以人们可以追求以前他们根本不可能得到的东西,再加上大众媒体的帮助便形成了一波又一波的流行趋势。其中最为著名的流行事件可以说是发生在美国的那场流行艺术的运动,大量单纯的、符号化的、印刷复制的作品冲击着人们的接受力。这种趋势正好迎合了当时的社会发展状态。

第一，流行使当代室内设计在社会中呈现出日常性、平民化。不论是流行艺术、流行设计，还是其他"流行"，它们都面对着社会中的大众，面对着百姓的日常生活，流行与大众的关系是十分密切的。因为"消费逻辑取消了艺术表现的传统崇高地位，严格地说，物品的本质或意义不再具有形象的优先权了。它们两者再也不是互相忠实的了它们的广延性共同存在于同一个逻辑空间中在那里它们同样都是作为符号发挥作用"。流行希望将自己装扮成"平庸的艺术"，这样就能在更广泛的社会场域中发挥作用。因此当代与百姓家居相关的设计是流行设计的大本营，这里对形式逻辑、文化内涵的要求让位给流行的样式和喜好的心情见图一。

第二，流行促使当代室内设计具有符号性的作用。鲍德里亚指出流行艺术是符号和消费逻辑的当代艺术形式，"流行以前的一切艺术都是建立在某种深刻世界观基础上的，而流行则希望自己与符号的这种内在秩序同质与它们的工业性和系列性生产同图一平庸但却流行的室内设计样式质，因而与周围一切人造事物的特点同质，资料来源作者自拍与广延性上的完备性同质，同时与这一新的事物秩序的文化修养抽象作用同质。"室内设计进入流行体系后，其风格、样式作为一种模式被其他人效仿，这使其就具有了符号的属性。室内设计符号性的表现可以借鉴罗兰·巴特的观点，在其名著《流行体系》中，他以服装为对象用符号学对其进行深入分析，服装体系是由一种叫"母体"的模式构成。它有三个基础元件，分别是对象物、支撑物和变项。③其中对象物和支撑物被认为是物质性的实体，变项是变化的因子。从一般技术角度而言，支撑物是包含于对象物之中的，是对象物的一部分，但是在流行变化过程中支撑物又是最不可动摇的部分。同时支撑物又是变项作用的对象，它与变项的关系又十分密切。因此在流行变化之中，支撑物由对象物中分离出来与变项结合，流行操纵着变项变化而支撑物的核心基本不变。以室内设计为例，空间可以作为对象物，其结构构件是支撑物，尺度、形式、彩色、肌理等则是变量。空间的基本模式不变，但其大小、高矮、风格是可以根据流行的要求变化的。所以支撑物与变项之间的关系的认识与把握成为当代室内设计在流行中的一个重要任务，它从某种意义上决定着设计符号的感染力。

第三，当代室内设计在流行的作用下表现出些许幽默感，在当代室内设计实践中，我们能看到卡通的装饰品，像汽车那样的床、女性躯体样式座椅等等。可见"流行强行进行的活动距离我们的美学情感很远，流行是一门'酷'的艺术，它并不苛求美学陶醉及情感或象征的参与深层牵连，而要求某种'抽象牵连'，某种有益的好奇心"。在这种情况下，当代室内设计创作表现出"酷"的表情，废旧的金属、刺激的色彩、古怪的造型频繁出现在设计作品中，这种设计的幽默感与商业利益的关系是分不开的见图一。

第四，流行使当代室内设计在社会中具有一定的批判性。流行的事物总是一些新的认识与思想的伴生物。某种流行风格的开始、发展与衰亡多多少少是对前面一种流行的反思与批判。在本世纪中，特别是在工业社会向消费社会转变期间出现的诸多流行的事物就多具有反叛性，如达达派的艺术、后现代主义的建筑风格、解构主义的哲学等等。"流行意味着透视法的终结，再现的终结，见证的终结，手的创造性自发动作的终结，还有决不可忽视，对世界的破坏和对艺术的诅咒的终结。它涉及的不仅是文明世界的内在，还有它与这个世界整体的结合。"在鲍德里亚看来当代社会的后现代理论也是流行的表现。由此看来流行的事物、观念并不一定都是肤浅、商业化的，它们可能代表着一种新的力量虽然在表现形式上它们有肤浅、商业化的倾向。

第五，当代室内设计风格的流行具有操作与被操作的状态。如果说流行是一种唤醒的方法，它正是这种唤醒使更多的人跟随它、追捧它。流行也可以超越现实性去揭示自然、社会、生活的另一面。但同时流行又是被动的，它可能被利用、被操作。特别是在消费社会中，在利益集团制造的一次次发布会、新趋势分析、流行预测活动等事件中，流行趋势被人为制造出来。在当代室内设计行业中各种莫名的居住概念、设计的潮流、风格转换在被媒体定义后散布向大众，其明显是被操作的。这样流行的表演便开始了，"炒作"是消费社会的热门词汇。

参考文献

[1] 李晓.现代室内设计理论与实践［M］.北京：中国戏剧出版社，2023.08.

[2] 郑晓慧作.室内设计思维手绘表现［M］.北京：化学工业出版社，2023.01.

[3] 邓琛作.室内空间设计理论与实践研究［M］.北京：中国纺织出版社，2023.08.

[4] 吴琛群，郭林林作.室内环境设计研究［M］.长春：吉林出版集团股份有限公司，2022.09.

[5] 张旺著.室内环境设计理论与实践研究［M］.北京：中国戏剧出版社，2022.10.

[6] 张玮玮.环境艺术与室内设计研究［M］.长春：吉林美术出版社，2022.

[7] 唐玲.室内陈设艺术设计与环境艺术研究［M］.长春：吉林美术出版社，2022.

[8] 谢璇，黄佳，易锐.室内环境快题创意设计与表达［M］.上海：上海交通大学出版社，2022.08.

[9] 王小娜，徐欣著.室内设计艺术价值研究［M］.延吉：延边大学出版社，2022.09.

[10] 郑媛元作.环境艺术与生态景观设计研究［M］.北京：中国纺织出版社，2022.08.

[11] 刘静宇.公共空间室内设计［M］.上海：东华大学出版社，2021.04.

[12] 邓琛.室内设计原理与方法［M］.北京：中国纺织出版社，2021.09.

[13] 陈德胜.室内设计原理［M］.沈阳：辽宁美术出版社，2020.08.

[14] 许文茹.室内设计与室内设计风格研究［M］.吉林出版集团股份有限公司，2020.05.

[15] 程晓晓.室内设计新理念［M］.天津：天津科学技术出版社，2020.07.

[16] 阴焕荣.室内设计与环境艺术［M］.长春：吉林美术出版社，2020.08.

[17] 朱亚明.室内设计原理与方法［M］.长春：吉林美术出版社，2019.01.

[18] 张能，王凌绪.室内设计基础［M］.北京：北京理工大学出版社，2019.11.

[19] 肖勇，傅祎总.公共空间室内设计［M］.北京：北京理工大学出版社，2019.01.

[20] 赵肖.居住空间室内设计［M］.北京：北京理工大学出版社，2019.01.

[21] 侯淑君.室内设计思维与方法研究［M］.长春：吉林摄影出版社，2019.11.

[22] 曹航.生态视角下的室内设计策略新论［M］.长春：吉林美术出版社，2019.01.

[23] 李锐.低碳经济理念下的室内设计理论与研究［M］.长春：吉林教育出版社，2019.06.

[24] 罗晓良.室内设计实训［M］.重庆：重庆大学出版社，2018.08.

[25] 周健，马松影，卓娜，林阳，李洋.室内设计初步［M］.北京：机械工业出版社，2018.06.

[26] 谢珂.室内设计方法与细部设计［M］.中国商豫出版社，2018.05.

[27] 曾志浩，邱悦，鲍雯婷.室内设计与人体工程学［M］.石家庄：河北美术出版社，2018.01.

[28] 陈明明，王大为，王丽丽.室内设计原理及教学实践应用［M］.长春：吉林大学出版社，2018.09.

[29] 周延.室内设计风格样式与专题实践［M］.北京：中国书籍出版社，2018.05.